EBOOK INSIDE

Die Zugangsinformationen zum eBook Inside finden Sie am Ende des Buchs.

Röbbe Wünschiers

Generation Gen-Schere

Wie begegnen wir der gentechnologischen Revolution?

Röbbe Wünschiers
Fakultät für Angewandte
Computer- und Biowissenschaften
Hochschule Mittweida
Mittweida, Deutschland

ISBN 978-3-662-59047-8 ISBN 978-3-662-59048-5 (eBook)
https://doi.org/10.1007/978-3-662-59048-5

Die Deutsche Nationalbibliothek verzeichnet diese Publikation in der Deutschen Nationalbibliografie; detaillierte bibliografische Daten sind im Internet über http://dnb.d-nb.de abrufbar.

Planung/Lektorat: Sarah Koch

Springer ist ein Imprint der eingetragenen Gesellschaft Springer-Verlag GmbH, DE und ist ein Teil von Springer Nature.
Die Anschrift der Gesellschaft ist: Heidelberger Platz 3, 14197 Berlin, Germany

Vorwort und Dank

Auf vielfältige Weise wurde das Erbgut verschiedenster Organismen bereits „genutzt". Was macht das mit uns als Gesellschaft und was ist noch zu erwarten? Mit diesem Buch möchte ich einen Rück-, Über- und Ausblick wagen. Ich versuche also stets, zeitliche Bögen zu spannen. Da ich mich an „interessierte Leserinnen und Leser" richte – denen ich recht viel zutraue – führe ich nicht nur in relevante Grundlagen ein, sondern versuche mich auch im Malen von Bildern: Die fachlich Fortgeschrittenen und kritischen Expertinnen und Experten mögen mir manche abstrakte Abstraktion nachsehen. Wenn Sie jetzt daumenkinoartig das Buch durchblättern werden Ihnen, nicht nur, aber auch, vollgestopfte, wissenschaftlich anmutende Abbildungen begegnen. Das sollte Sie nicht abschrecken – ich werde versuchen Ihre Augen und Gedanken zu leiten. Mein Ziel ist, einer diversen Leserschaft Rüstzeug für die eigene Meinungsbildung zum Thema Gentechnologie und deren Anwendung, der Gentechnik, zu liefern. Sie sollen sich positionieren können, wie Sie persönlich mit der **gentechnologischen Revolution** umgehen wollen und was Sie von Vertreterinnen und Vertretern aus Politik, Wissenschaft und Gesellschaft erwarten. Die **Genschere,** mit der wir wie niemals zuvor das Erbgut aller Lebewesen editieren können, würden Wirtschaftsfachleute als eine sogenannte **disruptive Technologie** bezeichnen. Das bedeutet, dass sie bestehende Methoden verdrängt. Daher halte ich es für legitim, von einer neuen Generation von Forschenden, Patientinnen und Patienten, Nutznießenden, Befürwortenden sowie Gegnerinnen und Gegnern zu sprechen: der **Generation Genschere**. Erwarten Sie aber kein Buch, das primär von der Genschere handelt. Nein, es handelt primär von der gentechnologischen Revolution.

Da Sie nun dieses Buch vor Augen haben, möchte ich noch zwei Wünsche äußern. Die Gentechnologie und ihre Anwendung sind die Spitze eines Eisberges namens Wissenschaft. Sie ist das Ergebnis von Beiträgen aus vielen Fachgebieten, was wir Wissenschaftler „interdisziplinär" nennen. Das Thema ist also komplex. Mein **erster Wunsch** lautet daher: Bitte nehmen Sie sich Zeit beim Lesen, nutzen Sie Lexika, Wikipedia, Onkel Google oder Tante Yahoo, wenn Sie auf gedankliche Barrieren stoßen. Da die Erklärung unbekannter Begriffe mit dem Internet so einfach geworden ist, habe ich auf ein **Glossar** verzichtet. Reden Sie auch mit Freunden, fragen Sie mich oder diskutieren Sie auf generation-genschere.de. Mein **zweiter Wunsch:** Denken Sie bunt und nicht in Schwarz-Weiß-Kategorien. Klar, Zucker macht Karies und dick, schmeckt aber auch toll und konserviert Früchte.

Noch etwas: Erschrecken Sie nicht vor **Fettgedrucktem,** es soll Ihnen nur helfen, Schlüsselworte wiederzufinden. Und falls Ihnen die **Abbildungen** zu klein erscheinen, dann sehen Sie sich diese im zugehörigen eBook in Bildschirmgröße an.

Man liest es immer wieder und denkt, klar: Jetzt noch der **Dank** an den lieben Partner, der den Schreiberling so lange ertragen hat. Aber da gibt es nichts zu diskutieren: Ohne zeitliche Freiräume mit geringen Ablenkungen, gutem Essen, Literatur und gemeinsamen Diskussionen geht es nicht. Daher danke ich zu-vor-derst meiner Frau Catherine von Herzen. Ebenso danke ich meinen Kolleginnen und Kollegen, die mir, so gut es eben ging, den Rücken freigehalten haben – allen voran Sandra Feik, aber auch René Kretschmer, Nadine Wappler, Robert Leidenfrost und Jacqueline Günther. Josi Hesse danke ich für den Einblick in *Fitness, Food and Genes* sowie den Mitarbeiterinnen und Mitarbeitern der Hochschulbibliothek in Mittweida für die Versorgung des Geistes. Sarah Koch vom Verlag danke ich für wohldosierte, inspirierende Gespräche und kreativ konstruktive Email-Chats. Für das Lektorat und das geduldige Editieren von Komma- und Punktmutationen, ganz ohne Genschere, danke ich Cornelia Reichert. Zuletzt, es mag komisch klingen, danke ich der Europäischen Kommission dafür, dass sie jüngst meine Forschungsanträge abgelehnt und mir damit die total unerwartete Gelegenheit gegeben hat, mich intensiver mit dem „großen Ganzen" zu beschäftigen.

Folgendes **Nachwort** aus dem Buch *„Biology of the Prokaryotes"* aus dem Jahr 1999 soll mein Vorwort schließen:

> „Gerade am Anfang bieten sich revolutionäre neue Technologien normalerweise für kontroverse Diskussionen an. Einige Menschen haben Angst, dass diese Technologien unkontrollierbare Gefahren darstellen oder traditionelle Werte und Techniken bedrohen könnten. Andere argumentieren, weil diese Methoden revolutionär und neu sind, sind sie äußerst vielversprechend und müssen daher jede Gelegenheit zur Entwicklung erhalten. Die meisten Genetiker und Biologen, die die rekombinante

DNA-Technik verwenden, bilden eine dritte, neutralere Gruppe, für die die Gentechnologie nur eine logische Fortsetzung der bisherigen Entwicklungen in der Genetik ist, die von Wissenschaftlern wie C. Darwin, G. Mendel und B. McClintock initiiert wurden. Sie sind überzeugt, dass die oben beschriebenen biologischen Risiken nicht radikal neu sind und daher mit angemessenen Vorsichtsmaßnahmen gehandhabt werden können. Ihrer Ansicht nach hat die Gentechnik in erstaunlich kurzer Zeit ihren herausragenden Wert für die Grundlagenforschung gezeigt und wird ihren praktischen Wert auch innerhalb angemessener Erwartungen unter Beweis stellen.

Schließlich ist ihnen bewusst, dass die Gentechnik aufgrund ihrer potenziellen Auswirkungen auf lebende Organismen, einschließlich des Menschen, wesentliche ethische, rechtliche, wirtschaftliche und soziale Fragen hervorrufen wird. Bei näherer Betrachtung werden jedoch die meisten, wenn nicht alle, als jahrtausendealte Fragen erkannt, die wahrscheinlich noch in Jahrtausenden gestellt werden, weil sie vielleicht nie endgültig beantwortet werden können und von jeder neuen Generation so lange gestellt werden müssen, wie es Menschen gibt.“ [1]

Und jetzt, liebe Freunde, freue ich mich auf eine Tasse Tee mit euch.

Im Juli 2019 Röbbe Wünschiers

Literatur

1. Lengeler JW, Drews G, Schlegel HG (1999) Biology of the Prokaryotes. Georg Thieme Verlag, Stuttgart. https://doi.org/10.1002/9781444313314

Inhaltsverzeichnis

1
Vorgedanken

Während die Generation Genschere mit der Generation Fossiler-Plastikmüll-Feinstaub in Sachen Klima- und Umweltschutz abrechnet, entstehen in den Laboren der Welt Methoden, die mit gentechnologischem Wissen und gentechnischen Praktiken zum Klima- und Umweltschutz einen Beitrag leisten – oder alles noch viel schlimmer machen – könnten. Spätestens seitdem die schwedische Schülerin Greta Thunberg die Aufmerksamkeit der jungen, aber auch älteren Leute auf die Umweltprobleme unseres Planeten lenkt, ist endgültig klar: Wir, jung wie alt, haben eine Langzeitverantwortung, der wir mehr schlecht als recht gerecht geworden sind. Längst haben wir unserem Erdzeitalter einen eigenen Namen verpasst: das **Anthropozän,** ein Begriff, den der deutsche Chemiker und Nobelpreisträger Paul Crutzen und der US-amerikanische Biologe Eugene Stoermer im Jahr 2000 populär gemacht haben [1]. Das Anthropozän beschreibt das gegenwärtige Zeitalter, in dem der Mensch zu einem

R. Wünschiers, *Generation Gen-Schere,*
https://doi.org/10.1007/978-3-662-59048-5_1

der wichtigsten Einflussfaktoren auf die biologischen, geologischen und atmosphärischen Prozesse geworden ist. Wir beobachten massives Artensterben, einen Rückgang des Permafrosts und ein Abschmelzen von Gletschern und Polkappen sowie die Ausbildung neuer Sedimentschichten, unter anderem aus Plastikpartikeln. Gleichzeitig wissen wir, dass allem Lebendigen auf unserem Planeten ein einfacher, aus nur vier Bausteinen bestehender Code zugrunde liegt: der genetische Code, molekular niedergeschrieben in der DNA (Kap. 2). Kann er uns helfen?

Seit den 1950er Jahren, den Geburtsjahren der Molekularbiologie, fangen wir an, diesen Code zu verstehen. Seit den 1970er Jahren, den Geburtsjahren der Gentechnik, können wir ihn gezielt verändern. Seit 1986 gibt es gewollte Freisetzungen gentechnisch veränderter Organismen (zunächst Pflanzen) und seitdem kann man sagen, dass sich zu unserem **ökologischen Fußabdruck** auch ein **genetischer Fußabdruck** gesellt. Die aktuelle gentechnologische Revolution wurde 2012 eingeläutet, als drei Wissenschaftlerinnen und Wissenschaftler der Natur ein Verfahren abgeschaut haben, wie sich der genetische Code noch präziser verändern (editieren) lässt. Stellen Sie sich vor, Sie editieren einen von 3,2 Mrd. Buchstaben – das ist die Zahl der Bausteine des menschlichen Erbgutes. Dieses Buch hier hat übrigens rund 480.000 Zeichen. Das ist die Präzision der neuen **Genschere** (Abschn. 5.1), die mit Martin Suters Roman *„Elefant"* auch Eingang in die deutschsprachige Gegenwartsliteratur erhalten hat [2].

Und dann der *„Gentech-Hammer"*, wie die BILD es schrieb: Am 26. November 2018 kündigte der chinesische Wissenschaftler Jiankui He im Zuge einer wissenschaftlichen Konferenz an, erstmals das Erbgut bei mindestens zwei Menschen, den Zwillingen Nana und Lulu, nachhaltig verändert zu haben [3]. Nachhaltig bedeutet, dass auch die Nachkommen von **Nana** und **Lulu** die genetische Veränderung in jeder einzelnen Zelle tragen. Ein Tabu ist gebrochen. Im Anthropozän entsteht das Anthropo-Gen, das vom Menschen gemachte Gen. Wie soll und kann es nun weiter gehen?

Nana und Lulu sind ungewollt nachhaltige Vertreter, aber auch Produkte der Generation Genschere. Mit der **Generation Genschere** meine ich in erster Linie jene zurzeit lebende Alterskohorte, welche die Zeugung von Nachkommen noch vor sich hat. Diese Generation hat nicht nur eine immense globale Verantwortung in Hinblick auf die Umwelt und das Erdklima, sondern auch auf die Genosphäre [4]. Damit ist die Gesamtheit aller genetischen Systeme gemeint, welche die Existenz, Regeneration und Reproduktion der Biosphäre sicherstellen (Abschn. 7.4). Diese Generation wird spätestens beim schwangeren Gang in die Frauenarztpraxis oder beim kinderwunschgeschwängerten Gang zu Reproduktionsmedizinern vor die Frage gestellt, wieviel gentechnologisches Wissen und gentechnische Praktiken sie einsetzten wollen. Und jene Medizinerinnen und Medizinier und Forschende, die die Genschere zur Verfügung stellen und weiterentwickeln, meine ich an zweiter Stelle als Generation Genschere. Gesamtgesellschaftlich stehen wir vor der Frage: Welche Mittel sind uns recht, um unserer Verantwortung gegenüber dem Planeten und nachfolgenden Generationen nachzukommen? Kann, darf oder muss die Gentechnik gar einen Beitrag zur Lösung leisten?

Das *framing* der öffentlichen Diskussion durch Bedenkenträger schließt diese Möglichkeit scheinbar aus (Abb. 1.1). Wissenschaftler haben es in der heutigen Zeit schwerer denn je, Gehör zu finden. Komplexe Diskurse passen scheinbar nicht in unsere schnelllebige Zeit. Und die Wirtschaft hat mit der Monopolisierung und

Abb. 1.1 Alles eine Frage des Blickwinkels. Durch geschicktes *framing* kann aus einem Hasen schnell auch eine (Zeitungs-)Ente werden

Kapitalisierung der Gentechnik, insbesondere im Saatgutgeschäft, ganz maßgeblich zur gegenwärtigen, wenn auch sehr vagen, Meinung gegen Gentechnik in der Bevölkerung beigetragen. Hinzu kommt das europäische Trauma der Eugenik, die in England gedanklich formuliert, gemeinsam mit den USA weitergedacht und in der Zeit des Nationalsozialismus fatal missbraucht wurde. Aus diesem Gemenge ist die heutige Furcht entstanden, dass sich die Gentechnik durch die Macht des Kapitals der demokratischen Kontrolle entziehen könnte. Und damit geht es in der Diskussion um Risiken (Abschn. 3.7) der Gentechnologie und Gentechnik meist weniger um die Technik selbst, als vielmehr um deren gesellschaftliche Einbettung. Mein Argument ist nicht, dass die Gentechnik die beste aller Lösungen ist. Aber ich spreche mich klar dagegen aus, dass sie die primäre Schuld an Problemen wie dem Rückgang der Biodiversität oder der Belastung von Ackerflächen mit Pestiziden [5] trägt. Kläranlagen haben nicht deshalb Probleme, weil es Toiletten gibt, sondern weil Menschen in der Toilette ihre Antibiotika entsorgen; Waschmaschinen sind nicht an umweltunverträglichen Waschmitteln schuld; Gentechnik befreit nicht von guter landwirtschaftlicher Praxis. Ich spreche mich aber gegen den vorherrschenden Pauschalisierungsaktionismus aus. Alle Aktivitäten gegen den Klimawandel müssen an ihrer Wirkung auf das Gesamtsystem Erde gemessen werden, wie es der englische Chemiker James Lovelock und die US-amerikanische Mikrobiologin Lynn Margulis schon in den 1970er Jahren mit ihrer **Gaia-Hypothese** formulierten [6].

Als ich vor einigen Jahren einer Kinderpsychologin von meinem Vorhaben erzählte, ein Buch über die Gentechnik zu schreiben, sagte sie: *„Ja, das ist ein wichtiges Thema.“* Und dann: *„Aber hoffentlich doch gegen die Gentechnik?!“* Diese reflexartige Reaktion wider die Gentechnik entspannte sich im weiteren Gespräch, nachdem wir verschiedene Aspekte beleuchtet und Szenarien diskutiert hatten. Aber ich erlebe dies häufig: Ablehnung als Reflex, Beleuchtung des Themas, Differenzierung der Meinung. Es werden dann Fälle des Einsatzes der Gentechnik unterschiedlich bewertet und auch Unterschiede zwischen der Gentechnik und der Gentechnologie deutlich. Das bunt werdende Bild macht eine Entscheidung für oder wider den Einsatz der Gentechnik, auch im Einzelfall, nicht notwendigerweise leichter. Aber die Zeit müssen wir uns nehmen. Dieser Reflex bestärkte auch mein Bedürfnis, dieses Buch als inhaltlichen Beitrag zu dieser Debatte zu liefern.

Im Jahr 2018 erschien eine Studie, welche beschreibt, dass **extreme Gegnerinnen und Gegner** von gentechnisch veränderten Lebensmitteln einen unterdurchschnittlichen Bildungsstand in Sachen Gentechnik aufweisen [7]. Im Kontrast dazu meinen aber eben diese Menschen von sich selbst, besonders gut informiert zu sein. Diese Beobachtung wurde sowohl in Deutschland als auch in Frankreich und den USA gemacht. In der Einstellung der Befragten gegenüber der Gentechnik und ihrem Wissen um die medizinische Anwendung der Gentechnik als Gentherapie

(Abschn. 5.3), kam die Studie zu demselben Ergebnis. Anders beim Thema Klimawandel: Vertreterinnen und Vertreter extremer Position weisen hier eine größere sachliche Kompetenz auf. Die Studie unterstreicht somit einmal mehr die **Emotionalität** beim Thema Gentechnik. Und sie zeigt das bekannte Phänomen, dass extreme Einstellungen häufig mit einer Abschottung gegenüber anderen und neuen Informationen einhergehen. Ich behaupte, dass dies auch für **extreme Befürworterinnen und Befürworter** gilt. Dies muss nicht einmal gewollt sein, sondern kann auch im Unterbewusstsein ablaufen. Dieses als **Ankerheuristik** bekannte Phänomen nutzt unser Gehirn, um neue Informationen an bereits vorhandene anzuhängen. Die Vorstellung etwa, dass der Klimawandel eine reale Bedrohung für die Menschheit darstellt, kann beispielsweise dazu führen, dass wir jegliche Informationen über Naturkatastrophen mit dem Klimawandel in Verbindung bringen. Übertragen auf die Gentechnik kann dies zu dem **Schwarz-Weiß-Trugschluss** führen, dass es entweder nur mit oder nur ohne sie geht. Und dies erlebe ich immer wieder: Im Februar 2016 habe ich an einer Podiumsdiskussion zum Thema *„Grüne Gentechnik: Teufelswerk oder ethisches Gebot?"* teilgenommen. Während der Diskussion mit Fachleuten und dem Publikum mahnte ich zur Vorsicht beim Einsatz der damals noch recht neuen Methoden zur Geneditierung mit der Genschere CRISPR/Cas – was das ist, davon später mehr (Abschn. 5.1). Wie allzu häufig, so erlebte ich auch hier wieder einmal Schwarz-Weiß-Malerei. Weder Befürworterinnen und Befürworter, noch Gegnerinnen und Gegner konnten aufeinander zugehen, die Fronten waren festgelegt. Wie zur Bestätigung kam nach dem Vortrag eine ehemalige Kollegin aus meiner Zeit bei der *BASF Plant Science* auf mich zu und warf mir vor, Ängste zu schüren. Sie meinte, dass die neue Technik doch ungeahnte Chancen biete und wir aufpassen müssen, dass wir die Bürgerinnen und Bürger diesmal gut über die Vorteile aufklären, statt zu viel über die potenziellen Nachteile zu sprechen und so unnötige Sorgen zu verbreiten. Da ich die Dame gut kannte, wusste ich was sie meinte. Dem „diesmal" steht ein vergangenes Mal gegenüber: die Einführung der Gentechnik in die Landwirtschaft in den 1980er Jahren. Damals wurde nicht viel aufgeklärt, sondern einfach gentechnisch Machbares umgesetzt. Das gebrochene Vertrauen wird, wie angesprochen, heute von vielen Marktkennerinnen und -kennern als eine Quelle des Widerstands gegen die Gentechnik gedeutet. Mit der neuen Gentechnik, der auf der CRISPR/Cas-Genschere basierenden Geneditierung, könnte ein neuer Versuch unternommen werden, Chancen und Risiken der Gentechnik öffentlich und kontrovers zu diskutieren. Mit kontrovers meine ich aber nicht das Aufeinandertreffen von Fronten, wie wir es bisher erleben. Ich erwarte, dass innerhalb jeder Front kontrovers diskutiert wird. Wir müssen weg von der Schwarz-Weiß-Malerei und bunter denken (lernen).

Dieses Buch sollte eigentlich *„Gene, Genome und Gesellschaft"* heißen. Zahlreiche internationale Studien der jüngeren Zeit zeigen aber auf, dass die meisten Menschen „gentechnische Analphabeten" sind [8, 9]. Das Wort Genom hat keine klare Bedeutung für sie und wird am ehesten mit Genmanipulation in Verbindung gebracht. Gene sind so abstrakt wie Atome. Und Gene zu manipulieren, das kann nichts Gutes verheißen. Wir lassen uns ja auch ungerne von den Medien manipulieren. Eine genetische Modifikation? Das klingt schon besser. Eine genetische Optimierung? Eine amerikanische Sozialforscherin hat mich, als ich diesen Begriff verwendete, ausgelacht: *„Du willst die Natur optimieren?"* Sie meinte, dass die Natur doch schon optimal ist. Design? Mit der Genschere können wir Lebewesen designen. Hmm. Im Englischen gibt es das *engineering*, übersetzt Konstruieren. Lebewesen am Reißbrett designen und dann im Labor konstruieren? – Wie weit wir damit sind, zeige ich im Abschn. 6.2. Aber strenggenommen: Züchtung, Züchtigung und Zuchthaus klingen auch nicht toll, oder? Auch ist die Genschere keine Schere, aber in den meisten Ohren ist Genschere wohlklingender als CRISPR/Cas. Also, lassen wir uns nicht von verzerrten Bildern durch konstruierte Namen manipulieren und vereinnahmen! Nehmen wir sie als das, was sie sind: Sinnbilder.

Begleiten Sie mich nach diesen Vorgedanken nun in die auch schlicht und ergreifend faszinierende Welt der molekularen Biologie und Genetik und malen Sie Ihr ganz persönliches Bild.

Literatur

1. Crutzen PJ, Stoermer EF (2000) The "Anthropocene". Global Change Newsl 41: 17–18
2. Suter M (2017) Elefant. Diogenes Verlag, Zürich/CH
3. Gentechnologie-Forscher: Designer-Babys in China geboren. (2018) In: Bild. Aufgerufen am 23.04.2019: bild.de/news/ausland/news-ausland/gentechnologie-forscher-designer-babys-in-china-geboren-58647586.bild.html
4. Sauchanka UK (1997) The genosphere: the genetic system of the biosphere. Parthenon Publishing, Carnforth/UK
5. Klümper W, Qaim M (2014) A Meta-Analysis of the Impacts of Genetically Modified Crops. PLoS One 9: e111629. https://doi.org/10.1371/journal.pone.0111629
6. Lovelock JE, Tellus LM (1974) Atmospheric homeostasis by and for the biosphere: the Gaia hypothesis. Tellus 26: 2–10. https://doi.org/10.3402/tellusa.v26i1-2.9731

7. Fernbach PM, Light N, Scott SE, et al (2018) Extreme opponents of genetically modified foods know the least but think they know the most. Nat Hum Behav 3: 251–256. https://doi.org/10.1038/s41562-018-0520-3
8. Middleton A, Niemiec E, Prainsack B, et al (2018) "Your DNA, Your Say": Global survey gathering attitudes toward genomics: design, delivery and methods. Pers Med 15: 311–318. https://doi.org/10.2217/pme-2018-0032
9. Boersma R, Gremmen B (2018) Genomics? That is probably GM! The impact a name can have on the interpretation of a technology. Life Sci Soc Policy 14: 8. https://doi.org/10.1186/s40504-018-0072-3

Weiterführende Literatur

Knoepfler P (2018) Genmanipulierte Menschheit. Springer-Verlag, Berlin, Heidelberg. https://doi.org/10.1007/978-3-662-56001-3

Hampicke U (2018) Kulturlandschaft – Äcker, Wiesen, Wälder und ihre Produkte. Springer-Verlag, Berlin, Heidelberg. https://doi.org/10.1007/978-3-662-57753-0

Jahn A (Hrsg) (2018) Leben bleibt rätselhaft. Springer-Verlag, Berlin, Heidelberg. https://doi.org/10.1007/978-3-662-56670-1

Meloni M (2016) Political Biology. Palgrave Macmillan, Hampshire/UK. https://doi.org/10.1057/9781137377722

Kay LE (2005) Das Buch des Lebens. Suhrkamp, Berlin

2

Was ist Erbinformation?

Wir leben im Zeitalter der DNA, der Desoxyribonukleinsäure. Das ist der komplizierte chemische Name für das Trägermolekül der Erbinformation, welches den Bauplan einer jeden Zelle vom Bakterium bis zum Menschen enthält. Im Deutschen schreibt man eigentlich **DNS,** wobei das S für Säure steht, anstelle des A für *acid* (dt. Säure). Aber die englische Version hat sich weitgehend durchgesetzt, sogar in Frankreich, wo es sonst ADN hieße *(acide désoxyribonucléique).* Im Jahr 2018 wurde die **DNA** sogar offiziell als Emoji aufgenommen und kann so Tweets, Posts und andere Nachrichten grafisch bereichern (Abb. 2.1).

Bevor sich eine Zelle in zwei Tochterzellen teilt, verdoppelt sie ihr Erbgut, auch Genom genannt. Wir Menschen geben unsere Erbinformation über Ei- und Samenzellen, die sogenannten Keimzellen, an die nächste Generation weiter. Dabei kann es zu Veränderungen (Mutationen) der Information kommen. Diese entstehen entweder beim Kopieren oder infolge der Einwirkung von

R. Wünschiers, *Generation Gen-Schere,*
https://doi.org/10.1007/978-3-662-59048-5_2

Abb. 2.1 Im Jahr 2018, 65 Jahre nach der Aufklärung ihrer Struktur, wurden die DNA und auch Viren als Emoji aufgenommen

beispielsweise Chemikalien oder Strahlung (Abschn. 3.1). Mutationen tragen dazu bei, dass kein Lebewesen einem anderen gleicht. Selbst eineiige Zwillinge unterscheiden sich nachweislich in ihrer Erbinformation, wenn auch nur minimal [1]. Mutationen können schaden, sich vorteilhaft auswirken oder keine Wirkung entfalten, sich also neutral verhalten. Die Variabilität des Erbgutes ist es, welche die Evolution durch Variation und Selektion antreibt, wie es Charles Darwin und Alfred Russel Wallace in der Mitte des neunzehnten Jahrhunderts beschrieben haben. Seit einiger Zeit wissen wir aber auch, dass zu Lebzeiten erworbene Erfahrungen, wie Jean-Baptiste Lamarck ebenfalls am Anfang des neunzehnten Jahrhunderts vermutete, an nachfolgende Generationen weitergegeben werden können. Der dahinter liegende Mechanismus wird als Epigenetik bezeichnet und revolutioniert zurzeit das Denken über Medizin, Gentechnik und Evolution. Sie wird ausführlicher im Abschn. 8.1 beschrieben.

2.1 Das DNA-Molekül

Manchmal frage ich mich, ob der Begriff DNA überhaupt noch erklärt werden muss, da er in der Gesellschaft angekommen zu sein scheint. So spricht der BMW-Chef Harald Krüger im Bereich des Fahrzeugbaus von *„unternehmerischer DNA"* [2]. In einem Beitrag über die katholische Kirche lese ich von der *„katholischen DNA"* [3] und in einem Bericht zum Englischen Königreich und dem Brexit von der *„kulturellen DNA"* [4]. Der deutsche Philosoph und Journalist Thorsten Jantschek spricht in einer Videobotschaft zur Verleihung des Preises der Leipziger Buchmesse gar davon, dass das Buch *„der geistigen DNA der Republik"* entspricht [5]. Die DNA also als Symbol für etwas Gemeinsames und Sinnstiftendes. Nun, gemeinsam ist die DNA allen Lebensformen in der Tat und als Erbinformation stiftet sie auch Sinn.

Die DNA reduziert sich für die meisten Gentechnologen auf die Abfolge der vier Buchstaben A, T, G und C. Also: …CGATTAGCTGCT… Dabei stehen A, T, G und C wiederum als Abkürzungen für die **Nukleobasen** Adenin, Thymin, Guanin und Cytosin. In Verbindung mit dem Zucker Ribose und Phosphat bilden sie die Bausteine der DNA, die **Nukleotide** (Abb. 2.2).

Sie formen, wie eine Perlenkette miteinander verknüpft, das Erbmolekül DNA. Dieses Molekül bildet eine **Doppelhelix,** besteht also aus zwei Molekülsträngen. Die detaillierte Struktur klärten im Jahr 1952 der englische

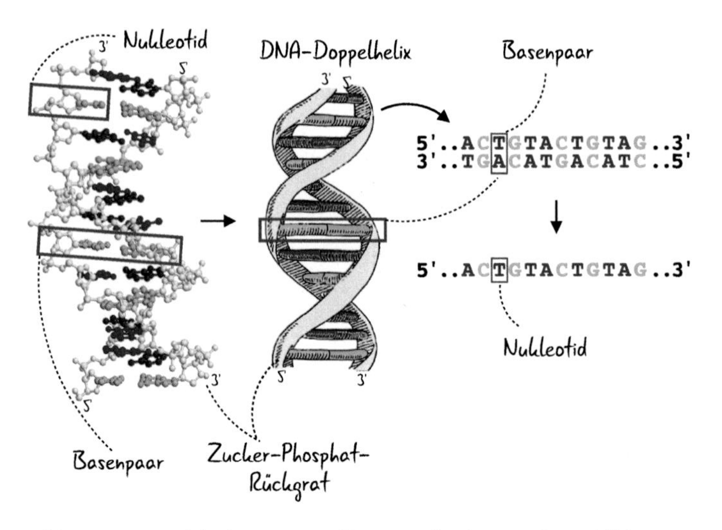

Abb. 2.2 Verschiedene Darstellungen der DNA mit zwölf Basenpaaren als molekulares Modell (links), schematische Struktur (mitte), Text mit beiden Einzelsträngen (rechts oben) und eines Einzelstrangs (rechts unten). Aufgrund der chemischen Natur der DNA, wird ihr mit den Bezeichnungen 5′ und 3′ eine Richtung zugewiesen

Biophysiker Francis Crick und der US-amerikanische Genetiker James Watson auf der Basis von Röntgenaufnahmen der englischen Chemikerin Rosalind Franklin auf. Sie fanden, dass die beiden Stränge komplementär zueinander sind: Kennt man die Nukleotidabfolge (DNA-Sequenz) des einen Strangs, dann ergibt sich die Sequenz des Gegenstrangs, da sich immer A mit T und G mit C paaren (**Basenpaarung** komplementärer Nukleotide). Aus 3,2 Mrd. Nukleotiden, verteilt auf 23 unterschiedlich lange **Chromosomen,** besteht das menschliche Erbgut (Abb. 2.3). Man kann auch statt von 3,2 Mrd. Nukleotiden **(nt)** von 3,2 Mrd. Basenpaaren **(bp)** sprechen. Hinzu kommen noch jeweils 16.569 Nukleotide des Chromosoms der **Mitochondrien,** den Energiekraftwerken der Zellen.

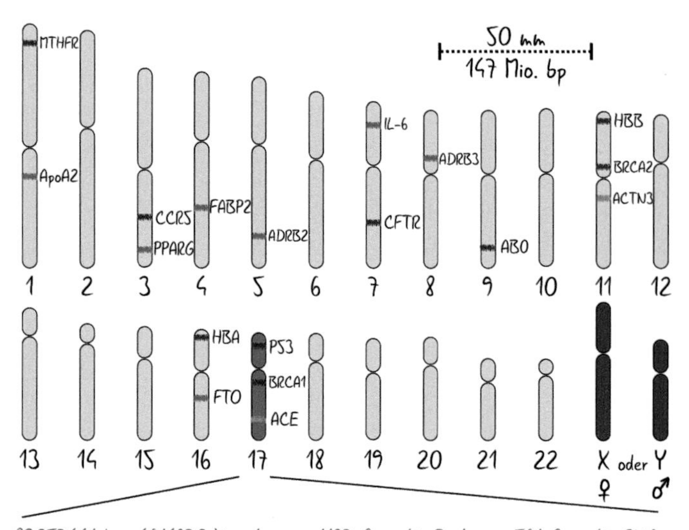

Abb. 2.3 Der einfache (haploide) Chromosomensatz des Menschen. Die Chromosomen sind zwischen 16 und 85 cm lang. CFTR bezeichnet den Ort des Gens, das in defekter Form die cystische Fibrose (Mukoviszidose) verursacht. AB0 bezeichnet den Ort des Gens, das die Blutgruppen bestimmt. Das CCR5-Gen wird mit einer Resistenz gegen das HI-Virus in Verbindung gebracht. Die Gene HBA und HBB sind bei der α- beziehungsweise β-Thalassämie mutiert. An blau markierten Positionen liegen Gene, die die Firma *for me do* für die Klassifizierung von Ernährungstypen verwendet; an orangen Orten dagegen Gene, die Voraussagen über den Sportlertyp erlauben (Abschn. 7.3)

Bei den meisten Tieren, Pflanzen und beim Menschen liegen die Chromosomen, doppelt **(diploid)** vor, manchmal sogar mehrfach **(polyploid)** – bei den Bakterien dagegen in der Regel einfach **(haploid).** So hat jede menschliche Körperzelle je 23 **Chromosomen** vom Vater und von der Mutter geerbt. Würde man die DNA der 46 Chromosomen einer einzelnen menschlichen Zelle zu einem Faden verbinden, dann hätte dieser eine Länge von etwa zwei Metern. Die DNA aller Zellen des Menschen würde rund viermal von der Erde zur Sonne und zurück reichen (neun Milliarden Kilometer). Das entspricht knapp der Bahn des Planeten **Saturn** um die Sonne. Die Japanische Einbeere *(Paris japonica)* hat eine Genomgröße von rund 149 Mrd. Nukleotiden verteilt auf zehn Chromosomen, womit es fast 47-mal größer als das menschliche Erbgut ist und einen zusammenhängenden DNA-Faden von 91 m Länge bilden würde [6]. Direkt danach kommt der Marmorierte Lungenfisch *(Protopterus aethiopicus)* mit einer Genomgröße von 130 Mrd. Nukleotiden verteilt auf 14 Chromosomen. Das kleinste bekannte Genom mit nur 159.662 Nukleotiden hat das in Blattflöhen symbiotisch lebende Bakterium *Carsonella ruddii.*

Auf den Chromosomen ist die Erbinformation auf **Gene** verteilt (Abschn. 2.3). Die Gesamtheit aller Gene eines Lebewesens bezeichnen wir als **Genom** oder **Genotyp.** Ein Gen kann als ein genetisches Informationspaket verstanden werden, das für ein bestimmtes Merkmal codiert, zum Beispiel für die Blutgruppe. Die Gesamtheit aller Merkmale eines Lebewesens macht seinen **Phänotyp** aus, sein Erscheinungsbild. Da es zum Beispiel mehrere Blutgruppen gibt (0, A, B, AB), muss es mehrere Varianten des Gens geben, die wir als **Allele** bezeichnen (Abb. 4.6). Von jedem Gen tragen wir ein mütterliches und ein väterliches Allel. An manchen Merkmalen, wie beispielsweise der Augenfarbe, sind mindestens acht Gene beteiligt [7].

Die Grundlage jeder diagnostischen Analyse und gentechnischen Arbeit ist ein tiefgehendes Verständnis davon, welche Funktion ein bestimmter Abschnitt im Erbgut hat. In den Anfängen war dies nur sehr grob möglich. Sogenannte genetische **Marker** wurden mit phänotypischen Erscheinungsbildern wie Krankheiten oder anderen Eigenschaften in Verbindung gebracht. Diese Marker waren zunächst keine Nukleotidabfolgen (DNA-Sequenzen), sondern eher physikalische Beobachtungen, etwa dass die DNA nach Behandlung mit einem DNA-schneidenden Enzym (Restriktionsenzym) in unterschiedlich große Fragmente zerfällt. Die Größe und Verteilung der Fragmente konnten gemessen und mit Merkmalen korreliert werden. Heute können wir das gesamte Erbgut (die **DNA-Sequenz**) eines Lebewesens lesen, vom Bakterium bis zum Menschen (Kap. 4). Circa 99,5 % des Erbgutes einer Person gleicht Nukleotid für Nukleotid (Basenpaar für Basenpaar) dem Erbgut einer beliebigen nicht verwandten anderen Person (Abschn. 4.1) [8, 9].

2.2 Der Genetische Code

Wie kann nun die genetische Information in Form der Abfolge von 3,2 Mrd. Nukleotiden den Bauplan von Zellen, ja von ganzen Lebewesen enthalten? Dazu müssen wir uns den Informationsfluss vergegenwärtigen (Abb. 2.4).

Analog zu Wörtern in einem Text gibt es Buchstabenfolgen, die in **Proteine** (Eiweiße) übersetzt werden. Eine bestimmte Klasse von Proteinen sind die **Enzyme.** Sie bilden den Werkzeugkasten einer Zelle, denn sie sind für den Stoffwechsel verantwortlich. Eine andere Klasse von Proteinen sind Baustoffe, wie etwa das Keratin, aus dem unsere Haare aufgebaut sind. Auch Proteine sind, wie die DNA, aus einer Aneinanderkettung von Molekülbausteinen aufgebaut, den **Aminosäuren.** Die Abfolge von drei Nukleotiden auf der DNA (ein sogenanntes **Codon** oder **Triplett**) codiert nun für eine Aminosäure. Insgesamt zwanzig Aminosäuren werden so codiert (Abschn. 6.2). Hinzu kommen Codons, die den Start und das Ende des Proteins markieren. Kommt in der DNA etwa die Abfolge …ACGGCT…AGC… vor, so wird daraus im Protein die

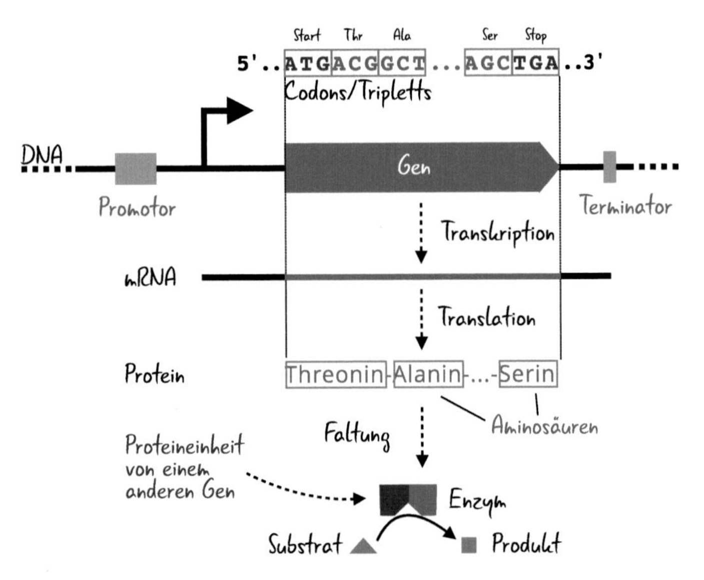

Abb. 2.4 Abläufe bei der Genexpression. Codons auf dem Erbmolekül DNA codieren für Aminosäuren, den Bausteinen der Proteine. In der Regel bestehen Proteine aus mehreren Hundert Aminosäuren. Der Promotor-Bereich der DNA dient der Regulation der Transkription. Ein Protein kann allein oder, wie gezeigt, mit anderen Proteinen eine enzymatische Aktivität haben und chemische Stoffe (Substrate) umwandeln

Aminosäurenabfolge …-Threonin-Alanin-…-Serin-… Den Prozess dieser Übersetzung nennen wir **Translation.** Ihr voraus geht eine Abschrift **(Transkription)** der DNA-Information in ein RNA-Molekül, der sogenannten Boten-RNA (engl. *messenger,* mRNA). Die **RNA** (Ribonukleinsäure) ist einzelsträngig, unterscheidet sich leicht im chemischen Aufbau von der DNA, ist daher in der Zelle mobiler und kann auch schneller wieder abgebaut werden. Den Prozess, der die auf der DNA gespeicherte genetische Information über die RNA zum Protein zum Ausdruck bringt, wird als **Genexpression** bezeichnet. Eine kleine Veränderung in der DNA-Sequenz, etwa ein Nukleotidaustausch im Codon

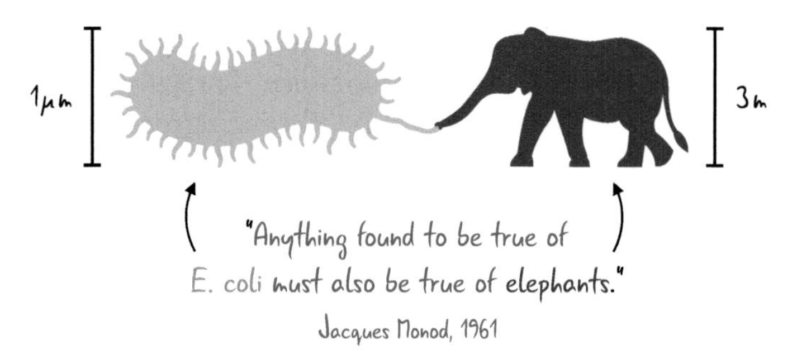

Abb. 2.5 (Fast) alles, was für das Bakterium *Escherichia coli* gilt, wird auch für einen Elefanten gelten

ACG zu CCG, kann somit zu einer Veränderung im Protein (Threonin in Prolin) führen. Und da ein Protein eine Funktion erfüllt, kann es zu Funktionsänderungen oder -ausfällen kommen. Auf diese Weise sind im menschlichen Genom rund 20.000 Proteine codiert.

Die Tatsache, dass der genetische Code für alle bekannten Lebewesen gleichermaßen gilt, führte zu dem berühmt gewordenen Ausspruch des französischen Biochemikers und Nobelpreisträgers Jacques Monod, dass alles was für Bakterien gilt, auch für Elefanten [10] gelten muss (Abb. 2.5).

Interessanter Weise codieren nur rund drei Prozent unserer DNA für Proteine. Wozu dient der Rest? Um diese Frage zu beantworten, müssen wir einen detaillierten Blick auf die Strukturierung der genetischen Information werfen.

2.3 Das Gen

Der Begriff Gen (Abschn. 2.1) nimmt in der Genetik, Genomik und Gentechnik offensichtlich eine zentrale Rolle ein. Es scheint auch, dass sich ebenso wie die DNA auch das Gen in unserem Wortschatz seinen Platz erobert hat. Als Beispiele hierfür mögen ein Zeitungsartikel mit dem Titel *„Transporter mit Pkw-Genen"* [11] in der Rubrik Auto und Verkehr oder die Platzierung des Begriffs *„Sarrazin-Gen"* auf Platz 3 der Wörter des Jahres 2010 dienen, nach *„Wutbürger"* und *„Stuttgart 21"* [12]. Tatsächlich ist in der Genetik aber kaum ein Begriff so sehr in der Diskussion wie das Gen [13]. Im Laufe der Jahre hat sich der Blick auf das Wesen der Gene geändert. Richard Dawkin hatte dem Gen in seinem 1976 erschienenen Buch *„Das egoistische Gen"* noch einen egoistischen Selbstzweck zugeschrieben, frei nach dem Motto: Das Huhn ist nur der Übergang von einem Ei zu einem anderen [14]. Hintergrund ist die Tatsache, dass zumindest Individuen mit sexueller Fortpflanzung nur die Hälfte ihrer Gene an die nachfolgende Generation weitergeben. Demnach besteht eine Konkurrenz der Gene um ihre Weitergabe. Gene, die keine Allele sind und somit nicht in Konkurrenz zueinander stehen, können demnach aber auch kooperieren. Die Kooperation als Gegenentwurf entwerfen Itai Yanai und Martin Lercher in ihrem Buch *„Die Gesellschaft der Gene":* Ein Gen alleine kann nichts bewirken und wir sind auch nicht lediglich die Summe unserer Gene [15]. Selbst ein einfaches Bakterium kann sich nur durch das geordnete Zusammenwirken vieler Gene beziehungsweise ihrer Produkte wie den Proteinen oder RNA-Molekülen entwickeln und leben.

Neueste Befunde zeigen, dass ein Satz von rund 470 Genen notwendig ist, um eine lebende und sich vermehrende Zelle zu „betreiben" [16, 17]. Ob diese Zahl noch kleiner sein kann, hängt nicht zuletzt auch davon ab, wieviel Abhängigkeit von externen Faktoren man der Zelle mit dem minimalen Genom zugesteht. Dass die Erforschung des kleinstmöglichen Satzes von Genen durchaus praktische Bedeutung hat, sehen wir im Abschn. 6.2. Ernst-Peter Fischer macht in seinem Buch

„Treffen sich zwei Gene" von 2017 deutlich, dass der Begriff Gen überhaupt nicht genau gefasst werden kann [18]. Damit zieht er parallelen zum Atom, das ja weniger als Teil denn als Modell gesehen werden muss. Und das trifft die Sache ganz gut: Das Gen kann als eine Metapher für eine funktionale Einheit in unserem Erbgut, codiert in unserer DNA, gesehen werden.

Den Begriff Gen geprägt hat 1909 der dänische Botaniker Wilhelm Johannsen. Er bezeichnete alle Objekte, mit denen sich die Vererbungslehre beschäftigt, nach dem griechischen Substantiv *genos* für „Nachkommenschaft". Für Johannsen waren sie jedoch nur eine mathematische Größe. Drei Jahre zuvor hatte der englische Biologe William Bateson die Vererbungswissenschaft, nach dem griechischen Adjektiv *gennetikos* für „hervorbringend", als **Genetik** bezeichnet. Dass Gene aus Materie bestehen und auf der DNA codiert sind, war zu dieser Zeit noch undenkbar. Eine häufige Definition beschreibt das **Gen** als einen Abschnitt auf der DNA, der für ein Protein codiert (Abb. 2.4). Daraus leitet sich dann ab, dass der Mensch rund 20.000 Gene besitzt. Dazu muss man aber wissen, dass ein proteincodierender DNA-Abschnitt nicht immer aktiv ist, also nicht immer exprimiert wird. In einer Nervenzelle sind andere Proteine vorhanden als in einer Leberzelle. Und Bakterien benötigen beispielsweise andere Proteine, vor allem Enzyme, wenn sie sich von Milchzucker anstelle von Traubenzucker ernähren. Gene, genauer die Genexpression, werden also reguliert. Und dies geschieht über DNA-Abschnitte vor (den **Promotoren**) und hinter (den **Terminatoren**) den eigentlichen proteincodierenden Bereichen (Abb. 2.4). Diese regulatorischen Bereiche codieren nicht für ein Protein, haben aber eine wichtige regulatorische Funktion. Veränderungen (Mutationen) führen daher auch hier häufig zu einer veränderten Expression und einem veränderten Verhalten der

Zelle. Und die übrigen Abschnitte? Viele Jahre bezeichnete man diese DNA-Bereiche als Müll (engl. *garbage DNA*), bis man beobachtete, dass auch dort Information codiert ist. So gibt es zahlreiche DNA-Abschnitte, die regulative RNA-Moleküle codieren, aus denen aber kein Protein wird. Daher spricht man heute vorsichtiger von Plunder-DNA (engl. *junk DNA*): Plunder behält man, Müll wirft man weg. Aber selbst, wenn wir alle diese DNA-Abschnitte für Gene inklusive regulativer Regionen und regulativer RNA zusammen nehmen, ist immer noch der Großteil der DNA nicht-codierend. Doch selbst wenn man ihre Funktion noch nicht kennt: Zumindest können sie einen strukturellen Beitrag zur Genregulation leisten. Dazu müssen wir uns vergegenwärtigen, dass der DNA-Faden zwar als Knäul in der Zelle vorliegt, es aber sicherlich eine wichtige Rolle spielt, welche Bereiche sich nah oder fern sind.

Da wir Menschen von jedem Gen eine mütterliche und eine väterliche Kopie **(Allel)** geerbt haben, tragen beide zum Phänotyp bei (Abschn. 2.1). Sollte eine Kopie defekt sein, kann die andere Kopie die Funktion übernehmen. Das defekte Gen ist in diesem Fall **rezessiv** (nicht in Erscheinung tretend). Codiert eine Kopie beispielsweise für ein Zellgift, dann ist die Wirkung **dominant** und überstrahlt die Wirkung des zweiten Allels (Abb. 4.6). Erkrankungen die rezessiv vererbt werden treten also erst dann auf, wenn bei einer Person sowohl das mütterliche, als auch das väterliche Allel defekt sind. Die rezessive Wirkungsweise der Gene betrifft aber nur die Autosomen, also die Chromosomen 1 bis 22 und bei Frauen das X-Chromosom (Geschlechtschromosomen). Nur diese liegen in zwei Kopien vor. Bei Männern liegen beide Geschlechtschromosomen in einfacher Kopie vor. Damit wirkt ein rezessives Gen automatisch dominant, da es kein intaktes Ersatzallel in der Zelle gibt.

Wie wir im nachfolgenden Abschnitt sehen werden, liegen nicht alle Gene friedlich im Erbgut: Es gibt sogenannte **springende Gene.** Diese tragen maßgeblich zu der Schwierigkeit bei, Gene zu definieren, denn eigentlich – in der Biologie gibt es immer Ausnahmen zur Regel – liegen diese schlafend im Genom und scheinen keine Funktion zu haben. Sie machen aber immerhin einen Großteil der Plunder-DNA im Genom aus.

2.4 Das Genom

Aufgrund der technischen Fortschritte bei der Analyse der DNA-Sequenz (Kap. 4) wird der Begriff Gen zunehmend von dem Wort Genom verdrängt. Das Genom bezeichnet die Gesamtheit aller Gene eines Lebewesens (Abschn. 8.3). Das Genom kommt somit der Begrifflichkeit des **Erbgutes** am nächsten. Aus Genetik, die insbesondere die Wirkung und Vererbung einzelner Gene im Auge hat, wird zunehmend **Genomik,** die alle Gene im Blick hat. Das menschliche Genom besteht aus den 46 Chromosomen sowie dem Chromosom im Mitochondrium (Abb. 2.3). Von den 46 Chromosomen sind 44, die mütterlichen und väterlichen Chromosomen 1 bis 22, die sogenannten **Autosomen.** Zu ihnen gesellen sich die geschlechtsbestimmenden X- und Y-Chromosomen, die **Gonosomen** oder Geschlechtschromosomen. Noch genauer besteht das Genom also aus 44 Autosomen, zwei Gonosomen und einem Mitochondrien-Chromosom (auch **mtDNA** genannt). Die Hälfte unseres Genoms geben wir an unsere Nachkommen weiter, genauer, Männer 23 Chromosomen und Frauen 23 Chromosomen plus dem Chromosom der Mitochondrien. Da das mitochondriale Genom im Sperma während der Befruchtung der Eizelle verloren geht, wird nur die mtDNA der Mutter weitergegeben [19]. Eine aufregende

Randbemerkung: Seit Oktober 2018 stellt ein Forschungskonsortium mit Wissenschaftlerinnen und Wissenschaftlern aus den USA, China und Taiwan dieses Dogma der Vererbung infrage, was zu einem handfesten Wissenschaftsstreit geführt hat [20–23]. Das Ende ist noch offen.

Da das kleine Chromosom der **Mitochondrien** sehr gut zu isolieren und zu sequenzieren ist, wurde es zum Goldstandard der Abstammungsforschung. Folglich hat man ausschließlich die mütterliche Linie verfolgen können, weshalb man sich auf die Suche nach der biologischen **Urmutter** begab, die man Eva taufte [24]. Jeder lebende Mensch hat seine energiefreisetzenden Mitochondrien von dieser vor ca. 150.000 Jahren, oder rund 6000 Generationen, lebenden Frau geerbt. Daher wird sie auch als *lucky mother* (dt. glückliche Mutter) bezeichnet, die ihr Erbgut so nachhaltig vererben konnte.

Warum geben wir nur einen Chromosomensatz an unsere Nachkommen weiter? Nun, genau genommen geben wir einen Mix aus den väterlichen und mütterlichen Chromosomen weiter, was wir der Geburtsstunde der geschlechtlichen Fortpflanzung zu verdanken haben (Abb. 2.6). Bei der ungeschlechtlichen Vermehrung wird das Erbgut, die Chromosomen, einfach verdoppelt und auf zwei Tochterzellen aufgeteilt. Bis auf kleine Mutationen die beim Kopieren auftreten, sind beide Kopien identisch. Die ungeschlechtliche Vermehrung ist zum Beispiel die Basis des Wachstums und der Erneuerung von Zellen bei Tieren und Pflanzen.

Aber schon von Bakterien kennen wir die geschlechtliche Fortpflanzung, bei der es zum Austausch von genetischer Information zwischen Geschlechtspartnern kommt. Dabei kommt es zu einer Durchmischung **(Rekombination)** der elterlichen Genome, respektive Chromosomen. Der bekannteste Prozess dafür ist das *crossing-over* (dt. Überkreuzen) während der Bildung der **Keimzellen**, also der

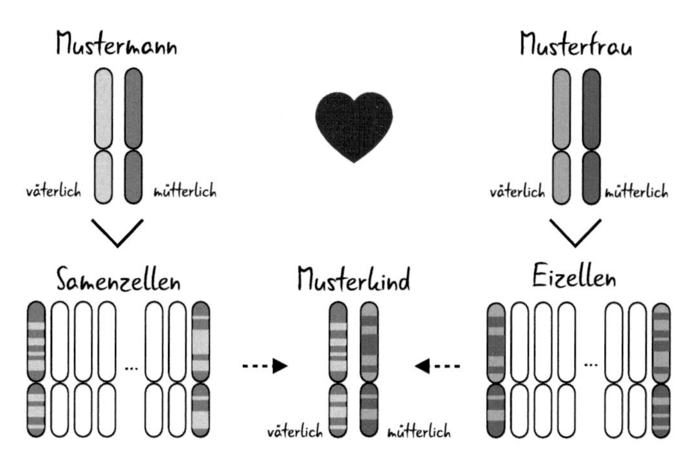

Abb. 2.6 Bei der geschlechtlichen Fortpflanzung werden während der Reifung der Ei- und Samenzellen die Chromosomensätze gemischt. Gezeigt ist jeweils nur ein Chromosom

Ei- und Samenzellen (Abb. 2.6). Dies erhöht die genetische Variabilität zwischen Individuen und damit die Anpassungsfähigkeit. Beim **Klonen** eines Lebewesens, wie es etwa 1996 beim Schaf Dolly dem englischen Biologen Keith Campbell und dem englischen Embryologen Ian Wilmut das erste Mal gelungen ist, erzeugt man dagegen identische Kopien der diploiden Genome und damit der Lebewesen (Abschn. 3.5 und Abb. 3.12) [25].

Da sich die Genome aller Individuen einer Art unterscheiden, sieht man nur einen Bruchteil, wenn das Genom eines Individuums entschlüsselt wird. Somit war zwar die Sequenzierung des Erbgutes des Menschen ein Durchbruch (Kap. 4), aber es waren zunächst nur einzelne Genome. Um aber möglichst viele Genvarianten kennenzulernen, müssen viele Individuen sequenziert werden. Die Genome aller Individuen einer Art bezeichnet man als **Pangenom.** Sicherlich ist es kaum möglich, alle Menschen zu sequenzieren. Aber Projekte in diese Richtung sind im Gange. Im internationalen *1000 Genomes Project* analysieren die USA, England, China und Deutschland seit Januar 2008 in einem gemeinsamen Unterfangen die Vielfältigkeit des menschlichen Erbgutes (Abschn. 4.1). Mit Stand vom März 2019 sind in diesem Projekt die Genome von über 2500 Menschen sequenziert und analysiert worden [26]. Diese Daten sind frei verfügbar. Anders ist die Situation bei dem Projekt der Firma deCODE Genetics aus Island [27]. Die Genomdaten von mehr als 2600 Isländern gehören der Firma und werden ausschließlich verkauft (Abschn. 7.2). Ähnlich wird es wohl auch bei dem bislang größten Sequenzierprojekt laufen: Das *National Health and Medicine Big Data Nanjing Center* der chinesischen Provinz Jiangsu hat im Oktober 2017 angekündigt, dass es das Genom von einer Millionen Chinesen sequenzieren möchte. Dies zeigt deutlich, dass ein großes Interesse an der Erkundung aller genetischen Varianten unseres Pangenoms besteht. In Kombination mit Krankenakten können Sie für diagnostische Zwecke und therapeutische Strategien eingesetzt werden (Abschn. 4.2 und 8.2).

2.5 Der morphogenetische Code

Berühmt ist das Buch des deutschen Biologen und Jenaer Professors Ernst Haeckels mit dem Titel *„Kunstformen der Natur"* [28]. Der erste Band erschien 1899 und enthält beeindruckende Lithografien von Tieren und Pflanzen (Abb. 2.7). Noch heute trifft man kaum auf ein modernes Bücherantiquariat, das nicht mit Nachdrucken von Haeckels Bänden in der Auslage lockt. Wie kommt diese Vielfalt zustande? In seinem 1973 publizierten Buch *„The sculpture of life"* fragt der ungarisch-US-amerikanische Mikrobiologe Ernest Borek, warum Lebewesen nicht wie Spaghetti aussehen, wenn der genetische Code doch linear wie ein Faden ist [29].

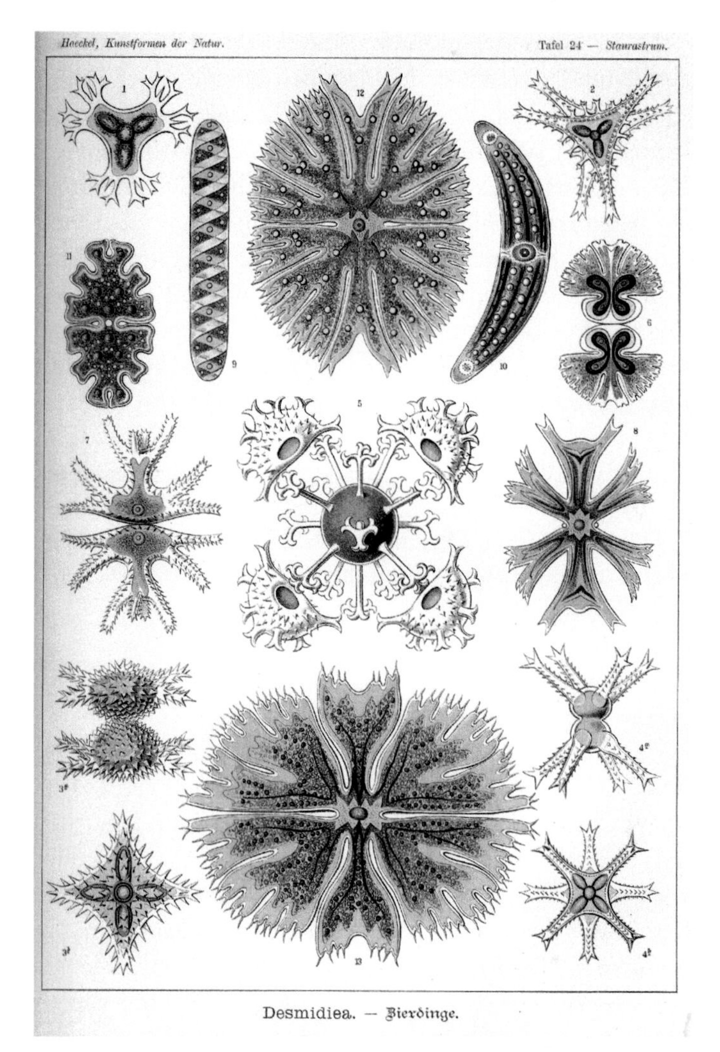

Abb. 2.7 Kosmarien oder Zierdinge (Zieralgen) – solche Algen schwimmen in unseren Pfützen. Wie entstehen die Formen der Zellwände und -bestandteile dieser Einzeller? (Quelle: Haeckel [28])

Es ist eines der größten Wunder der Natur, wie aus einer Abfolge von vier Nukleotiden ein mitunter unfassbar formenreiches, komplexes Lebewesen entstehen kann. Mich persönlich erfüllt es mit einer Mischung aus Demut, Erstaunen und Neugier, welche auch durch die mathematische Herleitung der Entstehung beispielsweise der Musterung des Giraffenfells aus chemischen Konzentrationsgradienten nicht geschmälert wird [30]. Der US-amerikanische Biologe und Anthroposoph Craig Holdrege beschreibt die Wirkungsweise des Erbmoleküls folgendermaßen:

> „Das Verhältnis von Wald und Samen ist der gegenseitigen Abhängigkeit von Organismus und DNA vergleichbar. Die DNA ist auf den Organismus als Umgebung angewiesen und lenkt gleichzeitig die Fähigkeiten und Eigenschaften des Organismus in eine bestimmte Richtung." [31]

Ich möchte hier nur einen klitzekleinen Einblick darin geben, wie aus genetischer Information Form entstehen kann, damit wir das große Ganze nicht aus dem Blick verlieren [32].

Wir haben bereits Gene kennengelernt und gesehen, dass die Aktivität der Gene durch Promotoren reguliert wird (Abb. 2.4). Promotoren sind DNA-Sequenzen vor dem Gen. Sie können sehr komplex aufgebaut sein und mehrere DNA-Sequenzen als Bindestellen enthalten, die von spezifischen Proteinen erkannt werden – wir nennen diese **Transkriptionsfaktoren,** da sie die Transkription regulieren. Bindet ein Protein an die DNA, beeinflusst dies die Regulation der Genaktivität. Gene können so aktiviert, aber auch inaktiviert werden. In einigen Fällen liegen mehrere Bindestellen für dasselbe Protein vor. Es müssen dann alle Bindestellen belegt sein, um beispielsweise das Gen zu aktivieren (Abb. 2.8). Man kann

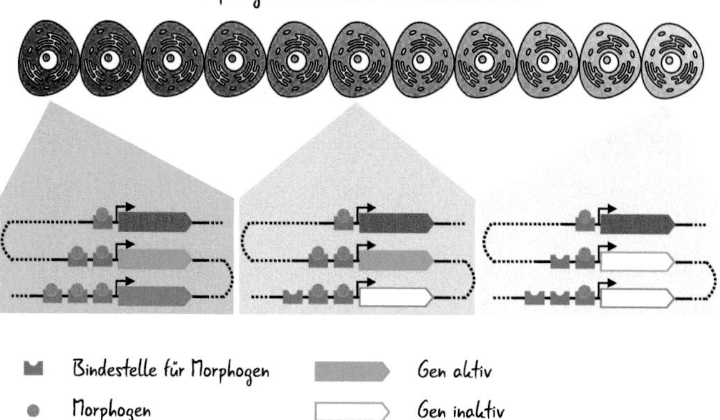

Abb. 2.8 Durch ein Konzentrationsgefälle eines Morphogens (zum Beispiel eines Proteins) in einem Zellverband kann es zu einer konzentrationsabhängigen Aktivierung von Genen kommen. Dafür müssen alle Bindestellen belegt sein

sich das wie eine logische UND-Schaltung oder wie eine Serienschaltung von Schaltern in einem Stromkreis vorstellen. Um alle Bindestellen belegen zu können, muss das Protein in einer bestimmten Mindestmenge (minimale Konzentration) vorliegen. Nun stellen wir uns vor, dass das Bindeprotein, der Transkriptionsfaktor, von Zelle zu Zelle diffundieren („wandern") kann – wie Zucker im Teeglas, der sich auch ohne Umrühren langsam verteilt. Wird der Transkriptionsfaktor an einem Ende eines Gewebes gebildet, so diffundiert er von Zelle zu Zelle zu Zelle, wobei seine Konzentration immer geringer wird. Wenn wir nun das Konzentrationsgefälle eines DNA-Bindeproteins und eine variable Zahl von DNA-Bindestellen in der Promotorregion von Genen zusammennehmen, dann haben wir ein Beispiel dafür, wie ortsspezifisch Gene reguliert werden können. In dem Beispiel in Abb. 2.8 haben wir drei Gene vor uns, die eine unterschiedliche Empfindlichkeit für den Transkriptionsfaktor aufweisen.

Die Empfindlichkeit wird über die Zahl der Bindestellen reguliert. Einen Transkriptionsfaktor, der an der Formgebung beteiligt ist, nennen wir ein Morphogen – nicht zu verwechseln mit dem Gen. **Morphogene** sind keine Abschnitte auf der DNA, sondern Signalstoffe in Zellen und Geweben. Das Morphogen kann ein Protein, aber auch eine andere chemische Substanz sein, zum Beispiel ein Hormon. Auch physikalische Größen wie Temperatur oder Druck sind möglich, wobei sie auf irgendeine Weise wieder in ein chemisches Signal umgewandelt werden müssen. Wir kennen dies von unseren licht-, druck- oder temperaturempfindlichen Nervenzellen (Sensorneuronen).

Der **morphogenetische Code** bestimmt die Bildung der Form von Geweben und Lebewesen, die Morphogenese. Er enthält eine Art Positionsinformation. Und schon kann selbst ein kleiner Zellhaufen eine Richtung haben, ein Vorne und ein Hinten. Durch das Zusammenwirken mehrerer Morphogene und einer vielfältigen Vernetzung ist so die Ausbildung komplexer Entwicklungsstrukturen und Formen möglich: ein Farn, ein Fisch, der Mensch. Vielfalt bei der Vernetzung kann zum Beispiel neben UND-Schaltungen durch zusätzliche ODER-Schaltungen erreicht werden, sodass ein Gen auf mehrere Morphogene reagiert. Auch können einige Gene aktiviert, andere Gene durch dasselbe Morphogen inaktiviert werden. Ein aktiviertes Gen kann auch ein weiteres Morphogen bilden. Und so weiter. Ich weiß: Von dem dargelegten Modell zum vollständigen Menschen oder auch nur einer formenreichen Alge (Abb. 2.7) ist es noch ein Stück. Aber ich hoffe, dass die wirkenden Prinzipien erkennbar werden.

Es ist naheliegend anzunehmen, dass einer größeren Komplexität mehr genetische Information zugrunde liegt. Das lässt sich näherungsweise messen. Schon vor der Möglichkeit, das Erbgut zu sequenzieren, konnte man die

DNA aus Zellen isolieren und wiegen. Der **C-Wert** ist die Bezeichnung für die Menge DNA in einer Zelle, gemessen in Gramm – heute in Basenpaaren – und korrigiert auf einen einfachen Chromosomensatz. Damit haben wir die Menge genetischer Information. Und die Komplexität? Ist eine Schildkröte komplexer als ein Seestern? Als Maß der **Komplexität** können wir die Zahl unterschiedlicher Zelltypen einer Art heranziehen. Wir haben Leberzellen, Nierenzellen, Hautzellen und viele mehr – rund 200 Zelltypen werden den Säugetieren zugeschrieben. Einzellern dagegen – eine. Zusätzlich kann man noch die evolutionäre Entwicklungsstufe hinzunehmen, da eine Reduktion von Komplexität wiederum komplex ist. Hier seien die unscheinbaren Gräser erwähnt, die evolutiv viel weiterentwickelt sind als die schönsten Blütenpflanzen. Bringt man nun die Komplexität mit der Größe des Genoms in Verbindung, dann wird schnell deutlich, dass sich die Komplexität einer Art nicht ausschließlich aus der **Genomgröße** ableiten lässt (Abb. 2.9). Diese Beobachtung wird auch als **C-Wert-Paradox** bezeichnet [33]. Seit den 1980er Jahren ist dieses Paradox aber weitgehend aufgelöst. Größere Komplexität wird über mehr Regulation und die Neukombination vorhandener genetischer Regelkreise erreicht.

Mit den neuesten Methoden der Sequenzierung (Kap. 4) kann nicht nur das weitgehend statische Erbgut, die DNA, analysiert werden. Auch deren abgelesener und damit aktiver Anteil, wie die mRNA (Abb. 2.4), lässt sich so identifizieren und quantifizieren. Damit ist es möglich zu zeigen, wann welches Gen aktiv ist. Neueste Entwicklungen machen es sogar möglich, dies für einzelne Zellen in einem Gewebe zu tun. Jüngst hat dies ein Forschungsteam um Professorin Marja Timmermans von der Universität Tübingen angewandt, um das Wurzelwachstum einer Pflanze zu verfolgen [34]. In 4727 Zellen wurden jeweils um die

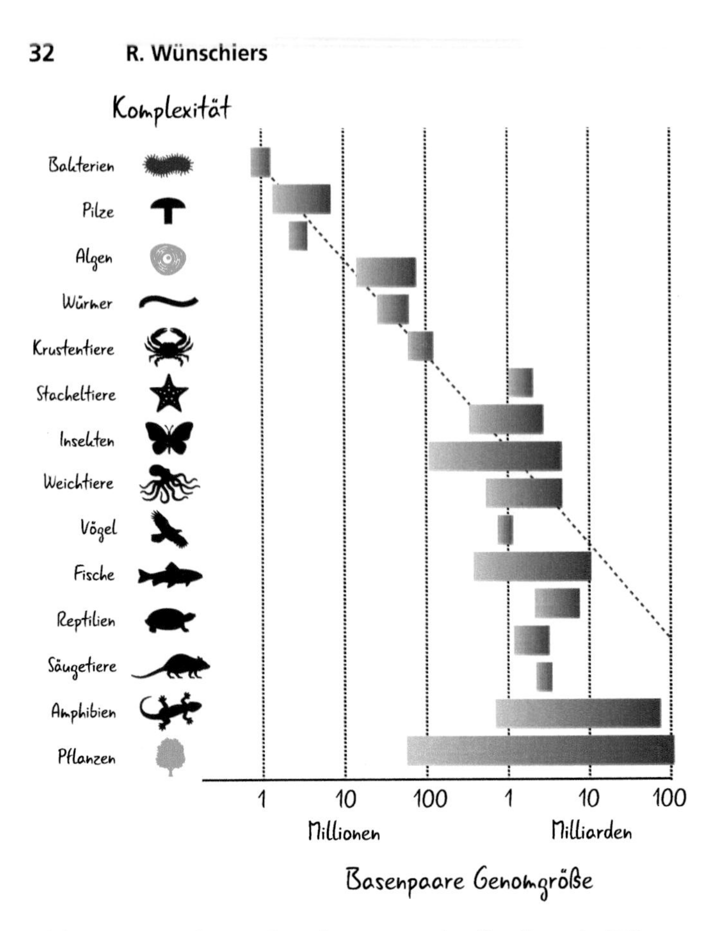

Abb. 2.9 Das C-Wert-Paradox, wonach die Komplexität von Lebewesen nicht durchgängig mit der Genomgröße korreliert

15.000 Transkripte (mRNAs) gefunden. Die jeweiligen aktiven Gene in einer Zelle machen deren sogenanntes Expressionsprofil aus. Es ist wie ein genetischer Fingerabdruck, der sich aber mit der Zeit verändern kann – zum Beispiel, wenn die Zellen vom Wurzelinneren an den Randbereich wandern und dabei ihre endgültige Funktion übernehmen. Auf diese Weise konnten die Wissenschaftlerinnen und Wissenschaftler auch die räumliche und zeitliche Verteilung von Morphogenen beschreiben.

2.6 Der epigenetische Code

Vielen ist die Faustregel bekannt, dass unsere Lebensumstände zu rund der Hälfte von den Genen und der Hälfte von der Umwelt bestimmt wird. In dieser Regel steckt vermutlich mehr Hoffnung denn Forschung. Keine Frage, die Umwelt spielt eine wichtige Rolle, eine sehr wichtige sogar. Aber eine derartige Auftrennung ist fraglich, da jedes Umweltsignal auf einen Empfänger treffen muss, um einen Effekt auf ein Lebewesen ausüben zu können. Und dieser Empfänger wiederum, sei es ein Rezeptormolekül, ein Neuron, ein Gewebe oder ein Organ, hat in der Erbinformation seinen Ursprung. Klar ist, dass wir unser Erbgut von unseren Vorfahren erben. Wie weit das **genetische Gedächtnis** reicht, haben wir bei der Betrachtung der mitochondrialen Eva in Abschn. 2.4 gesehen. Es umfasst rund 150.000 Jahre oder umgerechnet etwa 6000 Generationen. Eine spannende Frage ist aber: Wie nah reicht es? Das von Vater und Mutter je eine Hälfte unseres Erbgutes kommen ist – noch – unstrittig. und wurde bereits in einem Gedicht von Johann Wolfgang von Goethe aus dem Jahr 1827, niedergelegt in dessen *„Zahmen Xenien"*, beschrieben:

„Vom Vater hab ich die Statur, des Lebens ernstes Führen,
Vom Mütterchen die Frohnatur und Lust zu fabulieren.
Urahnherr war der Schönsten hold, das spukt so hin und wieder;
Urahnfrau liebte Schmuck und Gold, das zuckt wohl durch die Glieder.
Sind nun die Elemente nicht aus dem Komplex zu trennen,
Was ist denn an dem ganzen Wicht Original zu nennen?"

Ausnahmen werden wir später kennenlernen. Aber Goethe spricht in seinem Gedicht etwas Interessantes an: Was ist uns denn eigen? Nur die Neukombination des elterlichen Erbgutes, wie in Abb. 2.6 dargestellt? Neueste Erkenntnisse zeigen, dass der genetische Code um einen epigenetischen Code auf den Genen erweitert ist (die griechische Vorsilbe *epi-* steht für auf, über) [35]. Es handelt sich dabei um eine chemische Veränderung der DNA, die durch die **Umwelt** verursacht und an die Nachkommen weitergegeben wird [36]. Diese Erkenntnisse führen aktuell zu einem radikalen Umdenken über die Wirkung von Umweltfaktoren wie Angst, Ernährung oder Sport auf unsere Erbinformation (Abschn. 8.1).

Literatur

1. Weber-Lehmann J, Schilling E, Gradl G, et al (2014) Finding the needle in the haystack: Differentiating „identical" twins in paternity testing and forensics by ultra-deep next generation sequencing. Forensic Sci Int: Genet 9: 42–46. https://doi.org/10.1016/j.fsigen.2013.10.015
2. Heuser UJ, Tatje C (2019) Danke, Diesel. Die Zeit: 11/2019, S. 17
3. Löbbert R (2019) Meine innere Kirche brennt. Die Zeit: 10/2019, Beilage Christ & Welt, S. 1
4. Bittner J (2019) Brexit: Im Tollhouse. Die Zeit Ausgabe 5, S. 3
5. Leipziger Messe GmbH (2019) Preis der Leipziger Buchmesse 2019. In: YouTube. Aufgerufen am 21.03.2019: youtu.be/YZuadUiFtYo bei Minute 30
6. Pellicer J, Fay MF, Leitch IJ (2010) The largest eukaryotic genome of them all? Bot J Linn Soc 164: 10–15. https://doi.org/10.1111/j.1095-8339.2010.01072.x
7. Liu F, van Duijn K, Vingerling JR, et al (2009) Eye color and the prediction of complex phenotypes from genotypes. Curr Biol 19: R192–R193. https://doi.org/10.1016/j.cub.2009.01.027

8. The 1000 Genomes Project Consortium (2012) An integrated map of genetic variation from 1,092 human genomes. Nature 491: 56–65. https://doi.org/10.1038/nature11632
9. The 1000 Genomes Project Consortium (2015) A global reference for human genetic variation. Nature 526: 68–74. https://doi.org/10.1038/nature15393
10. Monod J, Jacob F (1961) Teleonomic mechanisms in cellular metabolism, growth, and differentiation. Cold Spring Harb Symp Quant Biol 26: 389–401. https://doi.org/10.1101/sqb.1961.026.01.048
11. Elfer M (2018) Transporter mit Pkw-Genen. Mitteldeutsche Zeitung, Rubrik Auto & Verkehr, 29/30 Dezember 2018; S. 1
12. Redaktion (2010) Wort des Jahres 2010: Der „Wutbürger" sticht alle aus. In: Frankfurter Allgemeine Zeitung. Aufgerufen am 14.04.2019: faz.net/1.581941
13. Pearson H (2006) Genetics: what is a gene? Nature 441: 398–401. https://doi.org/10.1038/441398a
14. Dawkins R (2006) The Selfish Gene. Oxford University Press, New York/USA
15. Yanai I, Martin L (2016) The Society of Genes. Harvard University Press, Cambridge Massachusetts/USA
16. Juhas M, Eberl L, Glass JI (2011) Essence of life: essential genes of minimal genomes. Trends Cell Biol 21: 562–568. https://doi.org/10.1016/j.tcb.2011.07.005
17. Hutchison CA, Chuang R-Y, Noskov VN, et al (2016) Design and synthesis of a minimal bacterial genome. Science 351: aad6253. https://doi.org/10.1126/science.aad6253
18. Fischer EP (2017) Treffen sich zwei Gene. Siedler Verlag, München
19. Hutchison CA, Newbold JE, Potter SS, Edgell MH (1974) Maternal inheritance of mammalian mitochondrial DNA. Nature 251: 536–538. https://doi.org/10.1038/251536a0
20. Luo S, Valencia CA, Zhang J, et al (2018) Biparental Inheritance of Mitochondrial DNA in Humans. Proc Natl Acad Sci USA 115: 13039–13044. https://doi.org/10.1073/pnas.1810946115

21. McWilliams TG, Suomalainen A (2019) Mitochondrial DNA can be inherited from fathers, not just mothers. Nature 565: 296–297. https://doi.org/10.1038/d41586-019-00093-1
22. Lutz-Bonengel S, Parson W (2019) No further evidence for paternal leakage of mitochondrial DNA in humans yet. Proc Natl Acad Sci USA 116: 1821–1822. https://doi.org/10.1073/pnas.1820533116
23. Luo S, Valencia CA, Zhang J, et al (2019) Reply to Lutz-Bonengel et al.: Biparental mtDNA transmission is unlikely to be the result of nuclear mitochondrial DNA segments. Proc Natl Acad Sci USA 116: 1823–1824. https://doi.org/10.1073/pnas.1821357116
24. Sykes B (2002) The Seven Daughters of Eve. Corgi, London UK
25. Wilmut I, Campbell K, Tudge C (2001) Dolly. Carl Hanser Verlag, München
26. Sudmant PH, Rausch T, Gardner EJ, et al (2015) An integrated map of structural variation in 2,504 human genomes. Nature 526: 75–81. https://doi.org/10.1038/nature15394
27. Gudbjartsson DF, Helgason H, Gudjonsson SA, et al (2015) Large-scale whole-genome sequencing of the Icelandic population. Nat Genet 47: 435–444. https://doi.org/10.1038/ng.3247
28. Haeckel E (1899) Kunstformen der Natur. Verlag des Bibiographischen Instituts, Leipzig und Wien
29. Borek E (1973) The sculpture of life. Columbia University Press, New York/USA
30. Turing AM (1952) The chemical basis of morphogenesis. Philos Trans R Soc, B 237: 37–72. https://doi.org/10.1098/rstb.1952.0012
31. Holdrege C (1999) Der vergessene Kontext: Entwurf einer ganzheitlichen Genetik. Verlag Freies Geistesleben, Stuttgart
32. Carroll SB (2005) Endless Forms Most Beautiful. W. W. Norton & Company, New York/USA

33. Gregory TR (Edt) (2011) The Evolution of the Genome. Elsevier Academic Press, Burlington, Massachusetts/USA. https://doi.org/10.1016/B978-0-12-301463-4.X5000-1
34. Denyer T, Ma X, Klesen S, et al (2019) Spatiotemporal Developmental Trajectories in the Arabidopsis Root Revealed Using High-Throughput Single-Cell RNA Sequencing. Developmental Cell 48: 840–852.e5. https://doi.org/10.1016/j.devcel.2019.02.022
35. Deans C, Maggert KA (2015) What Do You Mean, „Epigenetic"? Genetics 199: 887–896. https://doi.org/10.1534/genetics.114.173492
36. Tucci V, Isles AR, Kelsey G, et al (2019) Genomic Imprinting and Physiological Processes in Mammals. Cell 176: 952–965. https://doi.org/10.1016/j.cell.2019.01.043

Weiterführende Literatur

Fontdevila A (2011) The Dynamic Genome. Oxford University Press, New York/USA

Mukherjee S (2017) Das Gen. S. Fischer Verlag, Frankfurt am Main

Carrol SB (2008) Evo Devo. Berlin University Press, Berlin

3

Züchtung gestern bis heute

„Wir haben auch große und verschiedenartige Gärten, in denen es uns nicht so sehr auf Schönheit wie auf die Art des für verschiedene Bäume und Pflanzen geeigneten Erdbodens ankommt. Wir haben einige sehr ausgedehnte Gärten, wo Bäume und Sträucher gepflanzt sind, aus deren Früchten wir, von den Weintrauben abgesehen, verschiedene Getränke herstellen. In diesen Gärten führen wir auch Versuche auf dem Gebiete des Pfropfens und Okulierens von Wald- und Obstbäumen durch, wobei gute Erfolge erzielt wurden. Auf künstliche Weise bewirken wir in denselben Gärten, daß Bäume und Pflanzen vor oder nach der Zeit blühen, dass sie schneller wachsen und mehr Früchte tragen, als es ihrer Natur entspricht. Wir machen sie auf künstlichem Wege auch um vieles größer, als sie von Natur aus sind. Ihre Früchte lassen wir auf demselben Wege größer und süßer werden und einen von ihrer Natur verschiedenen Geschmack und Geruch, eine von ihrer Natur verschiedene Farbe und Form annehmen. Viele von ihnen züchten und veredeln wir so, daß sie uns Heilmittel liefern.

R. Wünschiers, *Generation Gen-Schere*,
https://doi.org/10.1007/978-3-662-59048-5_3

> Wir haben auch Verfahren, mittels derer wir Pflanzen nicht aus Samen, sondern nur durch eine bestimmte Zusammensetzung des Bodens entstehen und wachsen lassen können. In ähnlicher Weise ziehen wir verschiedene neue Pflanzen auf, die sich von den üblichen unterscheiden. Schließlich verwandeln wir mit unseren Verfahren einen Baum oder eine Pflanze in einen anderen Baum beziehungsweise eine andere Pflanze. [...] Wir lassen uns nun bei dieser Tätigkeit nicht vom Zufall leiten, vielmehr wissen wir von vornherein, welches Verfahren anzuwenden ist, um jene Lebewesen erzeugen zu können." [1]

Diesen Text hat der englische Philosoph und Jurist Sir Francis Bacon vermutlich 1623 verfasst. Nach dessen Tod 1627 wurde er unter dem Titel *„The New Atlantis"* veröffentlicht. Er beschreibt Bacons utopischen Entwurf eines perfekten Staats, eines optimalen Gemeinwesens, einer idealen Gesellschaft. Wissenschaft nimmt hier einen zentralen Raum ein und so beschreibt der zitierte Abschnitt, woran die Tier- und Pflanzenzüchtung heute intensiv forscht: der gezielten, präzisen Züchtung (Abb. 3.1).

Das Wort **Zucht** leitet sich von dem mittelhochdeutschen Begriff *zühter* ab und meint ursprünglich den Lehrer oder Erzieher. Wir finden diese Bedeutung in den Worten „züchtigen" oder „züchtig sein" wieder. Heute beinhaltet der Begriff Zucht eine generationsübergreifende Arbeit, bei der die Fortpflanzung der Tiere oder Pflanzen gelenkt wird. Es ist davon auszugehen, dass der Mensch mit dem Übergang von der Jäger-Sammler-Lebensweise zur Sesshaftigkeit am Übergang von der Eis- zur **Jungsteinzeit** vor rund 12.000 Jahren begonnen hat, im weitesten Sinne Pflanzen anzubauen und Tiere zu halten. Man kann hier noch nicht von Züchtung im engeren Sinne sprechen, gleichwohl aber

Abb. 3.1 Die hochentwickelte Insel Basalem aus Sir Francis Bacons Zukunftsroman *„Neu-Atlantis"* von 1627. Dieser Holzschnitt eines unbekannten Künstlers visualisiert die Utopie Bacons. Man beachte zum Beispiel die praktisch große Erdbeere oder das kleine Rotwild

von einem, eher unbewussten, Eingriff in den Genpool. Der **Genpool** beschreibt die Gesamtheit aller Gene in einer Ansammlung von Organismen (Population), die sich untereinander fortpflanzen können. Im übertragenden Sinne könnten wir sagen, dass jeder Mensch ein Mobiltelefon hat und die Gesamtheit aller Telefone den Mobiltelefonpool bildet. Wenn nun in der Jungsteinzeit Menschen zum Beispiel Emmer oder Einkorn anbauten, die wachsenden Pflanzen hegten und pflegten und einen Teil der geernteten Samen wieder aussäten, dann wurde der Genpool auf die wieder ausgesäten Samen verkleinert. Infolge des Wiederanbaus dieser kleinen Teilpopulation kommt es zunehmend zu Inzucht – mit Folgen: Es treten einige Merkmale in den Vordergrund. Oftmals hat dies nachteilige Folgen und führte vermutlich dazu, dass „frisches" Erbmaterial, also neue Samen gesammelt und angebaut werden mussten. Es konnten aber auch vorteilhafte Merkmale hervortreten und gezielt weiter angebaut werden. Ähnliches lässt sich für die Tierhaltung denken. Zu Beginn beschränkte sich die „Züchtung" daher vermutlich auf das Auswählen von Pflanzen, die gesund aussahen und einen gut verwertbaren Ertrag lieferten. Wir sprechen hier von einer Auslesezüchtung (auch Zuchtwahl oder **Selektionszüchtung**), die sich auf das Erscheinungsbild und erfahrbare Eigenschaften wie den Geschmack richtet (Abb. 3.4). Im Zuge der zunehmenden Sesshaftigkeit während der neusteinzeitlichen Revolution begannen so die lokale Tier- und Pflanzenhaltung, die Selektion und der Eingriff in die Fortpflanzung und den Genpool. Von Züchtung im heutigen Sinne können wir vermutlich erst ab dem achtzehnten Jahrhundert sprechen (Abb. 3.2).

Mehrere Erkenntnisse spielen hier eine wichtige Rolle. Der schwedische Botaniker Carl von Linné präsentierte 1753 ein System, mit dem sich alle Lebewesen klassifizieren

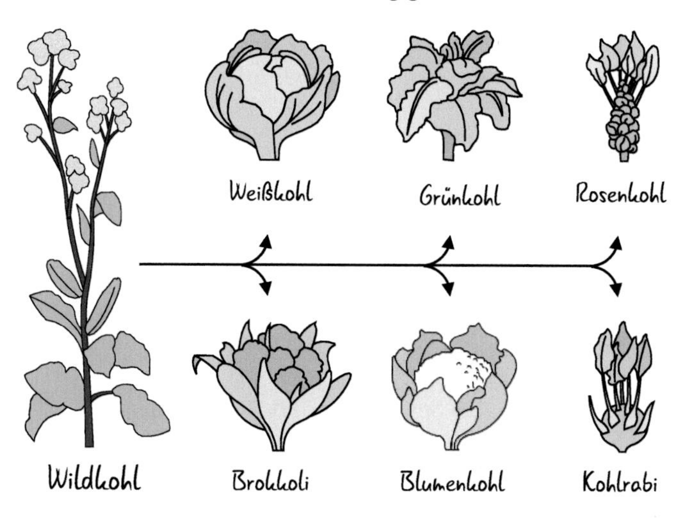

Abb. 3.2 Züchtung verschiedener Kohl-Sorten aus dem Wildkohl *Brasica oleracea* durch Selektion

lassen. Aus der Auslesezüchtung entstandene Formen, die wir heute als Rassen oder Sorten bezeichnen, klassifizierte Linné als Unterarten. Parallel machte der britische Landwirt Robert Bakewell in der zweiten Hälfte des achtzehnten Jahrhunderts, zu seiner Zeit *The Great Improver* genannt, bedeutende Fortschritte bei der Zucht von Rindern, Pferden und Schafen. Des Weiteren veröffentlichte Charles Darwin 1859 seine Selektionstheorie *„Über die Entstehung der Arten"* und begründete damit das moderne Verständnis von den Abläufen und Mechanismen der Evolution [2]. Er bezog die Erkenntnisse von Robert Bakewell in seine Theoriebildung mit ein und bezog sich im ersten Kapitel ganz explizit auf ihn:

> „[…] Youatt liefert eine ausgezeichnete Beleuchtung für die Wirkungen des Ganges einer Auslese, die als unbewußt gelten kann, insofern, als die Züchter nie das Ergebnis,

welches erfolgte, nämlich die Erzeugung von zwei verschiedenen Rassen hätten erwarten oder selbst wünschen können. Die beiden Herden von Leicester-Schafen, die Herr Buckley und Herr Burgeß hielten, haben sich, wie Youatt bemerkt, „von dem Urstamm des Herrn Bakewell fünfzig Jahre hindurch rein fortgepflanzt. Keiner von denen, die mit der Sache bekannt sind, hegt den geringsten Argwohn, daß einer der beiden Eigentümer in irgendeinem Falle von dem reinen Blut der Bakewellschen Herde abgewichen ist, und doch ist der Unterschied zwischen den Schafen der beiden Herren so groß, daß dieselben zu zwei ganz verschiedenen Spielarten zu gehören scheinen."

„Wenn es Wilde gäbe, die auf einer so niederen Stufe ständen, daß sie gar nicht auf die Vererbung bei den Sprößlingen ihrer Haustiere achteten, so würde doch ein Tier, das ihnen für einen bestimmten Zweck besonders nützlich wäre, bei Hungersnot und anderen Unglücksfällen, denen Wilde in so hohem Maße ausgesetzt sind, sorgfältig bewahrt werden. Solche ausgesuchten Tiere würden so gewöhnlich mehr Nachkommenschaft hinterlassen als die schlechteren, so daß in diesem Falle eine Art unbewußter Auslese vor sich gehen würde. Wir sehen, welchen Wert selbst die Barbaren von Tierra del Fuego auf Tiere legen, daran, daß sie in Zeiten der Teurung ihre alten Frauen töten und verzehrten, da sie ihnen von geringerem Wert sind als ihre Hunde."

Der von Darwin zitierte William Youatt war Gründungsmitglied der 1838 gegründeten *Royal Agricultural Society of England* und hat einiges auf diesem Gebiet veröffentlicht. Schließlich haben die Forschungsergebnisse des mährisch-österreichischen Abtes der Brünner Abtei Gregor Mendel die Züchtung revolutioniert. Im Jahr 1866 veröffentlichte er seine Ergebnisse über Kreuzungsversuche bei Pflanzen, insbesondere der Erbse [3]. Gleich zu Beginn seiner Abhandlung schreibt Mendel:

> „Künstliche Befruchtungen, welche an Zierpflanzen deshalb vorgenommen wurden, um neue Farben-Varianten zu erzielen, waren die Veranlassung zu den Versuchen, die hier besprochen werden sollen. Die auffallende Regelmässigkeit, mit welcher dieselben Hybridformen immer wiederkehrten, so oft die Befruchtung zwischen gleichen Arten geschah, gab die Anregung zu weiteren Experimenten, deren Aufgabe es war, die Entwicklung der Hybriden in ihren Nachkommen zu verfolgen."

Die aufgefallene Regelmäßigkeit mündete schließlich in die bis heute gültigen und in der Schule gelehrten **Mendel'schen Regeln.** Rückblickend betrachtet mag es verwundern, dass Mendels Erkenntnisse trotz der Publikation zunächst keine Verbreitung fanden. Erst im Jahr 1900 wurden Mendels Beobachtungen von drei Botanikern, die sich alle mit Pflanzenzüchtung befassten, unabhängig voneinander wiederentdeckt und bestätigt und damit die Bedeutung seiner Leistung anerkannt. Mendel kannte auch Darwins Theorie zur Evolution und widerlegte nebenbei Darwins Sicht vom Gang der Vererbung. Nach Darwin vermischen sich von den Eltern vererbte Merkmale in den nachfolgenden Generationen immer weiter, dünnen sich quasi aus. Mendel zeigt dagegen, dass diese Merkmale konstant bleiben und nach festen Regeln weitergegeben werden. Das Bild von der Evolution – und der Züchtung – im zwanzigsten Jahrhundert basiert letztlich auf der Synthese der Vererbungstheorie nach Mendel und der Evolutionstheorie nach Darwin.

Der von Mendel geführte Nachweis, dass bestimmte Merkmale von einer Elternpflanze regelhaft auf die Nachkommen übertragen werden, war nicht nur ein wichtiger Beitrag zur Stützung Darwins Selektionstheorie. Er war ein entscheidender Beitrag dafür, neue Sorten und Rassen durch gezielte Wahl der Organismen züchten zu können. Um die Züchtung zu beschleunigen, reichte die natürliche Variation von Eigenschaften bald nicht mehr aus. Insbesondere in der Pflanzenzucht, wo die ethischen Bedenken bei der Behandlung mit Chemikalien oder Strahlung zur Einführung zufälliger genetischer Veränderungen (Mutagenese) gering sind, wurden schnelle Fortschritte erzielt.

3.1 Nukleares Gärtnern

Bereits im Jahr 1901 veröffentlichte der niederländische Botaniker Hugo de Vries seine **Mutationstheorie** (auch Mutationismus oder Mendelismus genannt), wonach neue Arten plötzlich, ohne Übergänge und ungerichtet entstehen [4]. Er dachte darüber nach, dass man mit künstlichen Mutationen neue, besser angepasste und ertragreichere Pflanzen generieren könnte. Allein fehlte ihm das Wissen, wie man Mutationen auslösen könnte. Zwar hatte der deutsche Physiker und Nobelpreisträger Wilhelm Röntgen bereits im Jahr 1895 die nach ihm benannten Strahlen entdeckt, die de Vries als „Werkzeug" hätten dienen können, aber der Zufall wollte die beiden Welten nicht zusammenführen. Erste Beobachtungen, dass Chemikalien Veränderungen im Erbgut auslösen können, wurden in 1910er Jahren gemacht. In den 1940er und 1950er Jahren waren Methoden zur chemischen Erzeugung von Erbgutveränderungen (chemische **Mutagenese**) weitgehend etabliert [5]. Parallel dazu wurden Methoden entwickelt, um auch mit ultravioletter oder ionisierender **Strahlung** (Röntgenstrahlung und Strahlung, die bei radioaktivem Zerfall freigesetzt wird) Mutationen zu erzeugen [6]. Berühmt und wegweisend waren die so erzeugten Taufliegen-Mutanten des US-amerikanischen Genetikers und Nobelpreisträgers Hermann Muller im Jahr 1927 [7]. Ziel der Erzeugung von genetischer Variabilität infolge der Chemikalien- oder Strahlenwirkung war meist die Erforschung von grundlegenden Lebensprozessen. Der Vergleich von „intakt“ und „defekt“ gab häufig Aufschluss über eine Funktion. Natürlich wurde aber auch die Nützlichkeit für die Züchtung erkannt (Abb. 3.3).

Der US-amerikanische Genetiker Lewis Stadler war der erste, der 1928 mit Röntgenstrahlung Mutationen in Gerstenkeimlingen induzierte [8]. Im Jahr 1934 kam mit einer **Tabak-Sorte** aus den niederländischen Kolonien die erste Strahlenmutante auf den Markt. Der Vorteil von Strahlung gegenüber Chemikalien ist ihre weiterreichende Wirkung. Es muss nicht jeder einzelne Same, jede einzelne Pflanze mit der Chemikalie in Kontakt gebracht werden – was auch ein Risiko für die Experimentatoren darstellt. Es reicht, auf einem Versuchsfeld einen radioaktiven Strahler (meist ein **Kobalt-60 Isotop,** welches überwiegend Gammastrahlen emittiert) zu platzieren und so eine

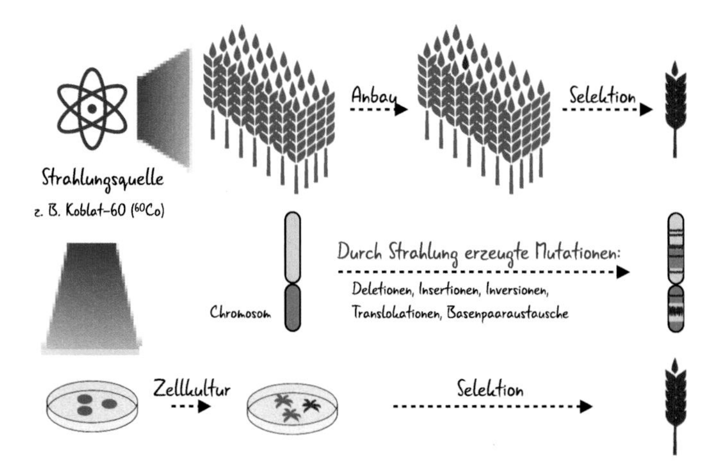

Abb. 3.3 Nukleares Gärtnern. Mit einer radioaktiven Strahlungsquelle werden Mutationen in den Chromosomen erzeugt. Dies kann an der intakten Pflanze oder in Pflanzenzellkulturen im Labor geschehen

gesamte Plantage zu bestrahlen [9]. Zum Schutz der Mitarbeitenden wurden die Kobaltquellen bleiummantelt in den Boden versenkt und nur bei Bedarf per Fernsteuerung freigelegt. Solche sogenannten **Gamma-Gärten** wurden beispielsweise in Europa, Indien, Japan, den USA und der USSR als Pflanzenzuchtlabore etabliert. Züchtungsfirmen warben in Zeitungen und Illustrierten für ihr bestrahltes Saatgut (engl. *atomic energized seeds*).

Im Jahr 1959 wurde in England von Muriel Howorth sogar eine *Atomic Gardening Society* gegründet [10]. Sie richtete sich gezielt an die Öffentlichkeit, um die Bürgerinnen und Bürger an der Aufzucht und Beschreibung von bestrahltem Saatgut zu beteiligen (Abschn 7.1). Gegründet in Eastbourne, England, wirkte die Gesellschaft weltweit mit dem Ziel:

> „[…] atomare Versuchsgärten umspannen die Welt, indem sie Atompflanzen-Mutations-Experimentierer vieler Länder miteinander verbinden, die zum Nutzen aller mit dem wohlwollenden Bestreben arbeiten, schneller mehr Nahrung für mehr Menschen zu finden.“

Auch im Gartenhandel konnten Hobbygärtnerinnen und -gärtner Samentütchen kaufen, auf denen geschrieben stand, dass ungewiss ist, ob die Samen aufgehen und welche Veränderungen vorliegen werden: *„Dieses Experiment kann neue Pflanzentypen hervorbringen. Vielleicht finden sie Änderungen der Größe, Farbe oder Form.“* Im kommerziellen Einsatz brachte die durch atomare Strahlung ausgelöste Mutagenese nach einer Aufstellung der *Internationalen Atomenergiebehörde* über 1800 Pflanzensorten auf den Markt – im Lebensmittelbereich vor allem Reis, Weizen, Hafer, Raps, Mais, Soja, Erdnüsse, Bohnen, Oliven sowie viele Obst- und Gemüsesorten. Viele von ihnen werden heute noch angebaut oder sind durch Kreuzungen in neue Sorten eingegangen.

Ein Produkt des Gamma-Gartens am New Yorker *Brookhaven National Laboratory* war die 1970 in den USA zugelassene pilzresistente **Pfefferminz-Sorte** Todd's Mitcham von der *A.M. Todd Company* [11, 12]. Nahezu das gesamte global gehandelte Pfefferminz-Öl für Kaugummi, Zahncreme, Mundwässer und Süßwaren stammt von dieser Sorte. Die genetische Ursache, warum Todd's Mitcham pilzresistent ist, ist unbekannt. Interessanter Weise war die Ausgangspflanze der Bestrahlung ihrerseits bereits eine Züchtung. Die Pfefferminz-Pflanze wurde erstmal 1753 von dem schwedischen Naturforscher Carl von Linné als *Mentha × piperita* beschrieben. In dem englischen Bezirk Mitcham südwestlich von London wird Pfefferminze bereits seit der Mitte des achtzehnten Jahrhunderts dokumentiert angebaut. Die Mitcham-Varietät war aber ihrerseits bereits auf natürliche Weise genetisch verändert: Sie ist steril und kann nur vegetativ aus Wurzelstückchen vermehrt werden. Die Ursache hierfür ist, dass *Mentha × piperita* eine Kreuzung aus der Wasserminze *(Mentha aquatica)* und der grünen Minze (Spearmint, *Mentha spicata*) ist. Ob diese Kreuzung zufällig entstand ist oder ebenfalls bereits gezüchtet wurde, ist nicht überliefert.

Auch **Grapefruit**-Sorten wie Star Ruby und Ruby Red, sind Produkte aus Gamma-Gärten. Annähernd die gesamte in Europa angebaute **Gerste** trägt eines von zwei Genen, die vor Jahrzehnten durch Strahlen verändert wurden und dafür sorgen, dass die Ähren auf kürzeren und stabileren Stängeln wachsen und somit standsicherer sind. Dies muss uns aber keine Sorge bereiten. Über ein halbes Jahrhundert sind diese Sorten im Anbau und der Vermarktung und es gibt keine Anzeichen dafür, dass damit irgendwelche gesundheitlichen Schädigungen bei Menschen oder Tieren einhergehen. Vielmehr ist es nicht übertrieben zu sagen, dass ohne diese Sorten die Welternährung infrage stände. Und dabei spielt

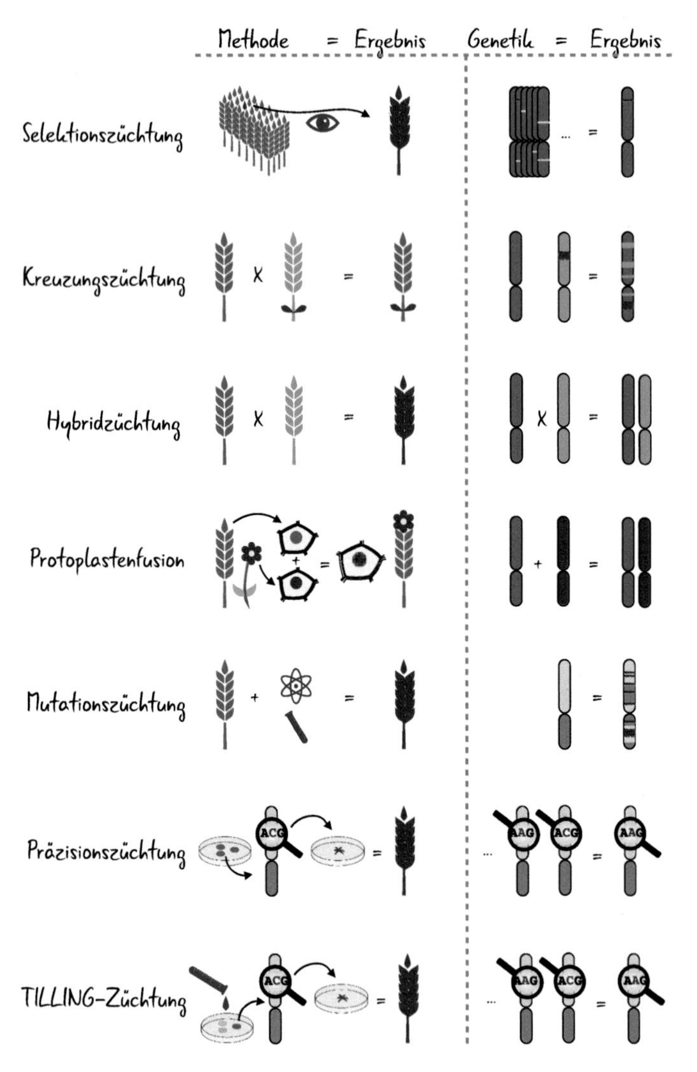

Abb. 3.4 Konventionelle Züchtungsmethoden. Alle diese Methoden werden per Definition nicht der Gentechnik zugeordnet. Erläuterungen finden sich im Text

es keine Rolle, ob es sich um ökologische, integrative oder konventionelle Landwirtschaft handelt. Genetisch gesehen kommt es durch die mutagene Behandlung zu undenkbar vielen Veränderungen im Erbgut. Es können Abschnitte verloren gehen, vervielfacht, neu angeordnet werden oder an beliebigen Stellen in ihrer Sequenz verändert sein (Abb. 3.4). Für die Marktzulassung spielt das keine Rolle. Es wird nicht auf den Genotyp, sondern nur auf den **Phänotyp** geschaut, das Erscheinungsbild und die Eigenschaften. Juristisch gesehen ist Mutagenese mit Chemikalien oder Strahlen aus dem Gentechnikgesetz ausgenommen. Wie bei der konventionellen Züchtung unterliegen die Pflanzen einem entsprechend vereinfachtem Zulassungsverfahren.

3.2 Konventionelle Züchtungsmethoden

Mit dem *atomic gardening* haben wir eine Methode der konventionellen Züchtung (Abb. 3.4) kennengelernt, die Mutationszüchtung. Zwar werden durch **Mutationszüchtung** hervorgebrachte Pflanzen in der Europäischen Union den gentechnisch veränderten Organismen (GVO) zugeordnet, jedoch haben sie eine **Sonderstellung,** indem sie von allen für GVO geltenden Zulassungs- und Kennzeichnungsvorschriften ausgenommen sind. Nach dem **Urteil des Europäischen Gerichtshofs** (EuGH) vom 25. Juli 2018 gilt diese Ausnahme allerdings nur für die beschriebene ungerichtete Mutationszüchtung, nicht aber für die neue, aber weitaus präzisere Genchirurgie (auch Geneditierung) mit der CRISPR/Cas-Genschere (Abschn. 5.1) [13]. Durch ungerichtete Mutationszüchtung entstehen neue Sorten, für deren gewerblichen Anbau und Vertrieb in Deutschland eine **Sortenzulassung** durch das

Bundessortenamt notwendig ist. Voraussetzung für die Zulassung einer neuen Sorte ist ihre Unterscheidbarkeit von anderen Sorten der gleichen Art sowie ihre Homogenität und Beständigkeit. Dies wird durch den Anbau im Freiland oder im Gewächshaus geprüft **(Registerprüfung)**. Bei den wichtigsten landwirtschaftlichen Pflanzenarten ist zudem eine Überprüfung auf den landeskulturellen Wert erforderlich **(Wertprüfung)**. Dieser ist gegeben, wenn sie in der Gesamtheit ihrer wertbestimmenden Eigenschaften gegenüber den zugelassenen vergleichbaren Sorten eine deutliche Verbesserung für den Pflanzenbau, für die Verwertung des Ernteguts oder die Verwertung der aus dem Erntegut gewonnenen Erzeugnisse erwarten lässt.

Konventionelle Züchtungsmethoden im engeren Sinne basieren also auf der Auswahl der zu kreuzenden Partner und einer Auswahl der Nachkommen anhand bestimmter messbarer Merkmale (Abb. 3.4). Dazu zählt auch die sogenannte **Hybridzüchtung,** bei der eine gezielte Kreuzung von zwei Elternlinien vorgenommen wird. Bei den Elternlinien müssen die gewünschten Merkmale möglichst reinerbig vorhanden sind (Inzuchtlinien). Die Nachkommen sind durch den weitgehend unverstandenen, sogenannten **Heterosiseffekt** oft ertragreicher und widerstandsfähiger als ihre Elternlinien. In der nachfolgenden Generation geht der Effekt allerdings verloren und der Landwirt muss neues Saatgut kaufen.

Eine Weiterentwicklung der konventionellen Kreuzungszucht ist die **Präzisionszucht** (auch ***SMART breeding*** genannt, wobei SMART für *selection with markers and advanced reproductive technologies* steht, oder ***marker assisted breeding***). Bei ihr werden die zu kreuzenden Partner oder die zu selektierende Pflanze auf Basis einer Erbgutanalyse *(selection with markers)* ausgewählt (Abb. 3.4). Dies setzt voraus, dass der Züchter bereits weiß, nach welchem Genotyp er sucht und wie dieser mit dem gewünschten

Phänotyp in Verbindung steht. Der Vorteil besteht vor allem darin, dass die Pflanze nicht bis zur Reife wachsen muss, sondern bereits der Keimling untersucht werden kann. Mit Methoden der Zellkulturtechnik *(advanced reproductive technologies)* kann dann aus einzelnen Zellen wieder eine komplette Pflanze regeneriert werden.

Zellkulturtechniken kommen ebenfalls bei der **Protoplastenfusion** (auch **somatische Hybridisierung** genannt) zum Einsatz (Abb. 3.4). Dies ist eine konventionelle Züchtungsmethode im weiteren Sinne, da hier weit über die Methodik der konventionellen Kreuzung hinausgegangen wird. Der Protoplast ist die Bezeichnung für eine von der Zellwand befreite Pflanzenzelle. Anders als tierische Zellen, die aufgrund ihrer flexiblen Zellwand eher „wabbelig" sind, bilden Pflanzenzellen feste, mit Zellulose durchzogene Zellwände aus. Nach deren enzymatischem Abbau im Reagenzglas bleibt der Protoplast zurück. Ihn umgibt nur noch eine Zellmembran. Zwei Pflanzenzellprotoplasten können nun im Reagenzglas miteinander verschmolzen werden. Unter den richtigen Bedingungen fusionieren dann auch die Zellkerne mit der darin enthaltenen Erbinformation und lassen sich zu vollständigen Pflanzen regenerieren. Diese Form der „Zellkreuzung" ist auch über Gattungsgrenzen hinweg möglich. Das Ergebnis kann beispielsweise eine Tomoffel sein (eine Kreuzung von Tomate und Kartoffel ohne agronomischen Nutzen) oder eine virusresistente Spargel-Sorte. Auch mit menschlichen und tierischen Zellen sind somatische Hybridisierungen möglich. So wurden zu experimentellen Zwecken beispielsweise humane und murine, also Menschen- und Mäusezellen bereits Ende der 1960er Jahre erfolgreich miteinander fusioniert [14]. Die Fusionszellen vermehren sich in entsprechenden Nährmedien, wachsen aber nicht zu einem differenzierten Organismus heran. Die Methode wurde früher dazu genutzt, Gene bestimmten Chromosomen zuzuordnen.

Eine weitere hochmoderne, aber im weiteren Sinne konventionelle, gentechnikfreie, Züchtungsmethode ist das seit den 2000er Jahren etablierte **TILLING**-Verfahren (engl. *targeting induced local lesions in genomes,* dt. gezielt induzierte lokale Läsionen in Genomen). Auch diese Methode setzt voraus, dass bereits Erbgutinformation zu der Pflanze vorliegt und man im Vornherein weiß, welche genetische Veränderung man erzielen möchte (Abb. 3.4). Wie bei der ungerichteten Mutationszüchtung werden mittels einer Chemikalie (meist Ethylmethansulfonat; kurz EMS) einzelne Nukleotide ausgetauscht – es entstehen sogenannte Punktmutationen. Es folgt ein cleveres Suchverfahren *(screening),* wie man es schon aus der Präzisionszüchtung kennt und das auf dem Lesen der DNA beruht (Kap. 4). Auf diese Weise können Keimlinge identifiziert werden, die an gewünschten Stellen im Erbgut erwünschte Veränderungen enthalten. Im Ergebnis lassen sich so Pflanzen züchten, die sich nicht von solchen unterscheiden, die mit modernen Methoden wie der Geneditierung mit der CRISPR/Cas-Genschere entwickelt wurden. Politik und Gesellschaft interessieren sich zumeist aber nur dafür, ob ein neu gezüchtetes Lebewesen im Sinne der gesetzlichen Definitionen ein gentechnisch veränderter Organismus ist oder nicht. An dieser Einordnung hängen Zulassungsverfahren und Konsumentscheidungen (Abschn. 3.7).

3.3 Bunte Gentechnik

Wie wir gesehen haben, nutzt auch die moderne konventionelle Züchtung gentechnologisches Wissen. Bevor wir uns der Anwendung der Gentechnik bei der Pflanzen- (Abschn. 3.4) und Tierzucht (Abschn. 3.5) zuwenden, möchte ich kurz daran erinnern, dass auch Bakterien gezüchtet werden, zum Beispiel für biotechnologische

Anwendungen. Je nach Anwendungsbereich, hat die Gentechnik farbenfrohe Namen erhalten. Das die Gentechnik bei Pflanzen als **grüne** Gentechnik bezeichnet wird, das leuchtet ein. Ebenso die Bezeichnung **rote** Gentechnik für Anwendungen in der Medizin und **blaue** Gentechnik für Anwendungen bei Meereslebewesen. Mehr Fantasie braucht man bei der **weißen** Gentechnik für industrielle, der **braunen** für abfallwirtschaftliche und der **grauen** für ökologische Anwendungen. Selbstverständlich gibt es auch gentechnische Anwendungen bei Tieren, der allerdings noch keine Farbe zugeordnet ist. Das kann auch daran liegen, dass die Anwendungsgebiete oft ineinandergreifen. Daher erlaube ich mir, den Begriff **gescheckte** Gentechnik für deren Anwendung bei Tieren zu verwenden. Der Anwendung beim Menschen wenden wir uns dann ab Kap. 5 zu.

An dieser Stelle möchte ich kurz einige allgemeine Betrachtungen zur Gentechnik und ihrer Anwendung in Alltagsprodukten liefern. Gentechnik ist aus unserem Lebensalltag nicht mehr wegzudenken. Es gibt sehr offensichtliche Anwendungen, etwa wenn auf einer Lebensmittelverpackung vermerkt ist, dass Öl aus gentechnisch veränderten Soja-Pflanzen enthalten ist. Das fällt auf, denn für die Lebensmittelindustrie gelten in Bezug auf die **Kennzeichnungspflicht** in der Europäischen Union strenge Regeln. Generell gilt, wenn ein Lebensmittel …

- … ein gentechnisch veränderter Organismus **(GVO)** ist, so muss dieser gekennzeichnet werden. Fleisch aus gentechnisch veränderten Rindern oder Maiskolben wären also kennzeichnungspflichtig.
- … **GVO enthält.** Joghurt mit gentechnisch veränderten Bakterien oder Bier mit gentechnisch veränderter Hefe sind kennzeichnungspflichtig.

- … **aus GVO hergestellt** ist. Speiseöl aus gentechnisch veränderten Soja- oder Raps-Pflanzen, Zucker aus gentechnisch veränderten Zuckerrüben oder Speisestärke aus gentechnisch verändertem Mais sind kennzeichnungspflichtig.

Es gibt auch **Ausnahmen** für die Kennzeichnung, nämlich wenn …

- … der Anteil gentechnisch veränderter Bestandteile nicht höher als **0,9 %** liegt und der Hersteller nachweisen kann, dass dieser Anteil zufällig oder technisch unvermeidbar ist. Dies ist bei Honig interessant, da der einzige kennzeichnungspflichtige Bestandteil in Honig der Pollen ist, da nur er DNA enthält. In Honig sind aber selten mehr als 0,5 % Pollen enthalten. Selbst wenn der gesamte Pollen von transgenen Pflanzen stammen würde, wäre daher der Honig nicht kennzeichnungspflichtig.
- … das Lebensmittel oder die Zutat **mithilfe von GVO erzeugt** wurden. Dazu zählen auch Fleisch, Milch oder Eier von Tieren, die Futtermittel aus gentechnisch veränderten Pflanzen oder Tieren erhalten haben. Die Futtermittel selbst sind hingegen kennzeichnungspflichtig.
- … Zusatzstoffe wie beispielsweise Aromen, Vitamine, Zitronensäure oder der Geschmacksverstärker Glutamat, die mithilfe von GVO erzeugt wurden, aber keine GVO mehr enthalten.
- … technische Hilfsstoffe oder Enzyme von GVO für die Herstellung des Lebensmittels verwendet wurden. So benötigt man in der Käseherstellung das Enzym Chymosin. Traditionell wird es aus Kälbermägen, heutzutage aber vorwiegend mithilfe gentechnisch veränderter Mikroorganismen gewonnen.

Kennerinnen und Kenner der Lebensmittelbranche schätzen, dass bei rund 70 % der im Handel befindlichen Lebensmittel eine nicht kennzeichnungspflichtige Anwendung der Gentechnik eine Rolle spielt. Neben zufälligen und technisch unvermeidbaren Spuren zugelassener GVO sind dies vor allem Zusatzstoffe, Vitamine, Aminosäuren, Enzyme und andere Hilfsstoffe, die mithilfe von gentechnisch veränderten Mikroorganismen hergestellt werden. In der Obst- und Beerenverarbeitung für die **Saft- sowie Weinbereitung** finden beispielsweise Enzyme wie Amylase, Arabinase, Glucoamylase, Pektinasen, Pektinesterase, Pektinlyase, Polygalacturonase, Proteasen und Rhamnogalacturonase Einsatz. Wer seinen Saft zu Hause presst, benötigt diese Enzyme nicht. Aber für die Großproduktion sind diese Enzyme unter anderem notwendig, um eine höhere Saft- und Aromaausbeute beim Pressen zu erreichen, die Klärung nach dem Pressen zu unterstützen oder die Filtrierbarkeit zu erhöhen. Die eingesetzten Mengen liegen im Grammbereich pro hundert Liter Erzeugnis.

Enzyme spielen aber nicht nur bei der Lebensmittelherstellung eine große Rolle. Weitere wichtige Anwendungsgebiete sind die **Papier-, Textil-, Reinigungs- und Kosmetikindustrie.** In **Zahncreme** sind Enzyme enthalten, die bei der Zahnreinigung helfen. In Pflegemitteln für Kontaktlinsen bauen Enzyme Fett- und Proteinablagerung ab. **Waschmittel** enthalten Enzyme, um Proteine und Stärke zu entfernen. Die Liste ließe sich fortführen. Der Großteil der Enzyme wird mithilfe von gentechnisch veränderten Mikroorganismen hergestellt. Warum? Oft stammen die verwendeten Enzyme aus bestimmten Geweben oder Organen von Tieren oder Pflanzen, was die Bereitstellung oft schwierig macht. Stattdessen werden die Enzym-codierenden Gene auf ein Bakterium oder Pilz übertragen, der relativ einfach und in großen Mengen vermehrt werden kann. Häufig sind die Organismen so designt, dass sie das Produkt in das Nährmedium abgeben und es so recht einfach gereinigt und verkauft werden kann. Zudem werden die Enzyme, meist durch Veränderung des genetischen Codes, in ihrem Aufbau verändert und damit für ihre Aufgabe **optimiert.** Bei warmen bis heißen Temperaturen würden Enzyme, die ja Eiweiße sind, wie ein Spiegelei in der heißen Pfanne denaturieren, also irreversibel ihre Struktur ändern. Ein Waschgang bei 60 Grad Celsius wäre dann das Ende für das Enzym. Genetisch optimierte Enzyme können den Temperaturen aber standhalten. Umgekehrt wurden Enzyme entwickelt, die auch bei niedrigen Temperaturen wirkungsvoll arbeiten. So können beim Waschgang die Temperatur reduziert und Strom eingespart werden.

In der **Textilindustrie** sind es der Rohstoff **Baumwolle** sowie Zusatzstoffe für die Färbung und Stoffverarbeitung (Gleitmittel), die häufig aus gentechnisch veränderten Organismen gewonnen werden. Aber Baumwolle endet nicht nur in Textilien. Die Wertschöpfungskette reicht viel weiter. Nach der Ernte werden die Fasern von den eiweiß- und fettreichen Samen abgetrennt. Dabei fallen Nebenprodukte an, die als Lebens- und Futtermittel genutzt werden. So wird das hochwertige Öl der Baumwollsamen als Speiseöl zum Frittieren oder bei der Herstellung von Margarine verwendet. Das eiweißreiche Schrot dient als Tierfutter und kann als Grundstoff für die Gewinnung von Baumwollmilch für die Kosmetikindustrie genutzt werden. Aus den sehr kurzen, nicht verspinnbaren, zellulosereichen Baumwollfasern werden verschiedene Lebensmittelzusatzstoffe wie Zellulose (E460) oder Methylzellulose (E461) gewonnen. Sie dienen der Lebensmittelwirtschaft als Verdickungsmittel, Stabilisatoren, Emulgatoren oder Füllstoff. Hauptabnehmer für die Fasern ist aber die Papierindustrie. Aus ihnen werden vor allem hochwertige, reißfeste Papiere hergestellt, etwa für Geldscheine.

Die **Papierindustrie** hat auch einen großen Bedarf an hochqualitativer **Stärke**, um beispielsweise Hochglanz- oder Fotopapier zu produzieren. Stärke ist ein langkettiges Molekül, das in wässriger Lösung sehr zäh (viskos) ist. Daher binden wir Soßen auch mit Stärke ab. Eine Stärkelösung hat aber noch eine weitere besondere Eigenschaft: Sie verhält sich als nicht-Newton'sche Flüssigkeit, das heißt, dass sie eine veränderliche Viskosität hat. Im Extremfall führt ein hoher und ruckartig auftretender lokaler Druck dazu, dass sich eine Stärkelösung wie ein Feststoff verhält. Dies würde Düsen verstopfen, mit denen die Stärkelösung im Produktionsprozess auf den Papierträger aufgesprüht wird. Daher wird die Lösung mit Enzymen behandelt (konditioniert). Und diese werden wiederum mithilfe transgener Mikroorganismen hergestellt.

Wenn man sich die Mühe macht und die Entstehungsprozesse der Gebrauchs- und Verbrauchsgüter in einem durchschnittlichen europäischen Haushalt verfolgt, dann wird deutlich, wie weit die Gentechnik bereits zur Selbstverständlichkeit geworden ist.

3.4 Grüne Gentechnik

Wer gegen Gentechnik spricht, hat meistens die **grüne Gentechnik** im Sinn, also die Anwendung der Gentechnik in der Landwirtschaft (Abb. 3.6 und 3.7). Zwar sind Deutschland und weite Teile Europas „gentechnikfreie Zone". Das bezieht sich aber nur auf den Anbau gentechnisch veränderter Pflanzen, nicht hingegen auf deren Import oder die Anwendung der Gentechnologie in der Industrie. Die erste zum kommerziellen Anbau und Vertrieb zugelassene Pflanze war ein virusresistenter **Tabak** in der Volksrepublik China. Der Anbau erfolgte von 1992 bis 1997. Die erste zum Verzehr zugelassene und kultivierte Pflanze war die **FlavrSavr-Tomate** (geschmackskonservierende Tomate), die von 1994 bis 1997 in den USA angebaut und vertrieben wurde, beim Verbraucher aber keine Akzeptanz fand.

In Deutschland werden zurzeit keine gentechnisch veränderten Pflanzen angebaut. Die letzten für den kommerziellen Anbau zugelassenen Pflanzen waren die **Amflora-Kartoffel** der *BASF* für die Stärkeindustrie (bis 2011) und der insektenresistente **Bt-Mais MON810** von *Monsanto* (bis 2008). Im Jahr 2012 wurden noch gentechnisch veränderte Zuckerrüben und Kartoffeln zu Forschungszwecken angebaut und 2013 das gentechnisch veränderte **Bakterium *Rhodococcus*** *equi* Stamm RG2837 [15]. Letzteres wurde natürlich nicht angebaut: Es wurden 120 Fohlen mit dem Bakterium geimpft, um eine neuartige Form der Bekämpfung einer Lungenentzündung bei Pferden zu testen. Gleichwohl werden im großen Umfang Produkte gentechnisch veränderter Pflanzen in die Europäische Union und nach Deutschland **importiert,** allen voran: Soja. Europa produziert zu wenig eiweißreiche **Futterpflanzen** für seine Nutztiere und ist deswegen auf die Einfuhr großer Mengen an Sojabohnen angewiesen. Schon rein rechnerisch können diese Bohnen zum überwiegenden Teil nur von gentechnisch veränderten **Soja-Pflanzen** stammen, da die angebaute Menge nicht-transgener Soja-Pflanzen in der Europäischen Union viel geringer als der Bedarf ist. Weltweit liegt der Gentechnikanteil an der Soja-Produktion bei knapp 80 %. Aktuell sind 19 verschiedene transgene Soja-Sorten für den **Import** in die Europäische Union zugelassen. Ebenfalls zum Import in die Europäische Union zugelassen sind mit Stand vom 16. März 2019 52 Mais-, 13 Raps-, 13 Baumwoll-, sieben Zierblumen- (Gartennelken) und eine

Zuckerrüben-Sorte. Diese Daten zeigen, wie abhängig wir von transgenen Pflanzen geworden sind. Doch was sind die Grundlagen der Gentechnik?

Die Ursprünge des gentechnischen Arbeitens gehen auf den Anfang der 1970er Jahre zurück. Der US-amerikanische Wissenschaftler Stanley Cohen aus Stanford erforschte die Mechanismen, die bei Bakterien zu Antibiotikaresistenzen führen. Dabei fand er heraus, dass die Bakterien genetische Informationen zur Resistenz neben der Erbinformation auf den Chromosomen bereithalten, also extrachromosomal. Diese zusätzliche Erbinformation liegt auf DNA-Molekülen, die bereits seit den 1950er Jahren bekannt sind und **Plasmide** genannt werden [16]. Diese können unter Bakterien leicht ausgetauscht werden, weshalb sich beispielsweise eine Antibiotikaresistenz schnell ausbreiten kann. Cohen erreichte es, diesen Austausch im Labor durchzuführen. Er entwickelte eine Methode, mit der er Plasmide aus Bakterien isolieren und in andere Bakterien einführen konnte. Parallel zu den Arbeiten von Cohen forschte der US-amerikanische Wissenschaftler Herbert Boyer aus San Francisco an Molekülen, mit denen sich Bakterien vor Viren schützen. Dies sind sogenannte **Restriktionsenzyme,** mit denen DNA an ganz bestimmten Nukleotidabfolgen (Sequenzen) durchtrennt wird, sodass an den Enden der doppelsträngigen DNA einzelsträngige Überhänge mit einer spezifischen Nukleotidabfolge entstehen können. Diese Abfolge hängt wiederum von dem verwendeten Restriktionsenzym ab. Während einer Konferenz auf der Insel Hawaii im Jahr 1972, bei der beide Wissenschaftler ihre Forschungsarbeiten unabhängig voneinander vorstellten, machte es bei beiden „klick": Wenn man ein Plasmid mit einem Restriktionsenzym öffnet und DNA von einem anderen Organismus mit genau demselben Restriktionsenzym behandelt, dann können beide Fragmente an den Überhängen Basenpaarungen bilden und fusionieren **(Ligation).** Es entsteht wieder ein geschlossener DNA-Ring, ein Hybrid aus dem bakteriellen Plasmid und dem DNA-Fragment des Organismus. Das ist **rekombinante DNA** (rDNA). Diese kann wieder mit dem von Cohen entwickelten Verfahren in Bakterien eingebracht **(Transformation)** und dort vermehrt werden **(Klonierung)**. Im Jahr 1974 gelang es auf diese Weise, den ersten transgenen Organismus zu erzeugen [17]. Dies war ein *Escherichia-coli*-Bakterium, das ein Fragment des Genoms von *Staphylococcus aureus* in einem Plasmid des Bakteriums *Salmonella panama* enthielt (das Plasmid trägt den Namen pSC101, mit p für Plasmid und SC für Stanley Cohen). Am 4. November 1974 meldeten Boyer und Cohen das Verfahren beim US-amerikanischen Patentamt an. Im Jahr 1980 wurde ihnen das erste **Patent** erteilt, weitere folgten [18]. Damit mussten alle Wissenschaftlerinnen und Wissenschaftler, die irgendein DNA-Fragment von irgendeinem Organismus in irgendein Plasmid einbrachten, Lizenzgebühren zahlen. Dies brachte den Universitäten von Stanford und San Francisco und anteilig auch Boyer und Cohen über die Laufzeit des Patents rund 300 Mio. US$ ein [19]. Dieses Beispiel motivierte auch andere Universitäten weltweit, ihre Forschenden zur Patentierung von Verfahren zu bewegen – bis heute. Im Jahr 1976 gründete Herbert Boyer gemeinsam mit dem Investor Robert Swanson die erste Gentechnikfirma namens ***Genentech,*** die noch heute existiert und 1978 das erste rekombinante **Insulin** auf den Markt brachte. Zuvor wurde Insulin aus den Bauchspeicheldrüsen von Rindern oder Schweinen gewonnen, was häufig zu Immunabwehrreaktionen bei Patientinnen und Patienten führte. Es ist eine besondere Erwähnung wert, dass den Wissenschaftlerinnen und Wissenschaftlern klar war ‚welch' neuartiges Verfahren sie entwickelt hatten. Sie waren sich größtenteils auch ihrer Verantwortung bewusst (Abschn. 3.7).

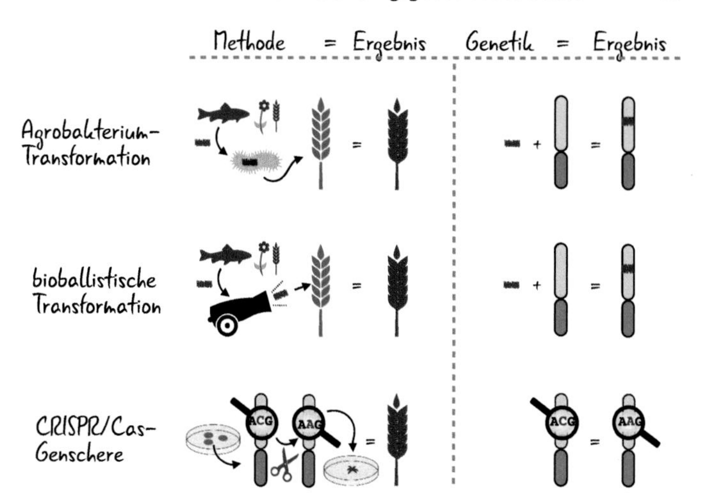

Abb. 3.5 Gentechnisch unterstützte Züchtungsmethoden. Alle dargestellten Methoden werden per Definition der Gentechnik zugeordnet. Alle Methoden eignen sich für cis- und trans-genetische Veränderungen. Die Genschere ist in Abb. 5.2 genauer dargestellt. Erläuterungen finden sich im Text

Für die Erzeugung der ersten gentechnisch veränderten Pflanzen machte man sich ein natürliches Verfahren zunutze. Ende der 1970er Jahre haben die belgischen Molekularbiologen Jeff Schell, von 1978 bis 2000 Direktor am *Max-Planck-Institut für Züchtungsforschung* in Köln, und Marc van Montagu einen Mechanismus beschrieben, wie das Bodenbakterium ***Agrobacterium*** *tumefaciens* Pflanzen infiziert und dabei Bakterien-DNA in das Pflanzenerbgut einbaut (Abb. 3.5) [20].

Die genetische Information, die das Bakterium zur genetischen Transformation der Pflanze verwendet, liegt auf einem Plasmid, dem sogenannten **Ti-Plasmid** (engl. *tumor inducing*). Es ist etwa 200.000 Basenpaare lang und trägt alle notwendigen Informationen, um eine Pflanze zu infizieren und Pflanzentumore ausbilden zu lassen, welche die Bakterien dann besiedeln. Durch die grundlegenden

Arbeiten von Boyer und Cohen war das rekombinante Arbeiten mit Plasmiden ja gut bekannt und so entstanden in den 1980er Jahren die ersten transgenen Pflanzen [21]. Im Jahr 1986 fanden in den USA und Frankreich die ersten **Freilandversuche** mit gentechnisch veränderten insekten-, bakterien- und virusresistenten Pflanzen statt. Bevor es aber überhaupt zu einem Freilandversuch mit einer gentechnisch veränderten Pflanze kommen kann, sind intensive Prüfungen im Labor und im Gewächshaus vorgeschrieben. Diese dauern oft Jahre (Abschn. 7.2). Erst unter Freilandbedingungen erweist sich dann letztlich, wie die neu in die Pflanze eingebrachte genetische Information mit den komplexen Bedingungen der Natur wechselwirkt. In der Zeit zwischen 1986 und 1997 fanden weltweit etwa 25.000 Freilandversuche mit über 60 verschiedenen Pflanzen in 45 Ländern statt. Die Volksrepublik China genehmigte 1992 den ersten **kommerziellen Anbau** einer transgenen, virusresistenten **Tabak-Pflanze.** Es folgten 1994 in den USA die erste zum Verzehr zugelassene Frucht (die **FlavrSavr**-Tomate, umgangssprachlich als Anti-Matsch-Tomate bekannt) und in der Europäischen Union die Zulassung für eine gegen ein Herbizid resistente Tabak-Pflanze. Seither sind die mit gentechnisch veränderten Nutzpflanzen bewirtschafteten Flächen kontinuierlich gestiegen (Abb. 3.6 und 3.7) und es wurden zahlreiche weitere Methoden entwickelt, um Fremd-DNA in ein Pflanzengenom zu integrieren [22].

Die meisten Verfahren basierten auf natürlichen Mechanismen, die für die technische Nutzung entsprechend abgewandelt werden. Eine Ausnahme bildet die **Genkanone.** Hierbei wird DNA auf Gold- oder Wolframpartikel aufgebracht und anschließend mit mehr als der dreifachen Schallgeschwindigkeit in die Zellen geschossen. Das Ziel dieses bioballistischen DNA-Transfers (Abb. 3.5), der eine rein mechanische Methode des

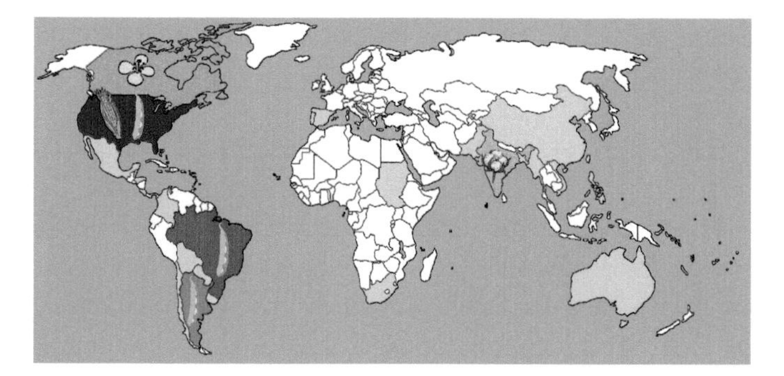

Abb. 3.6 Staaten, in denen gegenwärtig nachweislich gentechnisch veränderte Pflanzen angebaut werden. Von den insgesamt knapp 190 Mio. ha weltweit entfallen 40 % auf die USA (überwiegend Mais und Soja), 26 % auf Brasilien (überwiegend Soja), zwölf Prozent auf Argentinien (überwiegend Soja), sieben Prozent auf Kanada (überwiegend Raps) und sechs Prozent auf Indien (überwiegend Baumwolle). Die Flächen der Europäischen Union in Spanien und Portugal machen weniger als ein Proznet aus und beschränken sich auf den Anbau des Bt-Mais MON810. (Quelle: ISAAA [22])

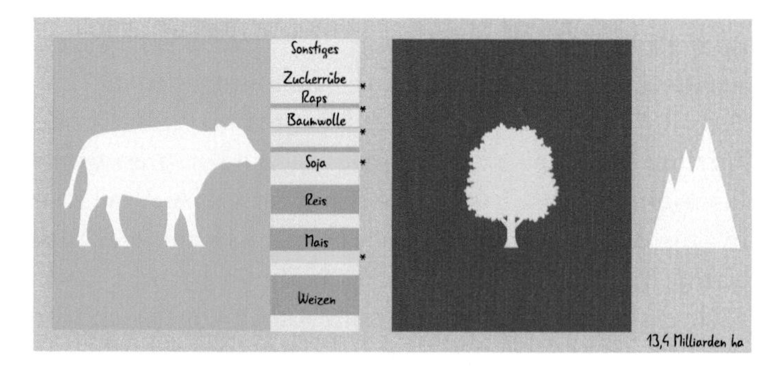

Abb. 3.7 Die Gesamtfläche der Erde beträgt rund 13,4 Mrd. ha (134 Mio. km²). Davon entfallen 3,9 Mrd. ha auf Wald und fünf Milliarden Hektar auf Agrarflächen. Davon sind etwa 71 % Weideland. Auf den 1,45 Mrd. ha Ackerfläche werden wiederum zu 71 % Futter- und zu rund 18 % Nahrungspflanzen (260 Mio. ha) angebaut. Auf etwa 13 % der Ackerfläche werden gentechnisch veränderte Pflanzen angebaut. Die häufigsten Futter- und Nahrungspflanzen sind auf der Ackerfläche hervorgehoben. Flächenanteile mit gentechnisch veränderten Pflanzen sind heller dargestellt und mit einem Stern hervorgehoben. (Quelle: ISAAA [22])

Gentransfers darstellt, ist der anschließende, wiederum natürlich verlaufende Einbau der DNA durch die Pflanze in ihr Genom.

Die einzige in Europa entwickelte und zweitweise zum Anbau zugelassene Pflanze (ein zugelassenes Tier gibt es nicht) ist die **Amflora**-Kartoffel der *BASF.* In ihr wurde unter anderem ein Gen ausgeschaltet, sodass nur noch eine von der Stärkeindustrie bevorzugte Stärkeform gebildet wird, das Amylopektin. Dieses wird vor allem in der Zement-, Stoff- und Papierindustrie als Gleit- oder Beschichtungsmittel verwendet. Für die industrielle Nutzung werden sonst die beiden Stärketypen Amylose und Amylopektin mit chemischen, physikalischen oder enzymatischen Verfahren voneinander getrennt. Das Zulassungsverfahren hat 14 Jahre gedauert, von August 1996 bis März 2010. Wissenschaftlerinnen und Wissenschaftler des *Fraunhofer Instituts für Molekularbiologie und Angewandte Ökologie* haben im Jahr 2008 mit dem oben beschriebenen TILLING-Verfahren (Abschn. 3.2 und Abb. 3.4) eine Kartoffel mit denselben Eigenschaften geschaffen, die keiner Zulassung bedarf [23]. Wie ist das zu bewerten? Zunächst ganz einfach: Bei Amflora wurden gentechnische Methoden angewandt, insbesondere wurden kartoffelfremde DNA-Abschnitte in das Genom eingebracht. Damit ist sie eindeutig transgen und muss für das Zulassungsverfahren genetisch exakt beschrieben und zum Anbau zugelassen werden. Die Wissenschaftlerinnen und Wissenschaftler der *Fraunhofer Gesellschaft* haben Kartoffeln wie beschrieben einer chemischen Mutagenese unterworfen, junge Sprösslinge genetisch in Bezug auf den Stärkestoffwechsel untersucht, geeignete Mutanten selektiert und aufgezogen. Eine genetische Charakterisierung ist nicht notwendig und es bedarf nur einer Sortenzulassung.

Mit der auf der Genschere basierten Geneditierung (Abb. 3.5) haben Wissenschaftlerinnen und Wissenschaftler aus Schweden und Argentinien im Jahr 2018 eine Kartoffel entwickelt, die ebenfalls nur Amylopektin bildet [24]. Den vier betroffenen Genabschnitten fehlen zwischen einem und zwölf Basenpaaren (DNA-Bausteinen). Es wurde keine Fremd-DNA in das Kartoffelgenom eingebracht. Vor dem Urteil des EuGH vom Juli 2018 wäre diese Kartoffel juristisch gesehen kein gentechnisch veränderter Organismus und hätte für die wirtschaftliche Verwertung ebenfalls lediglich eine Sortenzulassung benötigt. Einige europäische Länder, wie etwa Schweden, hatten auch so entschieden und 2015 bereits geneditierte Pflanzen zum Versuchsanbau ohne Zulassungsverfahren freigegeben [25]. Dies ist nun nicht mehr zulässig.

Häufig wird in der Gentechnik zwischen *cis*-Gentechnik und *trans*-Gentechnik unterschieden. Der lateinische Präfix *cis* steht dabei für „auf dieser Seite" und der Präfix *trans* für „auf der anderen Seite". Bei der **cis-Gentechnik** werden keine DNA-Fragmente oder Gene von anderen Arten verwendet. Die Veränderung beschränkt sich genetisch also auf den Zielorganismus. Dies ist etwa dann der Fall, wenn in einem Organismus ein Gen deaktiviert, verändert oder in mehrfachen Kopien eingebaut wird. Bei der **trans-Gentechnik** hingegen werden DNA-Fragmente aus beliebigen anderen Arten in den Zielorganismus eingebracht. Dies ist die häufigste Form der Gentechnik. Mit der Genschere kann sowohl cis- als auch trans-genetisch gearbeitet werden (Abschn. 5.1 und Abb. 5.2). Immer häufiger werden auch transgene Pflanzensorten zugelassen, die mehrere neue Eigenschaften enthalten. Es werden also mehrere Merkmale (engl. *traits*) gestapelt (engl. *stacked*). Beispielsweise ist die Maissorte MON87419 in den USA und Kanada zum Anbau und in zahlreichen weiteren Ländern zumindest als Viehfutter oder zum menschlichen Verzehr zugelassen. In diese Sorte wurden zwei unterschiedliche Herbizidresistenzen gegen Unkrautbekämpfungsmittel mit den Wirkstoffen Glufosinat oder Dicamba eingebracht.

Wie wir gesehen haben, zählen zu den im weiteren Sinne konventionellen Züchtungsmethoden (Abb. 3.4), die nicht dem Gentechnikgesetz und damit einer genetischen Analyse unterliegen, zahlreiche Verfahren, die tief in die Organisation des Erbgutes eingreifen. Das deutsche Gesetz zur Regelung der Gentechnik, kurz **Gentechnikgesetz,** ist von 1990 und regelt, wie im Abschn. 3.7 beschrieben, die Nutzung sowie die Gefahrenverhütung. Die *„Verordnung über die Sicherheitsstufen und Sicherheitsmaßnahmen bei gentechnischen Arbeiten in gentechnischen Anlagen (Gentechnik-Sicherheitsverordnung – GenTSV)"* legt fest, wie das Gesetz in die Praxis umgesetzt werden soll. Sie wurde zuletzt 2015 geändert, wobei die durchgeführten Änderungen jeweils nur organisatorischer, nicht aber inhaltlicher Natur waren. Es hat sich also nichts an den Bewertungskriterien geändert.

Laut Gentechnikgesetz ist

> „[…] ein gentechnisch veränderter Organismus [GVO] ein Organismus, mit Ausnahme des Menschen, dessen genetisches Material in einer Weise verändert worden ist, wie sie unter natürlichen Bedingungen durch Kreuzen oder natürliche Rekombination nicht vorkommt; ein gentechnisch veränderter Organismus ist auch ein Organismus, der durch Kreuzung oder natürliche Rekombination zwischen gentechnisch veränderten Organismen oder mit einem oder mehreren gentechnisch veränderten Organismen oder durch andere Arten der Vermehrung eines gentechnisch veränderten Organismus entstanden ist, sofern das genetische Material des Organismus Eigenschaften aufweist, die auf gentechnische Arbeiten zurückzuführen sind […]"

und es werden explizit ausgenommen

> „a) Mutagenese und b) Zellfusion (einschließlich Protoplastenfusion) von Pflanzenzellen von Organismen, die mittels herkömmlicher Züchtungstechniken genetisches Material austauschen können […].“

Das Hauptproblem der aktuellen Fassung des Gesetzes liegt in den Worten *„wie sie unter natürlichen Bedingungen durch Kreuzen oder natürliche Rekombination nicht vorkommt“*. Einzelne Nukleotidaustausche, sogenannte **Punktmutationen,** kommen durchaus natürlicherweise vor und können – wie im Abschn. 3.2 beschrieben – ungerichtet durch ionisierende Strahlung oder Chemikalien hervorgerufen werden. Daher ist die Mutagenese ausgenommen. Die Geneditierung mittels der CRISPR/Cas-Genschere (Abschn. 5.1) ist ein Mutageneseverfahren, das allerdings der Gentechnik zugeordnet wird (Abb. 3.5). Wenn Wissenschaftlerinnen und Wissenschaftler zwei Organismen zur Untersuchung vorgelegt bekommen, um zu entscheiden, welche per klassischer Mutagenese und welche per Geneditierung entstanden ist, so werden sie scheitern. Das ist in vielen nicht-europäischen Ländern – und war vor dem EuGH-Urteil am 25. Juli 2018 auch in einigen europäischen Ländern – die Grundlage gewesen, „geCRISPERte“ Organismen nicht zu regulieren. In den USA und Kanada basiert das gesamte Zulassungswesen auf diesem **Äquivalenzprinzip,** beziehungsweise einem **produktorientierten** Zulassungsverfahren: Wenn sich ein Produkt nicht von einem bereits zugelassenen oder natürlichen Produkt unterscheidet, wird es zugelassen beziehungsweise nicht reguliert. In allen anderen Ländern, in denen es gesetzlich festgelegte Zulassungsverfahren für neue Züchtungen von Pflanzen oder Tieren gibt, gilt ein **verfahrensorientiertes** Zulassungsverfahren (Abb. 3.8).

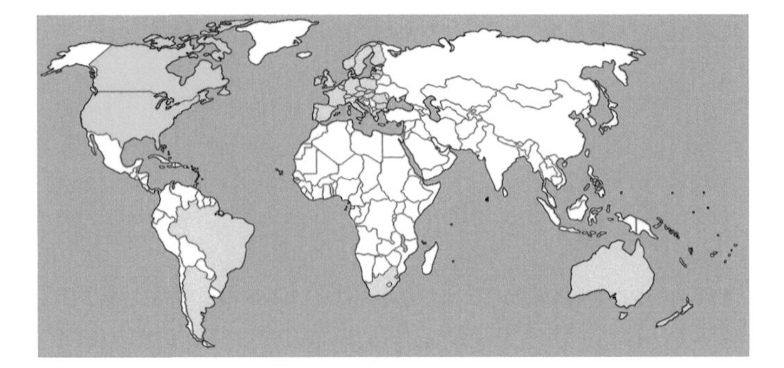

Abb. 3.8 Staaten mit klar definierten prozessorientierten (grün) oder produktorientierten (gelb) Zulassungsverfahren für das Inverkehrbringen neuer Züchtungen. Ob das Vereinigte Königreich in der Europäischen Union bleibt? In den anderen Ländern gelten diverse Zulassungsverfahren. (Quelle: Eckerstorfer et al. [26])

So wurden Ende 2018 in den USA auf zunächst 6700 ha die erste geneditierte **Soja-Sorte** von der Firma *Calyxt* zur Vermarktung zugelassen. Mittels der CRISPR/Cas-Genschere wurden zwei gezielte Mutationen eingeführt, wodurch sich die Fettsäurequalität in den Bohnen ändert. Sie enthalten nun weniger gesättigte Fettsäuren und mehr der einfach ungesättigten Ölsäure. Das aus den Bohnen gewonnene Soja-Öl bildet infolgedessen beim Erhitzen, etwa beim Braten oder Frittieren, weniger trans-Fettsäuren. Diese wiederum stehen im Verdacht, den sogenannten LDL-Cholesterinspiegel (engl. *low density lipoprotein*) im Blut zu erhöhen und dadurch Herzinfarkte und Arteriosklerose zu begünstigen. Aus diesem Grund sind in den USA Lebensmittel mit trans-Fettsäuren kennzeichnungspflichtig. Produkte, die aus der geneditierten Sojabohne gewonnen werden, sind von dieser Kennzeichnung befreit. Sie müssen auch nicht als „gentechnisch" gekennzeichnet werden, da sie, wie eben beschrieben, nach dem Äquivalenzprinzip nicht unter das Gentechnikgesetz fallen.

In Europa ist Lage anders. Die rechtliche Unterscheidung zwischen neuen und alten Mutageneseverfahren begründet der EuGH damit, dass die neuen Verfahren *„die Erzeugung genetisch veränderter Sorten in einem ungleich größeren Tempo und Ausmaß“* ermöglichen, als dies mit Strahlung oder Chemikalien möglich sei. Da sich die Mutagenese mittels der Genschere nur im Verfahren, nicht aber im Produkt nachweisen lässt, wird sich das Urteil des EuGH kaum umsetzen lassen [27]. Wie soll das gehen? Betriebskontrollen? Wie sollen der Import solcher Organismen oder Produkte wie dem Soja-Öl kontrolliert werden? Das ist bisher unmöglich. Zwar gibt es ein internationales sogenanntes *Biosafety Clearing-House* (dt. „Biosicherheits-Freigabestelle“). Dies ist eine Art Registrierstelle für gentechnisch veränderte Organismen und Informationen zu den verwendeten Genen sowie Gesetzen und anderen relevanten Daten. Aber die Teilnahme am *Clearing-House*-Verfahren ist, wie im internationalen Protokoll über die biologische Sicherheit von 2003, kurz **Cartagena-Protokoll,** festgelegt, dennoch freiwillig. Zudem hat die USA als weltweit wichtigster Produzent neuer Züchtungen das Protokoll nicht unterschrieben. Alternativ könnte man über eine Art „Grünhelme“, analog zu den Friedenstruppen der Vereinten Nationen, nachdenken – natürlich ohne Waffen, aber mit Zugang zu vertraulichen Firmenunterlagen. Aber auch hier wäre die rechtliche Situation absehbar schwierig. Aus diesen Gründen müssten nach Deutschland importierte Organismen und abgeleitete Produkte strenggenommen mit *„Kann Gentechnik enthalten“* gekennzeichnet werden.

Die **Kennzeichnung** gentechnisch veränderter Lebensmittel ist ohnehin einige Diskussionen wert. Was ist das Ziel? Das wichtigste ist sicherlich doch die Transparenz. Der Verbraucher soll die Gelegenheit bekommen zu wählen. Diese Wahlfreiheit orientiert sich aber nur nach den

Definitionen im Gentechnikgesetz. Und dieses schließt, wie wir gesehen haben, andere Eingriffe ins Erbgut aus. Es findet hier ein *framing* seitens der Politik statt, also eine vorgegebene Kategorisierung. Es wäre wünschenswert, die Transparenz auf andere Züchtungsmethoden auszuweiten, die aktiv in das Erbgut eingreifen (Abschn. 3.7).

Besonders in der Pflanzenzucht, dem von den Verbraucherinnen und Verbrauchern am intensivsten wahrgenommenen Einsatzbereich der Gentechnik, gilt es, einen weiteren wichtigen Punkt zu berücksichtigen, der die öffentliche Wahrnehmung beeinflusst: die Tatsache, dass zurzeit weltweit im Wesentlichen nur Herbizid- und Insektenresistenzen als erzeugtes Merkmal auf den Agrarflächen Anwendung finden.

Herbizidresistente Pflanzen sind weitgehend unempfindlich gegenüber Unkrautbekämpfungsmitteln (Herbiziden). Dies erleichtert Landwirtschaftsbetrieben die Arbeit bei der Bekämpfung der Unkräuter. Anstatt zielgenau zu spritzen, kann jetzt die Agrarfläche großflächig behandelt werden. Natürlich erleichtert das den chemienahen Saatgutfirmen auch, das Kombipaket Pflanze plus Herbizid zu vermarkten. In Verbindung mit den großen Hürden bei der Zulassung sind der Monopolbildung Türen und Tore geöffnet. Am weitesten verbreitet sind derzeit mit gentechnischen Methoden gezüchtete Herbizidresistenzen gegen die Wirkstoffe **Glyphosat** (Präparat RoundupReady von *Bayer*, früher *Monsanto*) und **Glufosinat** (Präparat LibertyLink von *BASF*). Die Resistenz wird in der Regel durch das Einbringen von einem oder mehreren Genen erwirkt, die das Herbizid in der Pflanze abbauen und somit unschädlich machen. Umgekehrt können auch Gene und damit die Genprodukte inaktiviert werden, die ein Ziel für das Herbizid bilden. Dies setzt natürlich voraus, dass das Zielprotein keine unentbehrliche Funktion für die Pflanze hat. Daher ist dies die seltenere Methode.

Insektenresistente Pflanzen produzieren ihr eigenes Insektizid, also eine Substanz, die Insekten und eventuell auch Larvenstadien der Insekten abtötet. Die einzige nennenswerte, in gentechnisch gezüchteten Pflanzen eingesetzte insektizide Substanz ist das Bt-Toxin, auch als *cry*-Toxin bezeichnet. Das **Bt-Toxin** ist ein Protein, das ursprünglich bei Bakterien der Art *Bacillus thuringiensis* entdeckt worden ist. Die Bezeichnung Bt geht auf den Namen des Bakteriums zurück, die Bezeichnung *cry* auf den Umstand, dass das Protein in den Bakterien (genauer in deren Sporen) als Kristall (engl. *crystal*) auftritt.

Bakterien zur Bekämpfung von Insekten zu nutzen, ist nicht neu [28]. Schon die Pharaonen Ägyptens sollen Bakterienlösungen, wohl eher unbewusst, gegen Insektenplagen eingesetzt haben [29]. Die ersten bekannten systematischen Studien zum Einsatz von *Bacillus thuringiensis* in Europa stammen aus den 1960er Jahren [30]. Im Biolandbau nach den Vorgaben des *Verbands für organisch-biologischen Landbau* sind sowohl die Bakterien als auch Bt-Präparate als Pflanzenschutzmittel zugelassen [31]. Seit 1996 werden transgene Bt-Pflanzen angebaut, zunächst vor allem Mais, Baumwolle und Kartoffeln. Damals ging es vorwiegend um die Bekämpfung des Eichenwicklers *(Tortrix viridana)* in hessischen Wäldern. Es gibt nicht das eine Bt-Toxin – vielmehr sind bereits über 89 unterschiedliche Gene in verschiedenen *Bacillus-thuringiensis*-Stämmen entdeckt worden, die ebenso viele unterschiedliche Toxin-Proteine bilden. Einige wirken hochspezifisch gegen eine bestimmte Art oder Familie von Insekten, andere wirken als Breitbandinsektizid unspezifisch. Seine Wirkung entfaltet das Toxin im Darm der Schmetterlinge, Motten, Fliegen, Mücken, Wespen, Bienen und Käfer, die es zu sich nehmen. Dies kann natürlicherweise geschehen, wenn mit Bakterien bewachsene Nahrung aufgenommen wird, oder eben dann, wenn eine Bt-Pflanze angefressen wird. Im Darm wird es dann aktiviert und zerstört die Darmwände.

Bei beiden Techniken, sowohl den herbizid- als auch den insektenresistenten gentechnisch modifizierten Pflanzen, steht im Zentrum ein Gift. Im ersten Fall ein Unkrautbekämpfungsmittel, im zweiten Fall das Bt-Toxin. Und Gifte erzeugen Emotionen – erst recht, wenn es um deren Anwendung in der Umwelt und in Nahrungsmitteln geht. Und Emotionen können zu irrationalen beziehungsweise selektiven Bewertungen führen (Abschn. 3.7). Stellen Sie sich vor, es gäbe eine transgene fleischfressende Ackerpflanze, die mit einem Duftstoff (Pheromon) spezifisch Borkenkäfer oder Stechmücken anlockt und die stickstoffreiche Nahrung als Dünger an den Boden abgibt. Oder denken Sie an die vielen hitze- und trockenheitsresistenten Pflanzensorten, die derzeit in der Entwicklung sind und mit Giften nichts zu tun haben. Ich bin mir sicher, dass viele von Ihnen zumindest zu einer anderen Bedarfseinschätzung kämen. Doch das sind hypothetische Überlegungen. Schließlich wird bei uns kaum über die Sorgen gesprochen, die Landwirtinnen und Landwirte anderswo auf dem Globus haben. So war in den 1990er Jahren fast die gesamte **Papaya**-Population auf der Hawaiianischen Insel Puna durch den *Papaya Ringspot Virus* gefährdet [32]. Die Papaya-Ernte war dadurch um mehr als die Hälfte eingebrochen. Eine transgene, virusresistente Sorte namens Rainbow hat den Papaya-Bauern wieder steigende Ernteerträge beschert und wird bis heute als eine Erfolgsgeschichte der landwirtschaftlichen Gentechnik gesehen.

Ein ähnliches Problem widerfährt zurzeit der **Banane** [33]. Sie ist nicht nur ein leckerer Snack für uns, sondern ein Grundnahrungsmittel für rund eine halbe Milliarde Menschen in den tropischen und subtropischen Breiten. Bei uns ist sie die Nummer 2 unter den meist verkauften Obstsorten, nach Äpfeln – zehn Kilogramm isst der Durchschnittsdeutsche pro Jahr. Bereits Mitte des zwanzigsten Jahrhunderts wurde die Bananen-Ernte durch die von einem Pilz verursachte **Panamakrankheit** (auch *Tropical Race* genannt) dezimiert. Binnen eines Jahrzehnts wurden 99 % des weltweiten Bestands zerstört. Dem konnte durch die Suche nach resistenten Bananen-Sorten begegnet werden. In den 1960er Jahren wurde auf den Plantagen der Anbau von der bis dahin gängigen Sorte Gros Michel auf die widerstandsfähigere Cavendish umgestellt. Rund 99 % der exportierten Bananen gehören gegenwärtig der Sorte Cavendish an. Natürlich gibt es noch mehr Sorten, rund 1000 sind bekannt, von denen etwa 300 essbar sind. Heute sind aber praktisch alle gehandelten Bananen Abkömmlinge (Klone) einer einzelnen Bananenstaude. Diese züchtete der sechste Duke of Devonshire William Cavendish in seinem Gewächshaus in England Anfang des neunzehnten Jahrhunderts. Nun ist auch diese ursprünglich resistente Sorte gefährdet. Ein neuer Pilz breitet sich aktuell in Afrika und Asien aus und es gibt kein geeignetes Spritzmittel (Fungizid). Da Cavendish vegetativ, also durch Ableger, vermehrt wird, kann sich auf natürlichem Wege keine Resistenz ausbilden. Hierzu fehlt die notwendige genetische Variation (Abb. 2.6). Australischen Wissenschaftlerinnen und Wissenschaftlern ist es 2017 gelungen, mit gentechnischen Mitteln ein Resistenzgen aus einer wilden Bananensorte in die Sorte Cavendish einzubringen [34]. Damit ist Cavendish sozusagen genetisch immunisiert. Interessanterweise ist das Resistenzgen in der Sorte Cavendish ursprünglich schon vorhanden, allerdings mit einer zehnfach geringeren Aktivität. Derzeit wird versucht, mit der CRISPR/Cas-Genschere die Aktivität des vorhandenen Resistenzgens zu erhöhen, anstatt wie bisher Gene aus Wildbananen-Sorten zu verwenden.

3.5 Gescheckte Gentechnik

Tiere sind uns näher als Pflanzen und entsprechend ist die Einstellung gegenüber der Anwendung von Gentechniken bei Tieren eine andere und die Zulassungen sind überschaubar – zumindest, wenn sich die Produkte als Medikament oder Nahrungsmittel an den Menschen richten. Laut einer Umfrage von 2018 in den USA hat die Mehrheit der Bevölkerung keine Bedenken beim Einsatz der Gentechnik bei Tieren, wenn sie der menschlichen Gesundheit zugutekommt [35]. Die Freisetzung transgener Mücken etwa, die den Malariaerreger nicht mehr übertragen (Abschn. 6.2), stößt auf breite Zustimmung. Ein entsprechender Freilandversuch in Florida, über den die dortigen Anwohnerinnen und Anwohner parallel zur Präsidentschaftswahl im November 2016 abzustimmen hatten, fand aber keine Zustimmung. Dies ist ein typisches Bild, das nicht nur die Akzeptanz der Gentechnik betrifft: Alles ist genehm, solange ich mittelbar profitiere, aber nicht unmittelbar betroffen bin. So ist vermutlich auch die breite Zustimmung zu erklären, die der Züchtung menschlicher Organe in Tieren gilt, die dann in Menschen transplantiert werden könnten **(Xenotransplantation).** Erst im März 2019 hat die japanische Regierung einem entsprechenden Forschungsprogramm zugestimmt, bei dem hybride Schweineembryonen gezüchtet und zur Geburt gebracht werden sollen, die Organe aus menschlichem Gewebe entwickeln [36]. Das Ziel ist, auf diese Weise die fehlende Menge an Spenderorganen zu füllen.

Aktuell gibt es noch kein zugelassenes tierisches Lebensmittel in Deutschland. In Kanada und den USA ist seit 2015 nur ein transgener **Lachs,** in Kanada ohne Kennzeichnungspflicht, zum Verzehr zugelassen. Noch hat er aber nicht den Weg auf den europäischen Markt gefunden. Dieser bereits 1989 von der Firma *AquaBounty Technologies* entwickelte Atlantische Lachs darf nur in geschlossenen Anlagen gezüchtet werden. Er enthält zusätzliche Erbinformationen für zwei Wachstumshormone vom Königslachs und einen Genregulator vom Aalartigen Meeresdickkopf. Infolge dieser Veränderungen wächst der Fisch viel schneller. Er erreicht bereits nach einem Jahr mehr als das doppelte Gewicht als die unveränderten Atlantischen Lachse (Wildtypen) und nach etwa zwanzig Monaten ihr Schlachtgewicht von rund sechs Kilogramm. Das Zulassungsverfahren hat 25 Jahre gedauert [37]. Es wurde immer wieder aufgehalten, da es vor allem Sorge über die Akzeptanz in der Bevölkerung gab.

Ganz anders ist die Lage beim **GloFish** der US-amerikanischen Firma *Yorktown Technologies* (Abb. 3.9). Dieser kam nach nur zwei Jahren Entwicklungszeit 2003 als erster transgener Organismus auf den US-amerikanischen

Abb. 3.9 Als erstes gentechnisch verändertes Tier wurde 2003 dieser Zierfisch in den USA zugelassen. (Foto: www.GloFish.com)

Markt. GloFish ist ein transgener Zebrafisch, dem Gene für die Bildung eines fluoreszierenden Proteins hinzugefügt wurden. Dies Protein wird durch ultraviolettes Licht, sogenanntes Schwarzlicht, zum Leuchten angeregt. Einige kennen das aus der Disco, wo beispielsweise Lippenstifte mit fluoreszierenden Farbstoffen verwendet werden. So gibt es auch vom GloFish eine ganze Reihe verschiedener Sorten für das heimische Aquarium zu kaufen.

In den USA sind außerdem zwei Medikamente zugelassen, die von transgenen Ziegen beziehungsweise Hühnern stammen. Das im Februar 2009 zugelassene menschlichen Antithrombin III, ein Hemmstoff der Blutgerinnung, wird von Ziegen in ihrer **Milch** gebildet. Das entsprechende Medikament heißt ATryn, wird von *GTC Biotherapeutics* vertrieben und richtet sich an US-Amerikaner mit einer seltenen Bluterkrankheit. Etwa einer von 5000 Bürgerinnen und Bürgern ist betroffen. Das andere Medikament, Kanuma der Firma *Alexion Pharmaceuticals,* wird von Hühnern im **Hühnereiweiß** gebildet (zugelassen, auch in Europa, seit Dezember 2015). Auch dieses Medikament richtet sich an Patientinnen und Patienten mit einer seltenen Stoffwechselerkrankung.

Das Methodenspektrum, mit dem Gene in Tiere eingebracht werden können, ist vielfältig. Eine Übersicht ist in Abb. 3.10 dargestellt [38]. Bei der **Vorkern-Injektion** (engl. *pronuclear injection*) wird die zu transferierende genetische Information (Cargo-Gen) in die befruchtete Eizelle injiziert [40]. Sie kann dann in das Genom eingebaut werden (Transfektion). Optional können zu diesem Zeitpunkt auch die Bestandteile der Genschere (Abschn. 5.1) injiziert werden. Der **Spermien-vermittelte Gentransfer** (engl. *sperm-mediated gene transfer*, SMGT) ist ein Verfahren zur Gentherapie, bei welchem das Cargo-Gen in ein Spermium injiziert wird [41]. Das beladene Spermium wird dann wie bei der intrazytoplasmatischen Spermien-

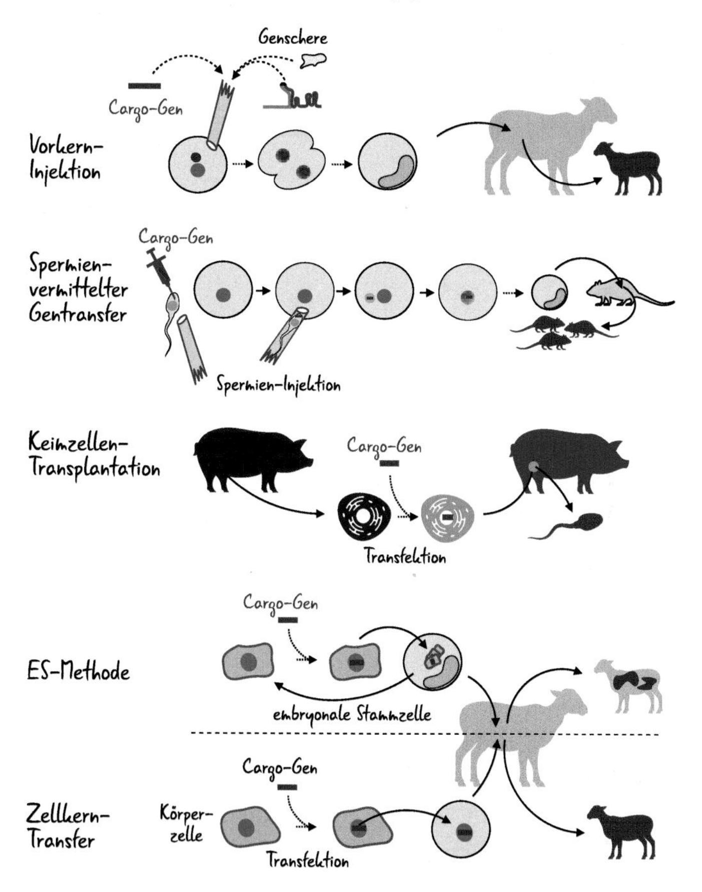

Abb. 3.10 Das gängige Methodenspektrum zur Erzeugung gentechnisch veränderter Tiere. Die Tiere sind hier frei gewählt

injektion (ICSI, Abb. 4.13) in eine Eizelle injiziert. Dabei kann sich das Cargo-Gen in das Erbgut integrieren. Bei der **Keimzellen-Transplantation** (engl. *germ cell transplantation*, GCT) werden spermienbildende Keimzellen aus dem Hoden entnommen, im Labor transfiziert und in ein unfruchtbares Tier eingepflanzt (Abb. 3.11) [42]. Bei der **ES-Methode** wird einer Blastocyste eine embry-

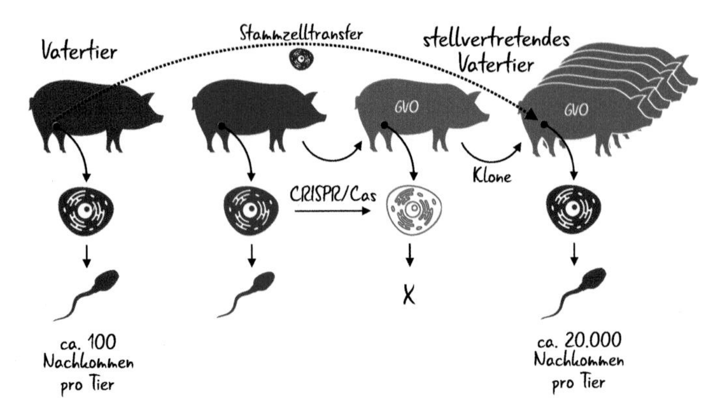

Abb. 3.11 Einsatz der CRISPR/Cas-Genschere in der Tierzucht, veranschaulicht am Schwein. Vatertiere (blau) werden mit der Genschere durch Ausschalten eines Gens sterilisiert (grün). Diese geneditierten Tiere können im frühen Entwicklungsstadium kurz nach der Befruchtung (Blastocystenstadium) kloniert werden (Erzeugung von eineiigen Zwillingen). Diesen werden samenproduzierende Keimbahnstammzellen des gewünschten Vatertiers (rot) implantiert (Keimzellen-Transplantation)

onale Stammzelle entnommen, diese mit dem Cargo-Gen „beladen" (transfiziert) und zurück in eine Blastocyste injiziert. Nach dem Austragen entsteht ein somatisches Mosaik-Tier, mit veränderten und unveränderten Zellen. Beim **Zellkern-Transfer** wird eine somatische Zelle (Körperzelle) transfiziert und deren Zellkern in eine entkernte Eizelle eingebracht (Abb. 3.12).

Es gibt auch zahlreiche weitere Merkmale, die mittels gentechnischer Methoden in Nutztiere gebracht wurden, aber nie den Markt erreichten. Dazu zählen verstärktes **Wachstum,** eine veränderte **Fettsäurezusammensetzung** oder eine **geringere Umweltbelastung** durch eine veränderte Stickstoff- und Phosphorverdauung bei Hausschweinen; eine **Vogelgrippevirusresistenz** beim Haushuhn, ein reduziertes Risiko für Brustdrüsenentzündungen bei Ziegen und Kühen; Kühe die mutter-

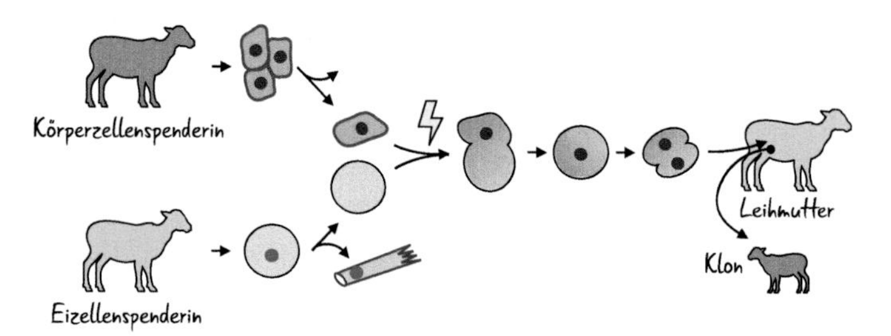

Abb. 3.12 Beim Klonen von Tieren werden genetisch identische Kopien erstellt. Dazu wird aus einer Spendereizelle der Zellkern mit dem Erbgut entfernt. Eine Körperzelle des zu klonierenden Tieres wird mittels eines elektrischen Stromstoßes mit der entkernten Eizelle verschmolzen und zur Zellteilung angeregt. Der Zellhaufen wird einer Leihmutter implantiert, die dann den Klon gebärt

milch-ähnliche Milch produzieren; sowie eine Resistenz gegenüber dem PRRS-Virus (engl. *porcine reproductive and respiratory syndrome*) bei Schweinen [39].

Der größte Markt für transgene Tiere weltweit, auch in Deutschland, betrifft aber die Forschung. Der Anteil gentechnisch veränderter Tiere bei **Tierversuchen** betrug in Deutschland 2016 rund 40 %. Als gutes Beispiel mag die Hausmaus dienen. Von ihr gibt es Tausende transgene Varianten im Internet zu bestellen. Sie dienen im Besonderen der Erforschung von Krankheitsmodellen und Therapien. Grundsätzlich gilt es, die anerkannten tierethischen **3R-Prinzipien** (3R; *replacement, reduction and refinement;* dt. Ersatz, Verringerung und Verfeinerung) anzuwenden. Das Ziel, mit neuen Therapien oder Medikamenten menschliches Leben zu retten, ist gegenüber dem Tierschutz ein höherrangiges und in den Grundrechten des Menschen verankertes Ziel. Dennoch gilt entsprechend den 3R-Prinzipien bei jedem Experiment zu erwägen, ob nicht alternative Methoden zur Verfügung stehen [43].

Die Maus war das erste transgene Tier überhaupt, nachdem der deutsche Biologe Rudolf Jaenisch gemeinsam mit der US-amerikanischen Embryologin Beatrice Mintz 1974 erfolgreich das Simian-Virus SV40 in das Genom von Maus-Blastocysten einbauten [44]. In den Jahren 1985 wurden die ersten transgenen Schafe und Schweine zur Erforschung von Krankheitsbildern gezüchtet. Im Jahr 1997 folgte eine transgene Kuh, die Rosie getauft wurde. Mit ihr testete man, ob es möglich ist, der Kuhmilch die Eigenschaften menschlicher Milch zu geben. Allein für Europa gibt es derzeit über 1500 Patente für genetisch modifizierte Tiere, von der Mücke bis zum Schimpansen. Seitdem das Klonen, also die Zucht genetisch identischer Kopien von Tieren, keine große Schwierigkeit mehr darstellt (siehe später im Text), können einmal erzeugte transgene Tiere vergleichsweise einfach vermehrt werden.

Die CRISPR/Cas-Genschere wird aber sehr wahrscheinlich zumindest indirekt die Zucht nachhaltig beeinflussen. Seit den 1940er Jahren hat die künstliche Besamung eine große Bedeutung in der Viehzucht [45]. Besamungsstationen, wie beispielsweise die 1948 im Bayrischen Greifenberg am Ammersee westlich von München gegründete, versorgen in der Regel mehrere Tausend Viehwirtinnen und -wirte mit zum Beispiel Rindersperma. Das Sperma des Bullen wird aufgefangen und in mehrere Hundert Portionen aufgeteilt. Durch die Auswahl von Hochleistungsbullen und Kühen konnte die Milchproduktion in den letzten vierzig Jahren vervierfacht werden. Auch die Schweine- und Geflügelzucht setzt in großem Maßstab auf die künstliche Befruchtung [46]. Sie gelingt aber nicht bei allen Rassen gleichermaßen. Wissenschaftler aus den USA haben eine Methode entwickelt, um die Samenproduktion bei männlichen Zuchtschweinen durch das Ausschalten des Gens *NANOS2* mit der Genschere einzustellen [47].

Dadurch sind diese Schweine steril – bekommen aber samenproduzierende Stammzellen eines Zuchttieres eingepflanzt, ein Verfahren das man als **Keimzellen-Transplantation** bezeichnet (Abb. 3.11).

Daraufhin bilden diese stellvertretenden Vatertiere Samen, der genetisch mit dem Samen des Stammzellspenders identisch ist. Diese **„stellvertretenden" Vatertiere** können im Gegensatz zum eigentlichen Zuchttier gut geklont werden. Das bedeutet, dass von ihnen viele Zwillingskopien generiert werden. Dazu wird die befruchtete Eizelle zunächst mit dem CRISPR/Cas-System behandelt und anschließend werden mehrere Zellteilungen abgewartet. Dann wird der Zellhaufen in mehrere geteilt. Dies entspricht den natürlichen Vorgängen bei der Entstehung eineiiger Zwillinge. Alle Zellhaufen können in Muttertiere verpflanzt und ausgetragen werden. Sie sind genetisch identisch. Das Klonieren des Zuchtebers könnte nur aus induzierten pluripotenten Stammzellen aus Körperzellen erfolgen. Dies ist ähnlich zu dem Verfahren, mit dem das Schaf Dolly 1996 geklont wurde (Abb. 3.12). Diese Methode ist aber noch nicht ausgereift und nicht bei allen Tieren effektiv anwendbar.

Dass trotz über 30-jähriger Forschung im Bereich transgener Tierzucht kaum Produkte auf dem Markt sind, oder nur gegen großen Widerstand, zeigt, dass die 3R-Prinzipien auch bei tierischen Lebensmitteln ihre Anwendung finden – und zwar von den Konsumentinnen und Konsumenten. Dass gegenwärtig die Zahl der Vegetarier immer weiter zunimmt, lässt vermuten, dass sich dies so schnell nicht ändern wird. Bilder von Tieren, die sich aufgrund ihres angezüchteten Übergewichts kaum noch bewegen können, zeigen Wirkung. Allerdings ist die Abneigung leider noch überwiegend auf den Einsatz der Gentechnik gerichtet, quasi als Blitzableiter, und nicht im gleichen Maße auf die konventionelle Massentierhaltung. Dies strahlt denn auch auf andere, ethisch weniger problematische Anwendungsgebiete der Gentechnik ab. Landwirtinnen und Landwirte sehen durchaus Vorteile, etwa bei der Resistenz ihrer Herden gegenüber Infektionen und die damit mögliche Reduktion von Antibiotikabehandlungen und Impfungen [48]. Auch eine gesteigerte Fleischproduktion, analog zum Lachs, gehört dazu.

Es gibt alte, aber auch zahlreiche Merkmale, die jetzt mittels der CRISPR/Cas-Genschere (Abschn. 5.1) umgesetzt werden. Hier hinkt aber zumindest in den USA das Kontrollsystem dem Stand der Technik hinterher, da Geneditierungen, mit der Ausnahme der Anwendung beim Menschen, zurzeit nicht reguliert sind. Es gilt auch abzuwägen, ob mit der Geneditierung das Tierwohl gesteigert werden kann, indem die Tiere weniger anfällig für Infektionen sind und daher weniger behandelt werden müssen. Und was bedeutet es für Rinder, denen mit der Genschere im wahrsten Sinne die Hörner genommen wurden? [49].

Einige gesellschaftliche Fragen, die damit im Zusammenhang stehen, sind, ob Massentierhaltung – und auch intensive Landwirtschaft – notwendig oder ersetzbar sind; wie sich dies auf die Nahrungsmittelversorgung, zunächst auf die bestehende und dann auf die zukünftig zu erwartende Weltbevölkerung auswirkt oder wie sich dies mit dem aktuell bestehenden und den erwarteten Lebensstandards vereinbaren lässt (Abschn. 3.7).

3.6 Biolandbau und Gentechnik

Für die meisten Menschen schließen sich ökologische und konventionelle Landwirtschaft aus. Nach ökologischen Richtlinien zu wirtschaften und gentechnisches Saatgut oder verwandte Produkte anzuwenden, erscheint dann erst recht unvereinbar. Die US-amerikanische Professorin für Pflanzenpathologie Pamela Ronald und ihr Ehemann, der

Biolandwirt Raoul Adamchak, Leiter einer ökologischen Studentenfarm in Davis, Kalifornien, zeigen in ihrem Buch „*Tomorrow's Table*" auf, dass sich beide Wirtschaftsweisen – oder Philosophien? – durchaus vereinen lassen [50]. Ein anschauliches Beispiel stammt aus dem Reisanbau. Junge Reiskeimlinge können einige Tage völlig überflutet überleben. Dies macht man sich im **ökologischen Reisanbau** zunutze, da das Wässern unerwünschte Begleitpflanzen erstickt. Es gilt aber, den richtigen Zeitpunkt zu finden, das Wasser wieder ablaufen zu lassen, da sonst die Reiskeimlinge ebenfalls ersticken. Von Vorteil sind Reis-Sorten, die lange überflutet überleben können. Pamela Ronald hat aus einer extrem „überflutungstoleranten" Reis-Sorte namens FR13A ein Gen (das sogenannte *SUB1*-Gen) isoliert, das sie mit dieser Toleranz in Verbindung bringen konnte. In eine wenig tolerante Reis-Sorte eingebracht, konnte diese 18 Tage untergetaucht überleben. Außer bei Reis wurden auch in Weizen, Mais und Soja das *Sub1*-Gen erfolgreich getestet [51–54].

Nun stellt sich die Frage, warum nicht gleich die tolerante Reis-Sorte FR13A anbauen, anstatt das verantwortliche Gen zu isolieren und gentechnisch in andere Reis-Sorten einzuschleusen. Dies hat zwei Gründe. Das eine Stichwort lautet Ertrag: Die Sorte FR13A weist nur einen geringen Ernteertrag auf. Seit über vierzig Jahren wird versucht, die Überflutungsresistenz in schmackhafte und ertragreiche Reis-Sorten einzukreuzen (Abb. 3.13). Doch immer, wenn die Tochtergeneration überflutungsresistente Eigenschaften zeigt, gehen diese mit anderen, ungewollten Eigenschaften, einher. Die Merkmale scheinen also **gekoppelt** zu sein.

Das zweite Stichwort lautet: Sorten. Von allen Pflanzen gibt es Sorten, die an bestimmte regionale **Mikroklimata** optimal angepasst sind. Daher müssen in der Pflanzenzucht immer gewünschte Eigenschaften in lokal angepasste Sorten eingekreuzt werden (Abb. 3.13). Des-

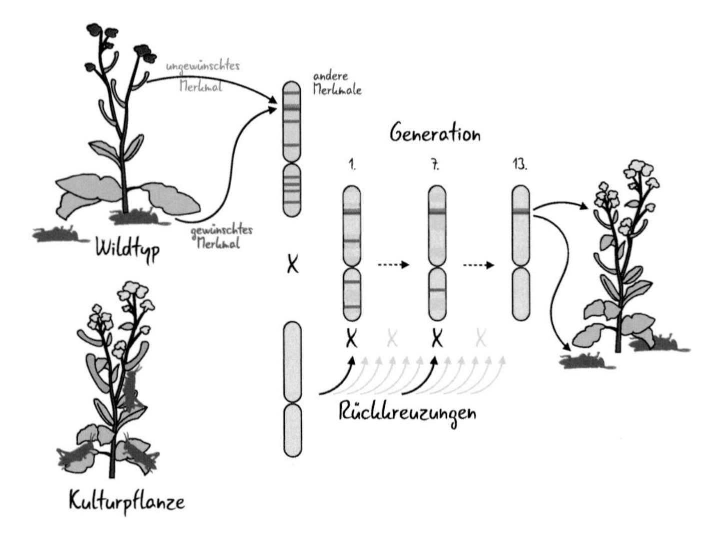

Abb. 3.13 Das Merkmal Insektenfraßtoleranz soll von der rot-blütigen (Wildtyp) in die gelb-blütige Kulturpflanze eingekreuzt werden. Als unerwünschtes Merkmal hat die Wildtyppflanze aber kleinere Früchte. Dieses Merkmal liegt so nah neben dem gewünschten Merkmal auf dem Chromosom, dass sie nicht voneinander zu trennen sind – sie sind gekoppelt. Ziel der Rückkreuzung ist es, die gewünschten Eigenschaften des Wildtyps in den genetischen Hintergrund der Kulturpflanze einzukreuzen

halb ist auch das oft verwendete Argument nicht richtig, dass Gentechnik *per se* die biologische Vielfalt reduziert. Was die Biodiversität beeinträchtigt, ist die intensive Landwirtschaft an sich. Lokale Sorten und Varietäten bilden in der Regel die Grundlage, in welche die gewünschten Gene eingekreuzt werden sollen. Dies gelingt nicht immer, aber die Gentechnik im Allgemeinen und die Genschere im Speziellen (Abschn. 5.1) bieten hier eine vergleichsweise schnelle Lösung. Daher sind die beiden Amerikaner nicht die Einzigen, die eine Chance im Zusammenwirken von Gentechnik und Biolandbau sehen. Auch das renommierte *Forschungsinstitut für biologischen*

Landbau (FiBL), das 1973 in der Schweiz gegründet wurde, in Forschung, Entwicklung und Beratung für den biologischen Landbau aktiv ist und gegenwärtig europaweit rund 175 Mitarbeiter hat, sieht Chancen beispielsweise in der Anwendung der Geneditierung (Abschn. 5.1) im Biolandbau. Der Leiter, Professor Urs Niggli, zählt zu den weltweit führenden Experten auf dem Gebiet des biologischen Landbaus. Er setzt sich schon seit Längerem für eine **differenzierte Diskussion** mit Gentechnik ein, wofür er viel Kritik von Ökoverbänden einstecken musste. In einem Interview mit *Der Tagesspiegel* sagte Niggli:

> „Nach 30 Jahren Streitgesprächen wäre es wünschenswert, sachlicher zu werden. [… Man habe] wichtige Probleme zu lösen, etwa die Tatsache, dass wir zwar mehr als genug Lebensmittel produzieren, aber nur mit Unmengen von Pestiziden und Düngern." [55]

Es ist wichtig, festgefahrene Ideologien und Argumentationsmuster zu hinterfragen, neueste Erkenntnisse in die Diskussion einzubringen, nicht in schwarzweiß, sondern in Farben zu denken und in der Erwägung von Chancen und Risiken aufeinander zuzugehen. In einem Vortrag an der Universität Wien machte Niggli im Februar 2019 klar, dass es, wenn man eine nachhaltige Landwirtschaft zum Ziel hat, gar nicht um die Frage der Anwendung der Gentechnik geht [56]. Vielmehr muss man sich um angemessene Anbauformen und Landnutzungsweisen kümmern und wieder von einer **Landwirtschaft** zu einer **Agrarkultur** kommen. Dazu gehört neben einem schwer zu fassenden kulturellen Selbstverständnis auch ganz konkretes Handeln, wie Lebensmittelabfälle zu vermeiden und weniger Agrarflächen als Futterflächen für die Viehwirtschaft zu nutzen [57]. Die

Genschere bietet gemeinsam mit weiteren Züchtungsmethoden (Abschn. 3.4) die Möglichkeit, ganz andere Merkmale als die von den Pharmariesen als lukrativ erachteten, in ganz andere Pflanzenarten als die den Weltmarkt dominierenden, einzubringen. Darin liegt eine der großen Chancen der Genschere: ein Züchtungs- und Entwicklungswerkzeug für kleine Züchter zu werden.

3.7 Risiken der Gentechnik

Papst Franziskus schreibt im dritten Kapitel (Die menschliche Wurzel der ökologischen Krise) Vers 133 seines im Juni 2015 erschienenen päpstlichen Rundschreibens *„Laudato si'– Über die Sorge für das gemeinsame Haus"*:

> „Es ist schwierig, ein allgemeines Urteil über die Entwicklungen von gentechnisch veränderten Pflanzen oder Tieren (GMO) [engl. *genetic modified organism,* genetisch veränderter Organismus] im Bereich der Medizin oder der Weide- und Landwirtschaft zu fällen, da sie untereinander sehr verschieden sein können und unterschiedliche Betrachtungen erfordern. Andererseits beziehen sich die Risiken nicht immer auf die Technik selbst, sondern auf ihre unangemessene oder exzessive Anwendung." [58]

Es ist in meinen Augen immens wichtig, zwischen einerseits den Risiken der Technologie als solcher für Lebewesen und Umwelt und andererseits den gesellschaftlichen Risiken ihrer Anwendung beziehungsweise Verfügbarkeit zu unterscheiden. Diese Unterscheidung trifft auch der Papst in seinem Rundbrief an verschiedenen Stellen. In diesem Abschnitt soll es vornehmlich um die technischen Risiken gehen. Und wie es im Nachwort meines

Vorwortes bereits anklingt, ist sich die Wissenschaft derer von Anfang an bewusst. Werfen wir zunächst einen Blick zurück auf die Anfänge der Gentechnik.

Im Jahr 1973 wurden auf der renommierten *Gordon Forschungskonferenz* in den USA Aspekte der ersten gentechnischen Arbeiten von Boyer und Cohen (Abschn. 3.4) vorgestellt und ihre Tragweite sogleich erkannt: nämlich die Möglichkeit, DNA verschiedener Lebewesen neu zu kombinieren (zu rekombinieren) und somit Hybridorganismen zu schaffen. Die Forschung erkannte zugleich Chancen und Risiken. Ich möchte es beinahe als Bergpredigt bezeichnen, jenen im Jahr 1974 vom US-amerikanischen Biochemiker Paul Berg und zehn weiteren Wissenschaftlern im Wissenschaftsjournal *Science* veröffentlichten Brief, der vor den möglichen Risiken im Umgang mit rekombinanter DNA warnt [59]. In dem Brief fordern sie erstens einen Aufschub aller Arbeiten mit rekombinanter DNA, zweitens eine sorgsame Überprüfung geplanter Experimente, drittens die Installation eines nationalen Beratungsgremiums und viertens die Einberufung einer internationalen wissenschaftlichen Konferenz, um den zukünftigen Umgang mit den neuen Möglichkeiten zu diskutieren. Die Autoren schreiben, *„dass unser Anliegen auf der Einschätzung potenzieller und nicht nachweisbarer Risiken beruht"*. Es waren also vorsorgliche Maßnahmen, die die Verfasser selbst vorgeschlagen haben.

Dies ist ein lebendiges Beispiel für die Anwendung des Vorsorgeprinzips, das auch die Grundlage des europäischen Gentechnikgesetzes ist. Im Gegensatz zum **Wissenschaftsprinzip,** wonach nur belegte Gefahren betrachtet werden, basiert das **Vorsorgeprinzip** auf einer Risikobeziehungsweise Gefahrenabschätzung im Vorhinein.

Ab Juli 1974 kam es infolgedessen zu einem achtmonatigen Moratorium, das heißt zu einer Einstellung aller Arbeiten an rekombinanter DNA. Im Februar 1975 fand dann die bedeutsam gewordene, viertägige *Asilomar Conference on Recombinant DNA Molecules* im kalifornischen Asilomar statt [60, 61]. Erstmals waren zu einer wissenschaftlichen Konferenz nicht nur Forschungstreibende, sondern auch Regierungspersonal sowie auch Vertreterinnen und Vertreter der Justiz und des Journalismus anwesend. Auf Basis der Diskussionen während der Konferenz wurde das US-amerikanische Gesundheitsministerium (*National Institute of Health,* NIH) beauftragt, allgemeine gültige Sicherheitsrichtlinien zu erarbeiten. Diese wurden im Jahr 1976 als Richtlinien zur Bewertung von Arbeiten mit rekombinanter DNA und rekombinanten Organismen veröffentlicht [62]. Darin werden vier Sicherheitsstufen für die physikalische und biologische Absicherung von Experimenten und Organismen dargelegt. Diese **Sicherheitsstufen (S1–S4)** gelten noch heute und dienen dem Schutz von Menschen und Umwelt. Nach dem deutschen **Gentechnikgesetz** gilt:

Sicherheitsstufe 1 für gentechnische Arbeiten, bei denen von keinem Risiko für Mensch und Umwelt auszugehen ist. Hierzu zählt auch der experimentelle Transfer von DNA-Fragmenten zwischen Bakterien derselben Art **(Selbstklonierung).** Diese Arbeiten bedürfen keiner Genehmigung, aber einer Anzeige und Dokumentation. Zudem muss entsprechende Sachkenntnis vorliegen, die in der Regel durch ein Studium und zweijährige Arbeitserfahrung nachgewiesen wird. Viele Schulen haben mittlerweile S1-Labore. In den USA sind S1-Arbeiten dereguliert, können also von jedem und überall durchgeführt werden.

Sicherheitsstufe 2 für gentechnische Arbeiten, bei denen von einem geringen Risiko für Mensch und Umwelt auszugehen ist. Dazu gehören Arbeiten mit vielen Krankheitserregern, wie etwa den Masernviren.

Sicherheitsstufe 3 für gentechnische Arbeiten, bei denen von einem mäßigen Risiko für Mensch und Umwelt auszugehen ist. Dazu zählt etwa der HI-Virus, dem Auslöser der Immunschwäche **AIDS.**

Sicherheitsstufe 4 für gentechnische Arbeiten, bei denen von einem hohen Risiko oder dem begründeten Verdacht eines solchen Risikos für Mensch und Umwelt auszugehen ist, zum Beispiel bei der Arbeit mit **Ebola-Viren.** In Deutschland gibt es vier S4-Labore: am *Bernhard-Nocht-Institut für Tropenmedizin* in Hamburg, am *Institut für neue und neuartige Tierseuchenerreger* (INNT) des *Friedrich-Loeffler-Instituts* (FLI) auf der Insel Reims, am *Institut für Virologie* der Philipps-Universität Marburg und am Berliner *Robert-Koch-Institut* (RKI).

Für Mitarbeitende, Labore, Gewächshäuser, Tierhaltungsräume oder Produktionsanlagen gelten den Sicherheitsstufen entsprechende Schutzvorrichtungen und -maßnahmen – diese gelten übrigens auch dann, wenn nicht gentechnisch gearbeitet wird. Während diese Sicherheitsstufen heute noch ihre Gültigkeit haben, regelt insbesondere das **Cartagena-Protokoll** zur biologischen Sicherheit den grenzüberschreitenden Handel mit *„lebenden gentechnisch veränderten Organismen"*. Produkte von gentechnisch veränderten Organismen sind explizit ausgenommen. Das Protokoll ist im September 2003 in Kraft getreten und 171 Länder haben es bislang unterzeichnet, nicht jedoch beispielsweise die USA, Kanada, Argentinien oder Australien.

Aber wir groß ist tatsächlich das Risiko, das hier geregelt wird? Zunächst ist es wichtig, Risiken von Gefahren zu unterscheiden. Als **Risiko** wird die Möglichkeit verstanden, dass ein Schaden eintritt. Es umfasst das Produkt aus Ausmaß und Eintrittswahrscheinlichkeit eines Schadens. So besteht das Risiko, dass ich beim Kochen eines Eis ungeplant ein hartes erhalte. Mit diesem Risiko ist aber keine Gefahr verbunden. Eine **Gefahr** besteht, wenn eine schädigende Wirkung bei einem Zielorganismus oder der Umwelt verursacht wird. Dazu bedarf es eines Wirkmechanismus. Viele Risiken und Gefahren, die der Gentechnik, insbesondere in der Landwirtschaft, zugeschrieben werden, bestehen auch, wenn keine Gentechnik eingesetzt wird. Beispielsweise hat die Reduzierung der Artenvielfalt (etwa durch Monokulturen oder den Einsatz von Pestiziden), die Ausbeutung von Landwirtinnen und Landwirten insbesondere in Entwicklungsländern (etwa durch Bindung an Anbaulizenzen), die Ausbreitung von Antibiotikaresistenzen (durch Fäkalabfälle aus Tierwirtschaft, Krankenhäusern etc. oder alten transgenen Pflanzensorten) oder die Verdrängung heimischer Arten (weltweiter Im- und Export sowie Freisetzung von Lebewesen; Verbreitung über Ballastwasser in der Seefahrt) vielfältige Ursachen. Nichtsdestotrotz ist die Abschätzung von Risiken und Gefahren extrem wichtig, insbesondere im Bereich der Ernährung und Medizin. Dies erfordert aber auch eine etablierte Risikoforschung, um Kriterien für die Bewertung zu sammeln. Dass seit 2013 keine Freilandversuche mit GVO mehr in Deutschland stattfinden zeigt auch, dass keine Sicherheitsforschung mehr im Freiland stattfindet. Aber ein Gewächshaus kann kein Freiland simulieren. Am *Leibniz-Institut für Pflanzengenetik und Kulturpflanzenforschung* (IPK) in Gatersleben wurde im August 2017 eine Pflanzenkulturhalle eröffnet, in der mit großem Aufwand Umweltbedingungen simuliert werden können. Die Kosten betrugen über acht Millionen Euro. Hinzu kommen immense Betriebs- und Energiekosten. In einer solchen Halle können auch GVO im Rahmen der Risikoforschung unterschiedlichsten simulierten Umweltbedingungen ausgesetzt werden. Was noch viel zu wenig geschieht, ist die umfassende Abwägung von Risiken. Hier etwa zwischen der Freisetzung von GVO gegenüber den Folgen der energieaufwendigen und damit klimabelastenden Simulation.

Es ist auch wichtig zu unterscheiden, ob sich ein Risiko auf die eingesetzte Technik oder ihr Ergebnis bezieht, das ebenso auf andere Weise hätte erzielt werden können. Konkreter gesagt, sind Ergebnisse der trans-Gentechnik mit moderner Zucht kaum zu erreichen, wenn sich Quell- und Zielorganismus der Transgene nicht natürlicherweise begegnen. Aber auch konventionelle Züchtung kann im Ergebnis zu Problemen in der Umwelt führen. Ein gutes Beispiel ist aus dem Raps-Anbau belegt. Raps-Öl war schon im Mittelalter als Schmiermittel und Lampenöl begehrt. Im Salat war es nicht zu finden, da die gesundheitsschädliche Erucasäure und bittere Glucosinulate aus den Raps-Samen das Öl ungenießbar machten – übrigens auch für Rehe, Hasen und andere Wildtiere. Das Feld war sicher. Es ist dem Erfolg der Selektionszüchtung (auch meines Namenverwandten Professor Gerhard Röbbelen von der Universität Göttingen) zu verdanken, dass zunächst seit 1974 erucasäurefreie Sorten, sogenannte 0-Sorten, und seit 1986 zusätzlich glucosinolatarme 00-Sorten angebaut werden können [63, 64]. Das schmeckt auch den Wildtieren, allerdings kann der Genuss aufgrund des hohen Eiweißgehalts bei ihnen zu Verdauungsstörungen und zum Tod führen.

Was sind nun mögliche Risiken der Gentechnik? Zum einen kann es zu **unerwarteten genetischen Veränderungen** von gentechnisch veränderten Organismen kommen. Beim ersten in Deutschland zu Forschungszwecken genehmigten Freisetzungsversuch gentechnisch veränderter Petunien am *Max-Planck-Institut für Züchtungsforschung* in Köln im Mai 1990 kam es zu einem unerwarteten Verhalten. Den 30.000 freigesetzten Petunien wurde ein Gen aus Mais übertragen, das die Blütenfarbe von weiß in lachsrot verändert [65]. Zudem wurde den Pflanzen ein sogenanntes „springendes Gen" eingefügt, welches eine zufällige Mutagenese bewirkt. Diese ungerichtete Methode ist als **Transposon-Mutagenese** bekannt. Würde das springende Gen sich in das Blütenfarbegen einbauen, wäre dessen Funktion gestört. Das sollte nur extrem selten passieren und wäre daran erkennbar, dass die Blütenfarbe dann wieder weiß oder rot-weiß gesprenkelt ist. Zur großen Überraschung der Wissenschaftler waren aber über sechzig Prozent der Blüten weiß oder gesprenkelt. Gegnerinnen und Gegner der Gentechnik sahen hier ein Versagen der Wissenschaft, weil das Experiment außer Kontrolle geraten und die Gentechnik offensichtlich nicht kontrollierbar sei. Dem ist entgegenzuhalten, dass genau dazu Experimente gemacht werden müssen. Ein Risiko für Mensch und Umwelt ist von den Auspflanzungen zu keiner Zeit ausgegangen. Weitere Untersuchungen zeigten, dass **Umweltfaktoren** wie die UV-Strahlung auf die Ausprägung der Gene wirken – eine wichtige Erkenntnis. Ein ähnliches unerwartetes Verhalten wurde in einem anderen Experiment im Jahr 1990 ebenfalls bei Petunien beobachtet. Hierbei fügten US-amerikanische Wissenschaftlerinnen und Wissenschaftler mehrere Kopien eines die Blütenfarbe bestimmenden Gens (der Chalkonsynthase) in das Petunien-Genom ein. Die Hoffnung war, dass mehrere Kopien zu einer erhöhten Aktivität führen, hier also zu einer stärkeren Blütenfarbe. Dies wurde auch beobachtet – es wurde aber bei viel mehr Pflanzen beobachtet, dass das Enzym überhaupt nicht mehr aktiv war, die Blüten also weiß waren [66]. In den folgenden Jahren wurden ähnliche Beobachtungen auch bei Pilzen und Tieren gemacht. Eine genaue Untersuchung des zugrundeliegenden molekularbiologischen Mechanismus führte im Jahr 2006 zur Verleihung des Nobelpreises an die US-Amerikaner Andrew Fire und Craig Mello: Sie konnten zeigen, dass doppelsträngige RNA in Zellen über einen spezifischen Prozess abgebaut wird. Dieser Prozess ist heute als **RNAi** (RNA-Interferenz) bekannt und wird als genregulatorische Methode technisch eingesetzt [67]. Im Fall der Chalkonsynthase in Petunien hängt es von der Orientierung der Gene im Genom ab, ob die RNA-Transkripte einen Doppelstrang ausbilden (also interferieren) können. Zeigen beide in die gleiche Richtung, kommt es zu der gewünschten verstärkten Expression, da doppelt so viele Transkripte vorliegen. Sind sie dagegen gegensätzlich orientiert, kommt es zur Interferenz, also der Bildung doppelsträngiger RNA. Infolgedessen wird diese abgebaut und es kann keine Chalkonsynthase gebildet werden – die Blüten sind weiß. Beiden Ereignissen aus der Anfangszeit der Freisetzung von GVO gemein ist, dass sich die genetischen Konstrukte nicht wie erwartet verhielten. Die Untersuchung der Ursachen trug zur Verbesserung der Methodik bei und war mit keiner Gefahr verbunden.

Eine große Sorge bereitet vielen die **ungewollte Freisetzung** gentechnisch veränderter Organismen. Dem finnischen Molekularbiologen Teemu Teeri fielen im Sommer 2015 erstmals orange blühende Petunien in Blumenkübeln am Bahnhof in Helsinki auf [68]. Er wusste, dass Petunien natürlicherweise nicht orange blühen, und wollte wissen, was die Ursache war. Die Gärtnerinnen und Gärtner der Stadt teilten ihm mit, dass es sich um die Varietät **Bonnie**

Orange handelt, und gaben ihm einige Pflanzen mit. Als er Proben der Petunien in seinem Labor untersuchte, fand er das Gen *A1* aus Mais. Es codiert für das Enzym Dihydroflavonol-4-Reduktase, das die Blütenfarbe beeinflusst und auch bei Untersuchungen am *Max-Planck-Institut für Züchtungsforschung* in Köln verwendet wurde. Außerdem fanden er und sein Team unter anderem das Markgen *nptII,* das für eine Antibiotikaresistenz codiert und früher vielfach bei der Erzeugung und Selektion von GVO verwendet wurde. Für Teeri bestand kein Zweifel, dass er eine nicht gekennzeichnete transgene Petunie vor sich hatte. Weitere genetische Analysen von Petunien zeigten, dass zahlreiche **transgene Petunien-Sorten** ohne Kennzeichnung in Finnland und Europa im Handel waren. Im April 2017 informierte die Finnische Behörde für Lebensmittelsicherheit, dass acht transgene Petunien-Varietäten ohne Genehmigung in Finnland zu finden sind und gewerblich genutzt werden. Die Pflanzen stammten von Firmen aus den Niederlanden und Deutschland. Nachfolgend wurden weltweit 51 verschiedene orange- und lachsfarbene Petunien-Varietäten beschrieben, die transgen, nicht zugelassen und im Handel befindlich sind. Wie konnte es dazu kommen? Das am *Kölner Max-Planck-Institut für Züchtungsforschung* zu Forschungszwecken entwickelte genetische Konstrukt (es wurde auch ein Konstrukt gefunden, das nachweislich aus China stammt) wurde offenbar, nach dem Erwerb der Lizenzrechte, von einem niederländisches Züchtungsunternehmen für die Züchtung neuer Varietäten verwendet. Im Jahr 1995 wurde sie als marktreif vorgestellt [69]. Ein Antrag für den kommerziellen Anbau wurde jedoch nie eingereicht, da vermutlich der finanzielle Aufwand für eine gentechnikrechtliche Genehmigung zu hoch war. Bewusst oder unbewusst geriet das transgene Konstrukt in kommerzielle Petunien-Sorten und war vermutlich schon in den späten 1990ern weltweit im Handel. Im Jahr 2017 startete eine weltweite **Rückholaktion,** die bald auch Betriebe in Deutschland betraf – hier war die orange blühende Petunie in mehreren Gartenabteilungen von Großhandelsketten zu finden.

Immer wieder wird von ungewollten Freisetzungen gentechnisch veränderter Kulturpflanzen berichtet. Erst im November 2018 informierte Frankreich die EU-Kommission, dass in Raps-Saatgut sehr geringe Anteile einer zum Anbau nicht zugelassenen gentechnisch veränderten Raps-Sorte (GT73) nachgewiesen wurden. Diese von *Monsanto* (heute *Bayer*) entwickelte Sorte ist resistent gegenüber Glyphosat. Aus diesem verunreinigten Saatgut wurde wiederum neues Saatgut generiert und europaweit verkauft. Infolgedessen ist es in zehn Bundesländern in 84 Betrieben und auf rund 21 km^2 zur Aussaat auf landwirtschaftlichen Flächen gekommen. Die Verunreinigung betrug etwa 0,1 %. Die gute Nachricht: All dies konnte exakt nachverfolgt und die Landwirtschaftsbetriebe aufgefordert werden, die noch nicht blühenden Pflanzen unterzupflügen. Zudem hat der Hersteller die Betriebe für den entstandenen Ernteschaden entschädigt.

Dass Gene sich horizontal von Spezies zu Spezies übertragen und ausbreiten, ist ebenso ein oft genanntes Risiko. Von Bakterien etwa ist der **horizontale Gentransfer** gut bekannt. Es ist bei ihnen ein essenzieller Mechanismus der zu genetischer Variabilität und damit Anpassung an ganz verschiedene Umwelten führt. So codiert ein einzelnes Darmbakterium der Art *Escherichia coli* rund 2000 bis 4000 Gene. Schon hierin unterscheiden sich die Stämme. Die Gesamtheit aller Genvarianten in allen bekannten *Escherichia-coli*-Genomen weltweit, das sogenannte **Pangenom,** beträgt aber rund 18.000 Gene [70, 71]. Genome sind also viel vielfältiger (plastischer) und auch zeitlich veränderbarer (dynamischer), als gemeinhin angenommen wird. Und so sind Bakterien ein gutes Vehikel für Gene.

Vor einiger Zeit konnten **Antibiotikaresistenzgene** gegen menschengemachte, künstliche Antibiotika etwa in Bakterien bei Vögeln der Antarktis oder bei Ureinwohnerinnen und Ureinwohnern im Amazonasbecken entdeckt werden [72–74]. Es ist also prinzipiell davon auszugehen, dass Teile des Erbgutes eines freigesetzten GVO, nachdem dieser stirbt und verrottet, von Bakterien aufgenommen, in das Bakteriengenom integriert und global verbreitet werden kann. Die Wahrscheinlichkeit der Verbreitung wird besonders dann hoch, wenn die genetische Information der Gründerpopulation einen Vorteil verschafft. Ansonsten wird der genetische Ballast eher wieder abgeworfen. Dies gilt auch bei Pflanzen und Tieren – ohne Selektionsvorteil wird sich eine neue genetische Information (Allel) kaum in einer Population verbreiten und erhalten. Über Genfähren wie das Agrobakterium bei Pflanzen oder Viren bei Tieren und Pflanzen können DNA-Fragmente prinzipiell auch aus der Bakterienwelt in die Tier- und Pflanzenwelt übertragen und verbreitet werden. Die Wahrscheinlichkeiten sind sehr gering und die Gefahren müssen **im Einzelfall bewertet** werden. Während die Gefahr der Verbreitung von Antibiotikaresistenzgenen offensichtlich ist, ist sie bei der Verbreitung eines Reis-Gens für die Flutungsresistenz (Abschn. 3.6) schwerer vorstellbar. Seit Januar 2019 wird dem horizontalen Gentransfer aber eine erweiterte Bedeutung beigemessen. Bei der Analyse des Erbgutes des Kakadu-Grases *(Alloteropsis semialata),* das in tropischen und subtropischen Ländern wächst, konnten 57 Gene gefunden werden, die von mindestens neun verschiedenen „Spendergräsern" unterschiedlicher Arten stammen [75]. Es gab also einen Transfer dieser Gene über Artgrenzen hinweg. Dieser Transfer hat teilweise schon vor rund zwei Millionen Jahren stattgefunden – im Mittel gab es also einen Gentransfer in ca. 35.000 Jahren. Es wird vermutet, dass die horizontal aufgenommenen Gene eine Rolle bei der Resistenz gegen Umwelteinflüsse und Krankheiten sowie zur Steigerung der Effizienz der Umwandlung von Sonnenlicht in chemische Energie (Fotosynthese) haben. Wie genau die molekularen Mechanismen der Genaufnahme sind, konnte noch nicht beschrieben werden. Klar ist, dass das Kakadu-Gras durch die Aufnahme der fremden Gene seinen molekularen Werkzeugkasten erweitert, dadurch besser an die Umwelt angepasst ist und sich somit vermutlich einen evolutiven Vorteil verschafft. Der Transfer von rund 60 Genen in zwei Millionen Jahren spricht aber nicht gerade für einen sehr aktiven Prozess. Übrigens wurde auch beim Pfropfen (der Veredlung vor allem bei Zierkakteen und Gehölzen, wie Obstbäumen oder Weinreben) der Austausch von genetischem Material an dem verwachsenen Gewebe festgestellt [76].

Immer wieder, nicht erst seit dem Einsatz der Gentechnik, wird vor der möglichen Ausbildung von **Resistenzen** gewarnt. Insekten können resistent gegenüber Wirkstoffen in den BT-Pflanzen werden (Abschn. 3.4), Unkräuter können Resistenzen gegenüber Pflanzenvernichtungsmitteln wie Glyphosat entwickeln. Ahnungslos sind die, die hoffen, dies verhindern zu können. In der Evolutionsbiologie gibt es eine Hypothese, die als ***Red-Queen***-Hypothese bezeichnet wird. Sie wurde 1973 von dem US-amerikanischen Evolutionsbiologen Leigh van Valen formuliert und besagt, dass die sexuelle Fortpflanzung und die Geschwindigkeit der daraus resultierende Neuanordnung genetischer Information einer Art gerade ausreichen, um sich an eine stetig verändernde Umwelt anzupassen [77]. Diese Umwelt beinhaltet natürlich auch andere und konkurrierende Lebewesen. Und somit beschreibt die *Red-Queen*-Hypothese einen Motor der Evolution, der in ständiger Veränderung und resultierender Anpassung besteht. Lebewesen müssen ständig neue, beziehungsweise angepasste Mechanismen entwickeln, um sich zum Beispiel gegen Parasiten zu schützen und ein Aussterben zu vermeiden. Van Valen verwendet für seine Hypothese das Bild der *Red Queen* aus Lewis Carrolls Geschichte *„Alice hinter den Spiegeln"* von 1871 [78]. Im Garten der sprechenden Blumen trifft Alice auf die Königin in einer Landschaft wie ein Schachbrett. Entsprechend wird die *Red Queen* im deutschen als Schwarze Königin übersetzt. Sie nimmt Alice bei der Hand und rennt mit ihr im größtmöglichen Tempo durch den Wald, ohne dabei von der Stelle zu kommen. Als Alice dies bemerkt, antwortet die Schwarze Königin:

> „Hierzulande mußt du so schnell rennen, wie du kannst, wenn du am gleichen Fleck bleiben willst. Und um woandershin zu kommen, muß man noch mindestens doppelt so schnell laufen!"

Die *Red-Queen*-Hypothese beschreibt eine Beobachtung, die wahrscheinlich jedem Leser vertraut ist und die Reinhold Messner mit *„Schnelligkeit ist Sicherheit"* zusammengefasst hat: Dynamisches Verhalten erhöht das Reaktionsvermögen. Man kennt dies beim Boxen im Ring oder Fechten auf der Planche. Die Sportlerinnen und Sportler wippen immer und tänzeln, um den nächsten Angriff vorzubereiten oder abzuwehren. Auch vom Stoffwechsel ist dies bekannt. Höhere Umsatzraten bei Enzymen ermöglichen eine schnellere Anpassung an Änderungen im Zellmilieu [79]. Es ist also eine Illusion anzunehmen, dass es eine Möglichkeit gibt, der Resistenzbildung aus dem Weg zu gehen. Es ist Teil des Lebendigen. Ich nenne dies den Knoblauch-Effekt: Es ist das, was stinkt, das auch wirkt. Um der Ausbildung von Resistenzen entgegenzuwirken und sie zu verzögern, ist ein ausgewogenes Wirkstoffmanagement essenziell. So sollte vermieden werden, über Jahre hinweg denselben Wirkstoff einzusetzen. Zudem ist einer guten ackerbaulichen Praxis wieder eine zunehmende Bedeutung beizumessen. Mischkulturen und abwechslungsreiche Fruchtfolgen können hier einen wichtigen Beitrag leisten.

Viel größer als die direkten Risiken für die Ökosysteme und die Umwelt erscheinen mir die **indirekten Risiken** zu sein. Zum Beispiel verleiten herbizidresistente Pflanzen dazu, lieber zu viel als zu wenig Pflanzenvernichtungsmittel, etwa **Glyphosat,** auf die Felder auszubringen. Auch kann mit höheren Konzentrationen gearbeitet werden. Dies kann nicht nur gesundheitliche Auswirkungen auf die Landwirtinnen und Landwirte haben, sondern auch langfristige Effekte auf die Umwelt. So gilt Glyphosat als ein sogenannter Chelatbildner. Das bedeutet, dass Glyphosat im Grundwasser Ionen binden und damit die Grundwasserqualität beeinträchtigen kann. Hier ist ganzheitliches Denken gefordert.

Einen hohen Bekanntheitsgrad hat vor einigen Jahren die sogenannte **Séralini-Studie** erlangt, benannt nach dem französischen Molekularbiologen Gilles-Eric Séralini. In einer im September 2012 veröffentlichten Studie beschreibt sein Forschungsteam, dass Ratten, welche die gentechnisch veränderte Maissorte NK603 als Futterzusatz bekamen, an Krebs erkrankten und früher starben [80]. NK603 ist eine gegen Glyphosat resistente Mais-Sorte der Firma *Monsanto* (heute *Bayer*). Die Studie schlug ein wie eine Bombe und wurde von den Medien aufgegriffen und verbreitet – bis hin zur Tagesschau. Sowohl die EU-Kommission als auch die Bundesregierung veranlassten ihre Wissenschaftsgremien, die Studienergebnisse zu untersuchen. Daraufhin kam schnell Kritik auf, die sowohl das Design der Studie mit zu wenigen Versuchstieren als auch die Auswahl der Versuchstiere betraf. Die verwendete Rasse neigt ohnehin zur Tumorbildung. Ebenso gab es Gegenstimmen, die wiederum den Kritikerinnen und Kritikern vorwarfen, mit ungleichem Maß zu messen: Auch die Studien von *Monsanto* selbst, die zur Importzulassung der Mais-Sorte in Europa führte, basierte auf derselben Rattenrasse. Im November 2013 zog die Fachzeitschrift *Food and Chemical Toxicology* die Séralini-Studie zu NK603-Mais als wissenschaftlich nicht haltbar zurück. Von April 2014 bis 2018 wiederholte ein internationales Forscherteam mit Wissenschaftlerinnen und Wissenschaftlern aus sechs Ländern im Auftrag der EU-Kommission das Experiment der Séralini-Studie. Die Ergebnisse wurden im Februar 2019 veröffentlicht und kommen zu dem Schluss, dass *„keine nachteiligen Auswirkungen"* beobachtet werden können [81]. In einer Bewertung der vorliegenden wissenschaftlichen Literatur zu Fütterungsstudien kommt eine Untersuchung aus dem Jahr 2017 zu dem Schluss, dass in fünf Prozent der Studien nachteilige Wirkungen berichtet wurden [82]. Alle diese Studien hatten aber methodische Schwächen und waren in vergleichsweise unbekannten wissenschaftlichen Journalen erschienen.

Eine unmittelbare Gefahr kann der Einsatz der Gentechnik in der **Gentherapie** bedeuten (siehe den Fall Jesse Gelsinger in Abschn. 5.3). Dies liegt nicht zuletzt darin begründet, dass aus ethischen Gründen keine groß angelegten klinischen Studien vorliegen und bei der Anwendung in der Keimbahn solche ohnehin verboten sind. Auch sind epigenetische Auswirkungen noch weitgehend unverstanden (Abschn. 8.1). Sowohl bei der somatischen, insbesondere aber bei der Keimbahn-Gentherapie, ist sehr sorgfältig abzuwägen: Wie groß ist das Risiko, dass unerwartete Effekte auftreten, die mit der Gefahr einhergehen, eine akute oder erwartete Erkrankung nicht therapieren zu können (Abschn. 5.3). Eine weitere potenzielle Gefahr müssen wir bei der Anwendung der Gentechnik durch **Laien** betrachten (Abschn. 7.1). Die Anwendung einer jeglichen Technik ohne zugrundeliegende Erfahrung stellt meistens eine Gefahr dar. So haben, teilweise aus spielerischem Antrieb, programmierte Computerviren weltweit Schaden angerichtet. Je nach Persönlichkeit wird aus einem kleinen Hobby ein Unterfangen, das öffentlich wahrgenommen werden soll. In derartigen Händen können die modernen gentechnischen Methoden (Abschn. 6.2), gleichsam Computerviren, zum Design schädigender Viren oder Lebewesen genutzt werden – ob gewollt oder ungewollt. Wie diese Gefahr über amtliche Vorschriften und *community ethics* (selbst gesetzte Standards der BioHacker) hinaus kontrolliert werden kann, bleibt offen (Abschn. 7.1) [83].

Die Geneditierung bringt derzeit eine große Dynamik in die Risikodebatte (siehe insbesondere Abschn. 5.1 und 5.2). An dieser Stelle möchte ich bereits auf eine besondere Anwendungsform der Genschere (Abschn. 5.1) hinweisen, den ***gene drive.*** Hierbei baut man die Gene für die Genschere in das Erbgut eines Organismus ein, stellt also einen gentechnisch veränderten Organismus her. Der Organismus ist dann in der Lage, im eigenen Genom und nach der Befruchtung auf das „neue" Genom zu wirken. Damit wird der Organismus selbst quasi zum Gentechniker. Diese Fähigkeit wird an die nachfolgenden Generationen weitergegeben. Es wird beispielsweise an Mücken gearbeitet, die gegen **Malaria** immun sind und somit auch den Menschen nicht infizieren können. Mittels des *gene-drive*-Systems geben sie diese Immunität an wilde, nicht-immune Mücken weiter, mit denen sie sich kreuzen (Abb. 3.14). Das System führt also dazu, dass die *gene-drive*-**Mücken** andere Mücken genetisch modifizieren. Die Immunität breitet sich in der Population aus. Man spricht von einer mutagenen Kettenreaktion *(mutagenic chain reaction)* oder einer **super-Mendel'schen Ver-**

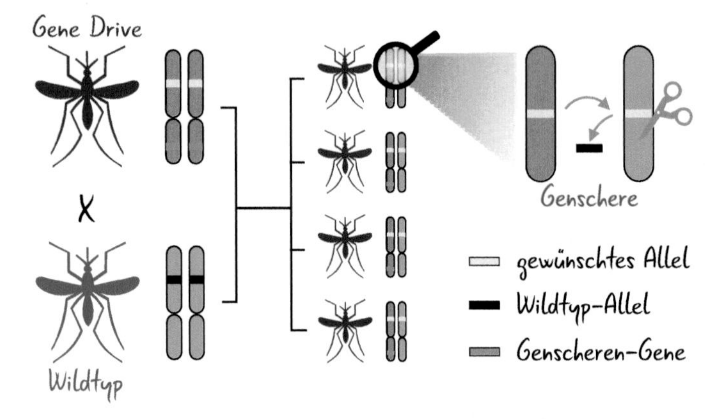

Abb. 3.14 Der *gene drive* umgeht den Mendel'schen Vererbungsgang. Statt zu einem Mix mütterlicher und väterlicher Allele führt der *gene drive* dazu, dass das Wildtypallel aus der Population verdrängt wird. Dies geschieht, indem die *gene-drive*-Mücke zusätzlich die Gene für die Genschere im Erbgut trägt

erbung. Bei Erbgängen nach den Mendel'schen Regeln erhalten die Nachkommen je einen Chromosomensatz vom Vater und der Mutter. Damit haben sie von jedem Gen ein väterliches und ein mütterliches Allel (Abb. 4.6). Beim *gene drive* ist das anders. Das *gene-drive*-Allel überschreibt die andere Kopie. Daher tragen alle Nachkommen zweimal dasselbe Allel, also nur die gewünschte Variante eines Gens. Dasselbe gilt natürlich auch für alle nachfolgenden Generationen. Im Januar 2019 wurde gezeigt, dass der *gene drive* auch bei Mäusen funktioniert [84]. Es muss deutlich gesagt werden, dass hier ein System erschaffen wird, das nicht mehr zu bremsen ist [85]. Aktuell wird daran geforscht, ob man dem *drive* eine Art molekularen Schalter hinzufügen kann [86]. Damit wäre er möglicherweise regulierbar. Meistens wird bei transgenen Organismen bewusst versucht, die Ausbreitung der trans-Gene in der Natur zur verhindern. Der *gene drive* hat genau das Gegenteil zum Ziel [87].

Basierend auf dem *gene drive* wird derzeit im US-amerikanischen Forschungsinstitut des Pentagon an einer Möglichkeit geforscht, Kulturpflanzen auf dem Feld genetisch zu modifizieren [88, 89]. Dazu sollen Insekten die Pflanzen mit gentechnisch modifizierten Viren infizieren. Diese viralen Vektoren sollen wiederum die Gene für die Genschere beinhalten, welche die Pflanzengenome modifiziert. Die Anwendung solcher Technologien ist auf Basis des heutigen Stands des Wissens sehr kritisch zu betrachten. Egal ob dieses System zusätzlich mit einem *gene drive* ausgestattet wäre oder nicht, eine Rückholbarkeit ist hier ebenso schwer vorstellbar wie eine Kontrolle der Verbreitung. Ebenso hat diese Methodik ein hohes Missbrauchspotenzial. Daher ist Forschung in diesem Bereich unbedingt notwendig, aber eine aktive Anwendung im Freiland nach Stand des Wissens mit hohen Risiken und Gefahren verbunden.

Letztlich müssen auch die gesellschaftlichen Risiken, die mit der ungleichen **Teilhabe** an der Gentechnik verbunden sind, evaluiert werden. Wer wird sich eine Gentherapie, eine Hochertragspflanze, ein konstruiertes Biodiesel-aus-Sonnenlicht-Bakterium oder ein neuartiges Medikament leisten können, das mithilfe der Gentechnik entwickelt wurde? Diese Fragen reichen über den Handlungsraum der Biowissenschaften hinaus. Ich kann hier auch keine Lösungen präsentieren. Ich teile aber die Überzeugung vieler Wissenschaftlerinnen und Wissenschaftler, dass wir der Gentechnik – als Technik – offen begegnen sollten. Auch nach über einem Vierteljahrhundert ihrer Anwendung können wir keine größeren Risiken ausmachen, als sie nicht sowieso schon von den Bereichen ausgeht, in denen die Gentechnik angewendet wird.

Risiken müssen aber immer wieder neu bewertet werden. Daher ist die Risikoforschung ein wichtiger Sektor, den sich eine hochtechnisierte Gesellschaft leisten muss.

Denn die Risiken einer Technik können immer nur nach Stand des Wissens beurteilt werden. Nur was wir zum Zeitpunkt der Risikoabschätzung als zugängliches Wissen vorliegen haben, kann genutzt werden, auch um Prognosen zu erstellen. Zudem gilt es, ständig bestehende Daten neu zu bewerten und neue Daten aufzunehmen. So wurde die Bildung des Ozonlochs über der Antarktis lange Zeit übersehen, weil über viele Jahre die Daten von TOMS-Satelliten (engl. *Total Ozone Mapping Spectrometer*) der NASA falsch ausgewertet wurden – und zwar von einem Computerprogramm. Dieses markierte zu geringe Ozonwerte als fehlerhaft und diese wurden somit von der Datenanalyse ausgeschlossen [90]. Eine neue Untersuchung der Daten in den 1980er Jahren aufgrund einer Veröffentlichung britischer Wissenschaftlerinnen und Wissenschaftler zeigte, dass das Programm zu viele Daten als fehlerhaft markiert und damit herausgefiltert hat [91]. Das Ozonloch hätte schon Jahre früher erkannt werden können.

Literatur

1. Bacon F (2013) Neu-Atlantis. Reclam, Stuttgart
2. Darwin C (1995) Die Entstehung der Arten durch natürliche Zuchtwahl. Reclam, Leipzig
3. Mendel G (1866) Versuche über Pflanzen-Hybriden. Verhandlungen des Naturforschenden Vereins zu Brünn 4: 3–47
4. de Vries, H (1901–03) Die Mutationstheorie. Bde 1 u 2. Verlage von Veit & Co., Leipzig. https://doi.org/10.5962/bhl.title.11336
5. Malling HV (2004) History of the science of mutagenesis from a personal perspective. Environ Mol Mutagen 44: 372–386. https://doi.org/10.1002/em.20064

6. Mishra R (ed) (2012) Mutagenesis. InTech, Rijeka/HR. https://doi.org/10.5772/2937
7. Muller HJ (1927) Artificial Transmutation of the gene. Science 66: 84–87. https://doi.org/10.1126/science.66.1699.84
8. Stadler LJ (1928) Mutations in barley induced by x-rays and radium. Science 68: 186–187. https://doi.org/10.1126/science.68.1756.186
9. Vose PB (1980) Introduction to nuclear techniques in agronomy and plant biology. Pergamon Press Ltd, Oxford/UK
10. Johnson P (2013) Safeguarding the atom: the nuclear enthusiasm of Muriel Howorth. Brit J Hist Sci 45: 551–571. https://doi.org/10.1017/S0007087412001057
11. Murray MJ, Todd WA (1972) Registration of Todd's Mitcham Peppermint. Crop Sci 12: 128. https://doi.org/10.2135/cropsci1972.0011183x001200010056x
12. Broertjes C, van Harten AM (Edt) (1988) Applied mutation breeding for vegetatively propagated crops: Vol 12. Elsevier Science Ltd, Amsterdam/NL
13. Case 528/16. (2018) In: InfoCuria. Aufgerufen am 23.04.2019: curia.europa.eu/juris/documents.jsf?num=c-528/16
14. Nabholz M, Miggiano V, Bodmer W (1969) Genetic analysis with human-mouse somatic cell hybrids. Nature 223: 358–363. https://doi.org/10.1038/223358a0
15. Anton AC, Grommen R, Hessels G, et al (2012) Studie über einen neuen potenziellen Impfstoff gegen *Rhodococcus equi*-Infektionen bei Fohlen. Tierärztliche Umschau 67:394–400
16. Lederberg J (1952) Cell genetics and hereditary symbiosis. Physiol Rev 32: 403–430. https://doi.org/10.1152/physrev.1952.32.4.403
17. Chang AC, Cohen SN (1974) Genome construction between bacterial species in vitro: replication and expression of *Staphylococcus* plasmid genes in *Escherichia coli*. Proc Natl Acad Sci USA 71: 1030–1034. https://doi.org/10.1073/pnas.71.4.1030

18. Cohen SN, Boyer HW (1980) Process for Producing Biologically Functional Molecular Chimeras. US Patent 4,237,224, initially filed November 4, 1974, issued December 2, 1980
19. Berg P, Mertz JE (2010) Personal Reflections on the Origins and Emergence of Recombinant DNA Technology. Genetics 184: 9–17. https://doi.org/10.1534/genetics.109.112144
20. Schell J, Van Montagu M (1977) The Ti-Plasmid of *Agrobacterium tumefaciens*, A Natural Vector for the Introduction of NIF Genes in Plants? In: Genetic Engineering for Nitrogen Fixation. Springer, Boston, Massachusetts/USA, S. 159–179. https://doi.org/10.1007/978-1-4684-0880-5_12
21. Zambryski P, Joos H, Genetello C, et al (1983) Ti plasmid vector for the introduction of DNA into plant cells without alteration of their normal regeneration capacity. EMBO J 2: 2143–2150. https://doi.org/10.1002/j.1460-2075.1983.tb01715.x
22. ISAAA (2017) Global Status of Commercialized Biotech/GM Crops in 2017: Biotech Crop Adoption Surges as Economic Benefits Accumulate in 22 Years. ISAAA Brief No. 53. ISAAA, Ithaca, New York/USA
23. Muth J, Hartje S, Twyman RM, et al (2008) Precision breeding for novel starch variants in potato. Plant Biotechnol J 6: 576–584. https://doi.org/10.1111/j.1467-7652.2008.00340.x
24. Andersson M, Turesson H, Olsson N, et al (2018) Genome editing in potato via CRISPR-Cas9 ribonucleoprotein delivery. Physiol Plant 164: 378–384. https://doi.org/10.1111/ppl.12731
25. Callaway E (2018) CRISPR plants now subject to tough GM laws in European Union. Nature 560: 16. https://doi.org/10.1038/d41586-018-05814-6
26. Eckerstorfer MF, Engelhard M, Heissenberger A, et al (2019) Plants Developed by New Genetic Modification Techniques—Comparison of Existing Regulatory Frameworks in the EU and Non-EU Countries. Front

Bioeng Biotechnol 7: 26. https://doi.org/10.3389/fbioe.2019.00026
27. Kahrmann J, Leggewie G (2018) Gentechnikrechtliches Grundsatzurteil des EuGH und die Folgefragen für das deutsche Recht. NuR 40: 761–765. https://doi.org/10.1007/s10357-018-3429-8
28. Bulla LA (1975) Bacteria as insect pathogens. Annu Rev Microbiol 29: 163–190. https://doi.org/10.1146/annurev.mi.29.100175.001115
29. Candas M, Bulla LA (2002) Microbial insecticides. In: Bitton G (Ed) Encyclopedia of Environmental Microbiology. John Wiley and Sons, New York/USA, S 1709-17. https://doi.org/10.1002/0471263397.env258
30. Franz JM, Krieg A (1961) Schädlingsbekämpfung mit Bakterien (*Bacillus thuringiensis*). Gesunde Pflanzen 13: 199–204
31. Bioland Richtlinien (2019) Bioland e. V., Mainz
32. Gonsalves D, Ferreira S (2003) Transgenic Papaya: A Case for Managing Risks of Papaya ringspot virus in Hawaii. Plant Health Progress 4: 17. https://doi.org/10.1094/php-2003-1113-03-rv
33. Tena G (2017) Sweet transgenic immunity. Nat Plants 3: 911. https://doi.org/10.1038/s41477-017-0080-y
34. Dale J, James A, Paul J-Y, et al (2017) Transgenic Cavendish bananas with resistance to Fusarium wilt tropical race 4. Nature Comm 8: 1496. https://doi.org/10.1038/s41467-017-01670-6
35. Pew Research Center (2018) Most Americans Accept Genetic Engineering of Animals That Benefits Human Health, but Many Oppose Other Uses. In: Pew Research Center. Aufgerufen am 16.03.2019: pewinternet.org/wp-content/uploads/sites/9/2018/08/PS_2018.08.16_biotech-animals_FINAL.pdf
36. Editorial (2019) Hybrid embryos, ketamine drug and dark photons. Nature 567: 150–151. https://doi.org/10.1038/d41586-019-00790-x

37. Ledford H (2015) Salmon approval heralds rethink of transgenic animals. Nature 527: 417–418. https://doi.org/10.1038/527417a
38. Kay MA (2011) State-of-the-art gene-based therapies: the road ahead. Nat Rev Genet 12: 316–328. https://doi.org/10.1038/nrg2971
39. Yang B, Wang J, Tang B, et al (2011) Characterization of Bioactive Recombinant Human Lysozyme Expressed in Milk of Cloned Transgenic Cattle. PLoS One 6: e17593. https://doi.org/10.1371/journal.pone.0017593
40. Gordon JW, Ruddle FH (1981) Integration and stable germ line transmission of genes injected into mouse pronuclei. Science 214: 1244–1246. https://doi.org/10.1126/science.6272397
41. Smith K, Spadafora C (2005) Sperm-mediated gene transfer: Applications and implications. BioEssays 27: 551–562. https://doi.org/10.1002/bies.20211
42. Dobrinski I (2005) Germ Cell Transplantation. Semin Reprod Med 23: 257–265. https://doi.org/10.1055/s-2005-872454
43. Diekämper J, Fangerau H, Fehse B, et al (eds) (2018) Vierter Gentechnologiebericht. Nomos Verlagsgesellschaft, Baden-Baden
44. Jaenisch R, Mintz B (1974) Simian virus 40 DNA sequences in DNA of healthy adult mice derived from preimplantation blastocysts injected with viral DNA. Proc Natl Acad Sci USA 71: 1250–1254. https://doi.org/10.1073/pnas.71.4.1250
45. Manafi M (Ed) (2011) Artificial Insemination in Farm Animals. InTech, Rijeka/HR. https://doi.org/10.5772/713
46. Schramm GP, Nutztieren HPKBB, 1991 (2005) Künstliche Besamung beim Geflügel. Züchtungskunde 77: 206–217
47. Park K-E, Kaucher AV, Powell A, et al (2017) Generation of germline ablated male pigs by CRISPR/Cas9 editing of the *NANOS2* gene. Sci Rep 7: 40176. https://doi.org/10.1038/srep40176

48. Tait-Burkard C, Doeschl-Wilson A, McGrew MJ, et al (2018) Livestock 2.0 – genome editing for fitter, healthier, and more productive farmed animals. Genome Biol 19: 204. https://doi.org/10.1186/s13059-018-1583-1
49. Carlson DF, Lancto CA, Bin Zang, et al (2016) Production of hornless dairy cattle from genome-edited cell lines. Nat Biotechnol 34: 479–481. https://doi.org/10.1038/nbt.3560
50. Ronald PC, Adamchak RW (2008) Tomorrow's Table: Organic Farming, Genetics, and the Future of Food. Oxford University Press, New York/USA. https://doi.org/10.1093/acprof:oso/9780195301755.001.0001
51. Xu K, Xu X, Fukao T, et al (2006) Sub1A is an ethylene-response-factor-like gene that confers submergence tolerance to rice. Nature 442: 705–708. https://doi.org/10.1038/nature04920
52. Mackill DJ, Ismail AM, Singh US, et al (2012) Development and Rapid Adoption of Submergence-Tolerant (*Sub1*) Rice Varieties. Adv Agron 115: 299–352. https://doi.org/10.1016/B978-0-12-394276-0.00006-8
53. Herzog M, Fukao T, Winkel A, et al (2018) Physiology, gene expression, and metabolome of two wheat cultivars with contrasting submergence tolerance. Plant, Cell Environ 41: 1632–1644. https://doi.org/10.1111/pce.13211
54. Herzog M (2017) Mechanisms of flood tolerance in wheat and rice. University of Copenhagen, Dissertation
55. Karberg S (2018) Crispr ist nicht immer Gentechnik. In: Der Tagesspiegel. Aufgerufen am 16.04.2019: tagesspiegel.de/wissen/europaeischer-gerichtshof-vor-der-entscheidung-crispr-ist-nicht-immer-gentechnik/20864058.html
56. Universität für Bodenkultur Wien (2019) Biolandbau und Gene Editing – eine (un-)mögliche Kombination? In: YouTube. Aufgerufen am 27.02.2019: youtu.be/mGhV0BvXnsg
57. Muller A, Schader C, Scialabba NE-H, et al (2017) Strategies for feeding the world more sustainably with organic agriculture. Nature Comm 8: 1290. https://doi.org/10.1038/s41467-017-01410-w

58. Papst Franziskus (2015) Enzyklika Laudato Si'. Libreria Editrice Vaticana
59. Berg P, Baltimore D, Boyer HW, et al (1974) Potential biohazards of recombinant DNA molecules. Science 185: 303. https://doi.org/10.1126/science.185.4148.303
60. Berg P, Baltimore D, Brenner S, et al (1975) Summary statement of the Asilomar conference on recombinant DNA molecules. Proc Natl Acad Sci USA 72: 1981–1984. https://doi.org/10.1073/pnas.72.6.1981
61. Berg P (2008) Meetings that changed the world: Asilomar 1975: DNA modification secured. Nature 455: 290–291. https://doi.org/10.1038/455290a
62. Gartland WJ, Stetten D (1976) Guidelines for Research Involving Recombinant DNA Molecules. National Institutes of Health (U.S.)
63. Röbbelen G (1976) Züchtung und Erzeugung von Qualitätsraps in Europa. Eur J Lipid Sci Technol 78: 10–17. https://doi.org/10.1002/lipi.19760780102
64. Sauermann W (2014) Von 0 auf 00 bis zum Hybridraps. Bauernblatt 28–31
65. Meyer P, Heidmann I, Forkmann G, Saedler H (1987) A new petunia flower colour generated by transformation of a mutant with a maize gene. Nature 330: 677–678. https://doi.org/10.1038/330677a0
66. Napoli C, Lemieux C, Jorgensen R (1990) Introduction of a chimeric chalcone synthase gene into petunia results in reversible co-suppression of homologous genes in trans. Plant Cell 2: 279–289. https://doi.org/10.1105/tpc.2.4.279
67. Sen GL, Blau HM (2006) A brief history of RNAi: the silence of the genes. FASEB J 20: 1293–1299. https://doi.org/10.1096/fj.06-6014rev
68. Bashandy H, Teeri TH (2017) Genetically engineered orange petunias on the market. Planta 246: 277–280. https://doi.org/10.1007/s00425-017-2722-8
69. Oud JSN, Schneiders H, Kool AJ, van Grinsven MQJM (1995) Breeding of transgenic orange *Petunia hybrida*

varieties. In: The Methodology of Plant Genetic Manipulation: Criteria for Decision Making. Springer Verlag, Dordrecht/NL, S 403–409. https://doi.org/10.1007/978-94-011-0357-2_49

70. Touchon M, Hoede C, Tenaillon O, et al (2009) Organised Genome Dynamics in the *Escherichia coli* Species Results in Highly Diverse Adaptive Paths. PLoS Genet 5: e1000344. https://doi.org/10.1371/journal.pgen.1000344
71. Stokes HW, Gillings MR (2011) Gene flow, mobile genetic elements and the recruitment of antibiotic resistance genes into Gram-negative pathogens. FEMS Microbiol Rev 35: 790–819. https://doi.org/10.1111/j.1574-6976.2011.00273.x
72. Sjölund M, Bonnedahl J, Hernandez J, et al (2008) Dissemination of Multidrug-Resistant Bacteria into the Arctic. Emerging Infect Dis 14: 70–72. https://doi.org/10.3201/eid1401.070704
73. Bartoloni A, Pallecchi L, Rodríguez H, et al (2009) Antibiotic resistance in a very remote Amazonas community. Int J Antimicrob Agents 33: 125–129. https://doi.org/10.1016/j.ijantimicag.2008.07.029
74. Clemente JC, Pehrsson EC, Blaser MJ, et al (2015) The microbiome of uncontacted Amerindians. Sci Adv 1: e1500183. https://doi.org/10.1126/sciadv.1500183
75. Dunning LT, Olofsson JK, Parisod C, et al (2019) Lateral transfers of large DNA fragments spread functional genes among grasses. Proc Natl Acad Sci USA 116: 4416–4425. https://doi.org/10.1073/pnas.1810031116
76. Stegemann S, Bock R (2009) Exchange of Genetic Material Between Cells in Plant Tissue Grafts. 324: 649–651. https://doi.org/10.1126/science.1170397
77. Van Valen L (1973) A new evolutionary law. Evol Theory 1: 1–30
78. Carroll L (1974) Alice hinter den Spiegeln. Insel Verlag, Leipzig
79. Hochachka PW, Somero GN (2002) Biochemical Adaptation. Oxford University Press, New York/USA

80. Séralini G-E, Clair E, Mesnage R, et al (2012) RETRACTED: Long term toxicity of a Roundup herbicide and a Roundup-tolerant genetically modified maize. Food Chem Toxicol 50: 4221–4231. https://doi.org/10.1016/j.fct.2012.08.005
81. Steinberg P, van der Voet H, Goedhart PW, et al (2019) Lack of adverse effects in subchronic and chronic toxicity/carcinogenicity studies on the glyphosate-resistant genetically modified maize NK603 in Wistar Han RCC rats. Arch Toxicol 9: 1–45. https://doi.org/10.1007/s00204-019-02400-1
82. Sánchez MA, Parrott WA (2017) Characterization of scientific studies usually cited as evidence of adverse effects of GM food/feed. Plant Biotechnol J 15: 1227–1234. https://doi.org/10.1111/pbi.12798
83. Sleator RD (2016) Synthetic biology: from mainstream to counterculture. Arch Microbiol 198: 711–713. https://doi.org/10.1007/s00203-016-1257-x
84. Grunwald HA, Gantz VM, Poplawski G, et al (2019) Super-Mendelian inheritance mediated by CRISPR–Cas9 in the female mouse germline. Nature 566: 105–109. https://doi.org/10.1038/s41586-019-0875-2
85. Simon S, Otto M, Engelhard M (2018) Synthetic gene drive: between continuity and novelty: Crucial differences between gene drive and genetically modified organisms require an adapted risk assessment for their use. EMBO Rep 19: e45760–4. https://doi.org/10.15252/embr.201845760
86. Tanaka H, Stone HA, Nelson DR (2017) Spatial gene drives and pushed genetic waves. Proc Natl Acad Sci USA 114: 8452–8457. https://doi.org/10.1073/pnas.1705868114
87. Esvelt KM, Gemmell NJ (2017) Conservation demands safe gene drive. PLoS Biol 15:e2003850. https://doi.org/10.1371/journal.pbio.2003850

88. Reeves RG, Voeneky S, Caetano-Anollés D, et al (2018) Agricultural research, or a new bioweapon system? Science 362: 35–37. https://doi.org/10.1126/science.aat7664
89. Sills J, Simon S, Otto M, Engelhard M (2018) Scan the horizon for unprecedented risks. Science 362:1007–1008. https://doi.org/10.1126/science.aav7568
90. Pearce F (2008) Ozone hole? What ozone hole? New Sci 199: 46–47. https://doi.org/10.1016/S0262-4079(08)62382-9
91. Farman JC, Gardiner BG, Nature JS (1985) Large losses of total ozone in Antarctica reveal seasonal ClOx/NOx interaction. Nature 315: 207–210. https://doi.org/10.1038/315207a0

Weiterführende Literatur

Bundesamt für Naturschutz (2018) Auswirkungen von Glyphosat auf die Biodiversität. Bundesamt für Naturschutz, Bonn – Bad Godesberg

Torretta V, Katsoyiannis IA, Viotti P, et al (2018) Critical Review of the Effects of Glyphosate Exposure to the Environment and Humans through the Food Supply Chain. Sustainability 10: 1–20. https://doi.org/10.3390/su10040950

Luger O, Tröstl A, Urferer K (2017) Gentechnik geht uns alle an! VS Verlag für Sozialwissenschaften, Wiesbaden. https://doi.org/10.1007/978-3-658-15605-3

Upton HF, Cowan T (2015) Genetically Engineered Salmon. Congressional Research Service, Nummer R43518

Gelinsky E, Hilbeck A (2018) European Court of Justice ruling regarding new genetic engineering methods scientifically justified: a commentary on the biased reporting about the recent ruling. Environ Sci Eur 30: 52. https://doi.org/10.1186/s12302-018-0182-9

Freitag B (2013) Die Grüne-Gentechnik-Debatte. VS Verlag für Sozialwissenschaften, Wiesbaden. https://doi.org/10.1007/978-3-658-01749-1

Heberer B (2015) Grüne Gentechnik. Springer Spektrum, Wiesbaden. https://doi.org/10.1007/978-3-658-09392-1

Hiekel S (2012) Grundbegriffe Der Grünen Gentechnik. Springer Verlag, Berlin, Heidelberg. https://doi.org/10.1007/978-3-642-24900-6

Eriksson D, Pedersen HB, Chawade A, et al (2018) Scandinavian perspectives on plant gene technology: applications, policies and progress. Physiol Plant 162: 219–238. https://doi.org/10.1111/ppl.12661

Zaller J (2018) Unser täglich Gift. Paul Zsolnay Verlag, Wien

Then C (2015) Handbuch Agro-Gentechnik: Die Folgen für Landwirtschaft, Mensch und Umwelt. oekom Verlag, München

4

Erbgut lesen

Im Jahr 1975 publizierte der britische Biochemiker Frederick Sanger eine enzymatische Methode und im Jahr 1977 die US-amerikanischen Wissenschaftler Allan Maxam und Walter Gilbert eine chemische Methode zur Analyse der Abfolge der Nukleotide in der DNA, die DNA-Sequenzierung[1, 2]. Bemerkenswerterweise hatte Sanger bereits Anfang der 1950er Jahre eine Methode zu Analyse der Aminosäuresequenz in Proteinen entwickelt und ist einer von bislang vier Wissenschaftlern, die mit zwei Nobelpreisen ausgezeichnet wurden.

Die **Sanger-Sequenzierung,** auch als Strangabbruch-Methode bekannt, arbeitet auf Basis des Enzyms **DNA-Polymerase**. Diese ist natürlicherweise in jeder Zelle für die Verdopplung des Erbgutes vor der Zellteilung verantwortlich. Enzyme sind in der Regel schwieriger zu handhaben als Chemikalien, da sie erst aus Organismen isoliert werden müssen und meist auch nicht lange haltbar sind. Aber wegen der besseren Automatisierbarkeit setzte

R. Wünschiers, *Generation Gen-Schere,*
https://doi.org/10.1007/978-3-662-59048-5_4

sich die Sanger-Sequenzierung durch und blieb bis in die 1990er Jahre die dominante Sequenziermethode. Sie hat aber auch den Nachteil, dass die Sequenzierung in zwei getrennten Schritten abläuft. In einem ersten Schritt werden, in Abhängigkeit von der zu analysierenden DNA-Sequenz, unterschiedlich lange DNA-Fragmente erzeugt. Dieser Schritt dauert etwa zwei Stunden. In einem zweiten Schritt werden diese Fragmente entweder in einem Agarosegel oder in einer Kapillare ihrer Größe nach aufgetrennt, was mehrere Stunden dauert. Aus dem Muster der Fragmentgrößen kann schließlich die Abfolge der Nukleotide der zu sequenzierenden DNA ermittelt werden. Weiterentwicklungen der Sanger-Sequenzierung betrafen vor allem die Parallelisierung der Analyse. Während man in der Anfangsphase rund 10.000 Nukleotide pro Tag und Gerät analysieren konnte, war es mit modernen **Kapillarsequenziergeräten** der 2000er Jahre etwa eine Million Nukleotide.

Die Sanger-Sequenzierung ist eine Sequenziermethode der **ersten Generation** (Abb. 4.1). Sie hat sich auch

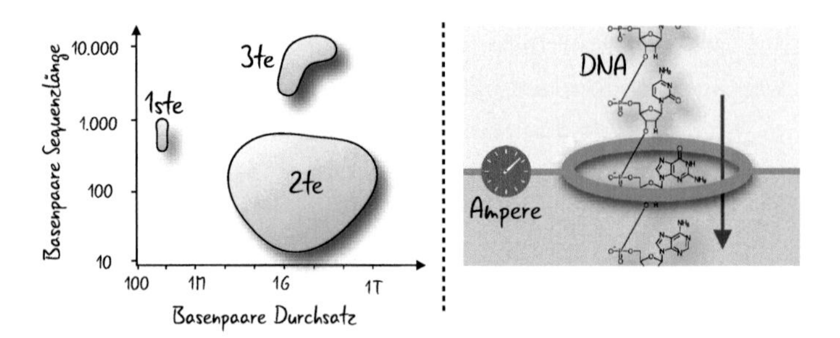

Abb. 4.1 Links) Vergleich der Leistungsfähigkeit unterschiedlicher Sequenziertechnologien der ersten, zweiten (engl. *next generation sequencing*) und dritten Generation. M = Mega, G = Giga, T = Tera. Rechts) Bei der Nanoporensequenzierung wird das DNA-Molekül durch eine Pore geleitet. Aus den dabei entstehenden Stromschwankungen lässt sich die Sequenz ableiten

deshalb so lange auf dem Markt behauptet, weil sie bis vor Kurzem mit ca. 800 Nukleotiden die größte Leselänge ermöglichte – die Nanoporensequenzierung stellt in diesem Zusammenhang eine Revolution dar (siehe später).

800 Nukleotide? Das menschliche Genom beinhaltet 3,2 Mrd. Nukleotide, wie kann das gehen? Stellen wir uns das Erbgut als ein Buch vor. Mit der Sanger-Sequenzierung können die ersten 800 Zeichen in rund drei Stunden gelesen werden. In weiteren drei Stunden die nächsten 800 Zeichen und so weiter. Um schneller zu sein, zerschneiden wir das Buch in viele Schnipsel von je 800 Zeichen und können diese parallel in drei Stunden lesen. Aber woher weiß man am Ende, welche Zeichenfolgen aufeinanderfolgen? Gar nicht! Daher braucht man mindestens zwei Bücher, die jeweils an unterschiedlichen Stellen zerschnippselt werden. Zum Beispiel ein Buch ab Zeichen 1 alle 800 Zeichen und ein anderes Buch ab Zeichen 200 alle 800 Zeichen. Dann erhalten wir überlappende Schnipsel und können die Zeichenfolge des ursprünglichen Buches rekonstruieren. So funktioniert Genomsequenzierung (Abb. 4.2). Die vielen Sequenzfragmente à 800 Nukleotide *(reads)* müssen zum Gesamtgenom zusammengefügt werden. Diese Assemblierung ist ein wichtiger Schritt und funktioniert umso besser, je länger die analysierte Sequenz ist und umso mehr Genomkopien sequenziert werden. Wenn also davon die Rede ist, dass ein Genom sequenziert wurde, wurden in Wirklichkeit meistens Tausende Kopien analysiert (Abb. 4.2).

Im Jahr 1996 entwickelte der schwedische Biochemiker Pål Nyrén von der *Königlichen Technischen Hochschule* in Stockholm gemeinsam mit seinem Doktoranden Mostafa Ronaghi die sogenannte **Pyrosequenzierung** [3]. Sie hat nichts mit einem Feuerwerk zu tun, sondern viel mehr damit, dass das Molekül Pyrophosphat (auch Diphosphat genannt) detektiert wird. Das Pyrophosphat

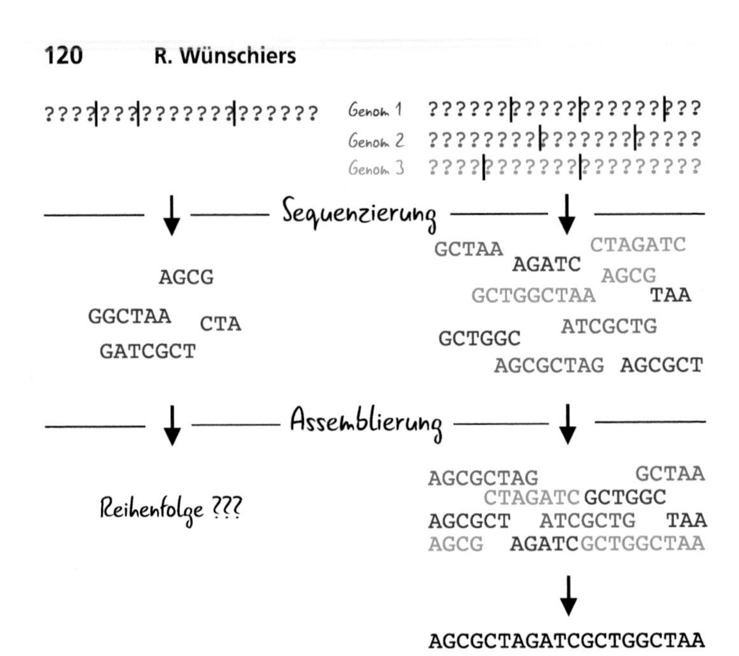

Abb. 4.2 Schematischer Ablauf einer Genomsequenzierung. Links) Mit nur einem DNA-Molekül als Vorlage wäre keine Sortierung der Fragmente möglich. Rechts) Bei mehreren Kopien der zu analysierenden DNA entstehen sich überlappende Fragmente. Daher kann die DNA-Sequenz korrekt assembliert werden

wird freigesetzt, wenn die DNA-Polymerase – wie bei der Sanger-Sequenzierung, auch hier die Grundlage der Sequenzanalyse – aktiv ist. Über mehrere enzymatische Schritte wird daraufhin ein Lichtsignal erzeugt. Das revolutionäre an dieser Technologie der **zweiten Generation** war die Zusammenlegung des molekularen „Lesens" und der Ergebnisausgabe [4]. So erhält man mit der Pyrosequenzierung fast in Echtzeit das Ergebnis. Zusätzlich konnte das technische Analysesystem erheblich kleiner werden, sodass sehr viel mehr Reaktionen pro Gerät parallel analysiert werden können. Aber: Die Länge der Sequenzen *(reads)* ist auf rund 100 Nukleotide reduziert.

Es hängt von der wissenschaftlichen Fragestellung ab, ob diese Länge ausreicht.

Nachhaltige Geschichte in Kombination mit der Pyrosequenziertechnologie schrieb die schwedische **Firma *454*** im Jahr 2007. Mit ihrem *Genome-Sequencer-FLX*-Sequenzierapparat entschlüsselten sie das komplette Erbgut des Mitentdeckers der DNA-Struktur und Nobelpreisträgers James Watson [5]. Obwohl das Projekt durchaus auch als Werbeaktion für ihre Technologie gedacht war, zeigte *454* (damals bereits zu *Hoffmann-La Roche* gehörend), dass innerhalb von vier Monaten, mit einer Handvoll Wissenschaftlerinnen und Wissenschaftlern und etwas weniger als 1,5 Mio. US$ ein komplettes menschliches Genom entziffert werden kann. Als die Ergebnisse des **Projekts Jim** der Öffentlichkeit präsentiert wurden, stellte Watson nur eine Bedingung: Er wollte auf keinen Fall, dass Informationen über seine Allele des *apoE*-Gens bekanntgegeben werden (es codiert das Apolipoprotein E, das im Fettstoffwechsel eine wichtige Rolle spielt). Denn die Variante 4 dieses Gens steht mit einem frühen Einsetzen von Alzheimer in Verbindung – Watson war zu Zeit seiner Sequenzierung 79 Jahre alt. Man kann sagen, dass das Projekt Jim das erste große Sequenzierprojekt einer neuen Generation von Hochdurchsatz-Sequenziergeräten war – und das zweite vollständig sequenzierte menschliche Erbgut. Denn ebenfalls 2007 präsentierte der US-amerikanische Biochemiker Craig Venter seine Genomsequenz [6]. Diese Sequenzierung erfolgte mit der Sanger-Methode auf Hochdurchsatzautomaten namens ABI 3730xl der Firma *Applied Biosystems.* Das Projekt dauerte rund sieben Jahre und kostete etwa 100 Mio. US$. Auf Basis seiner genetischen Daten hat Venter ebenfalls 2007 seine **Autobiografie** publiziert – die erste, die Lebensereignisse mit Genvarianten in Beziehung stellt [7].

Beide Projekte machten sich zunutze, dass im Jahre 2000 ein erster Entwurf einer unvollständigen Sequenz des menschlichen Erbgutes veröffentlicht wurde. Diese Daten halfen beiden Teams beim Zusammenfügen der *reads*. Heutzutage sind Tausende individuelle menschliche Genome entziffert, sogar das des **Neandertalers**, und die Kosten pro Genom liegen unter 1000 US$. Erst kürzlich habe ich ein kombiniertes *Black-Friday-Cyber-Monday*-Angebot von der US-amerikanischen Firma *Dante Labs* erhalten. Sie boten eine komplette Erbgutsequenzierung für 169 EUR an (Abb. 4.3).

In den 2000er Jahren wurden zahlreiche neue Sequenziermethoden entwickelt und zur Marktreife gebracht. Die Sequenzierautomaten wurden kompakter, billiger und können mehr Nukleotide pro Zeit und Gerät analysieren. Dazu trugen vor allem Fortschritte in der Mikrofluidik bei. Moderne Sequenzierautomaten haben etwa die Größe eines Laserdruckers, kosten rund 40.000 EUR und können 100 Mrd. Nukleotide am Tag analysieren.

Abb. 4.3 Eine komplette Genomsequenzierung als Sonderangebot der US-amerikanischen Firma *Dante Labs.* Bildschirmfoto des Autors

Ein neues Zeitalter der Genomanalyse läutete 2013 die englische Firma *Oxford Nanopore* ein, als sie während einer Konferenz in Marco Island, Florida einen Sequenzierautomaten präsentierte, der auf der Handfläche Platz hat und an den USB-Anschluss eines handelsüblichen Computers angeschlossen werden kann: der MinION. Dieser Sequenzierautomat der **dritten Generation,** der seit 2014 auf dem Markt ist, basiert auf **Poren** in einer Membran, durch welche das DNA-Molekül hindurchgezogen wird [8]. Dies ist mit einer Änderung des Stromflusses durch die Pore verbunden, was wiederum gemessen wird (Abb. 4.1). Das Revolutionäre ist zum einen die Kompaktheit des Gerätes (Abb. 4.4) und zum anderen, dass Sequenzen von mehreren Tausend Nukleotiden am Stück gelesen werden.

Die mobile Sequenzierung mit Nanoporen wird nicht nur die Gendiagnostik revolutionieren [9]. Schon jetzt können mit der Methodik **RNA** und in Zukunft sicher auch **Proteine** analysiert werden [10]. Mittels der Nanoporentechnologie könnten dann einzelne Proteine oder Proteinveränderungen (posttranslationale Modifikationen) identifiziert und DNA-Protein-Wechselwirkungen analysiert werden. Dadurch, dass mit dem MinION ein Hand-

Abb. 4.4 Hochbeglückt erhält der Autor im Juli 2016 eine der ersten MinION-Auslieferungen in Deutschland. Der mobile Sequenzierautomat wird über den USB-Anschluss mit dem Computer verbunden. (Fotos: R. Leidenfrost und R. Wünschiers)

gerät zur Verfügung steht, müssen zu analysierende Proben nicht mehr zu einem Dienstleister gesendet, sondern können in Echtzeit vor Ort (am Krankenbett, im Gelände etc.) analysiert werden. Es ist sehr gut vorstellbar, dass in naher Zukunft kleine Sequenzierautomaten in Lernbaukästen für Kinder im Spielzeuggeschäft verkauft werden. Eine Aussicht, die uns im Abschn. 7.1 noch beschäftigen wird.

4.1 Variation beim Menschen

Unser Genom ist 3,2 Mrd. Nukleotide lang (Abschn. 2.1). Mein Erbgut ist zu mindestens 99,5 % identisch mit Ihrem, zu 99 % mit dem eines Schimpansen und es hat 45 % Übereinstimmungen mit dem Genom eines Salats. Wie sehen die genetischen Unterschiede, auch **Polymorphismen** (griech. Vielgestaltigkeit) genannt, aus? Zahlreiche internationale Projekte widmen sich diesem Thema [11]. So wurde im Oktober 2015 eine Studie veröffentlicht, welche die genetische Variation bei 2504 Menschen untersucht hat [12]. Eine Studie aus dem Jahr 2018 untersuchte bereits 17.795 Individuen [13]. Es gibt kleine Unterschiede auf der Ebene der Sequenz, die nur durch die Sequenzierung des Genoms oder ähnliche Methoden untersucht werden können. Und es gibt große Unterschiede, die teilweise sogar unter dem Mikroskop gesehen werden können (Abb. 4.5). Insgesamt bestehen die Polymorphismen aus rund 60.000 längeren und 3,6 Mio. kürzeren Einfügungen oder Entfernungen. Mit einer Anzahl von rund 85 Mio. haben Einzelnukleotidaustausche (**SNPs,** engl. *single nucleotide polymorphisms*) den größten Anteil der genetischen Variation des Menschen (Abschn. 4.2). Zwei Personen unterscheiden sich in durchschnittlich 16 Mio. Basenpaaren. Sie bestimmen

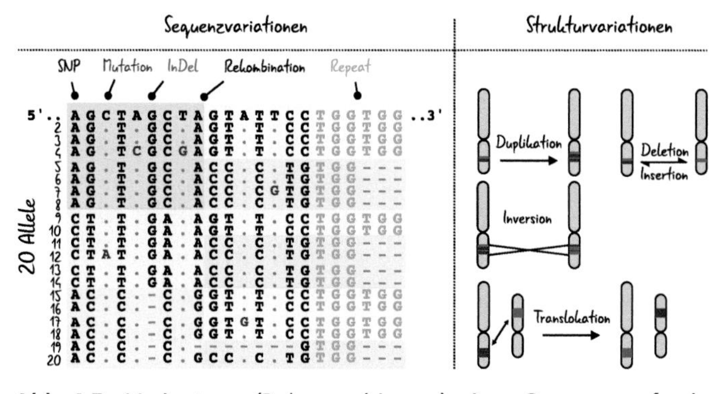

Abb. 4.5 Varianten (Polymorphismen) im Genom auf der Ebene der DNA-Sequenzen oder der Chromosomen. Links) Gezeigt sind zwanzig Varianten (Allele) eines Gens. Nukleotide, die identisch zur obersten Sequenz sind, sind als graue Punkte dargestellt. Häufig auftretende Abweichungen sind Einzelnukleotidpolymophismen (SNPs). Seltene Abweichungen sind Mutationen (rot). Deletionen (Löschungen) sind als blaue Striche dargestellt. Die TGG-Wiederholung *(repeat)* ist grün markiert. An Rekombinationsstellen finden häufig Austausche großer DNA-Fragmente statt, wie bei der Translokation. Rechts) Darstellung von Strukturpolymorphismen größeren Maßstabs auf Ebene der Chromosomen. Die Veränderungen können innerhalb eines Chromosoms (intra-) oder zwischen Chromosomen (interchromosomal) stattfinden

beispielsweise die Augenfarbe oder die Blutgruppe. Ebenso bestimmen diese genetischen Unterschiede, einzeln oder in Kombination, das Ausbruchsrisiko für Krankheiten (Abschn. 4.2). Rund 80 speziell ausgewählte SNPs, verteilt über das gesamte Erbgut, reichen aus, um einen Menschen eindeutig zu identifizieren [14]. Auch eineiige **Zwillinge** sind so unterscheidbar [15].

Die Ursachen für Polymorphismen sind vielfältig und elementar. Vielfältig, weil sie sowohl durch Fehler der molekularen Maschinerie bei der Erstellung einer Kopie des Erbgutes **(Replikation)** vor der Zellteilung, als auch durch äußere Einflüsse wie Strahlung oder Chemikalien verursacht werden. Strukturelle Variationen der Chromosomen entstehen vor allem während der **Meiose.** Dies ist ein Prozess, welcher an der Bildung der Keimzellen, also Eizellen und Spermien, beteiligt ist. Die Meiose ist also Lebewesen mit sexueller Fortpflanzung vorbehalten. Der Mechanismus, bei dem die meisten strukturellen Varianten entstehen, heißt *crossing-over* (Abb. 2.6). Zunächst einmal tritt eine Variation bei einem Individuum erstmals auf und wird dann Mutation genannt. Wird diese Mutation aber an Nachkommen weitergegeben und verteilt sie sich so über Generationen in einer Gruppe von Individuen (Population), dann nennen wir sie Polymorphismus. Genau genommen muss der **Polymorphismus** bei mindestens einem Prozent aller Allele vorkommen. Im Falle der **Mutation** eines einzelnen Nukleotids nennen wir den Polymorphismus, wie gerade beschrieben, einen **SNP**. Wir werden später noch sehen, dass es diese SNPs sind, die in der Gendiagnostik eine wichtige Rolle spielen.

Elementar sind Variationen, weil sie der Motor der Evolution sind. Varianten können unterschiedlich starke Aktivitäten oder sogar Funktionen haben. Auf diese Weise können durch Selektion die am besten an die gegebenen Bedingungen angepassten Individuen ausgewählt werden. Sie haben bei der Fortpflanzung den größten Erfolg, haben die größte Fitness. Dies ist übrigens eines der großen Probleme für alles, was nach der Vermehrung (Reproduktionsphase) stattfindet: Der Selektionsdruck nimmt ab. Wir geben die Hälfte unseres Erbgutes an unsere Kinder und ein Viertel an unsere Enkel weiter. Wenn Lebewesen nicht mehr aktiv an dem Erhalt des weitergegebenen Erbgutes teilhaben, sei es durch Pflege, Ernährung oder beispielsweise die Weitergabe von Kultur, dann wirken die Prozesse der Evolution bestenfalls neutral.

So gibt es vermutlich keinen Selektionsdruck gegen zum Beispiel Krebserkrankungen im Alter. Nach wie vor gilt der Ausspruch des russisch-US-amerikanischen Evolutionsbiologen Theodosius Dobzhansky:

> „Nichts in der Biologie macht Sinn, außer im Hinblick auf die Evolution." [16]

Es ist wichtig zu verstehen, dass es nicht „das eine Gen" gibt. Wenn ein Gen für eine Erkrankung zuständig ist, dann gibt es von diesem Gen in einem einzelnen Menschen zwei Varianten, die **Allele.** Sind diese beiden Varianten exakt identisch, dann sagen wir, dass unser Erbgut in Bezug auf dieses Gen **homozygot** ist oder monomorph (einfältig). Haben wir zwei unterschiedliche Kopien auf dem mütterlichen und väterlichen Chromosom, dann sind wir **heterozygot** oder dimorph (zweifältig). Schauen wir uns jetzt zwei Individuen an, dann gibt es vier Allele eines Gens. Diese können alle identisch sein, aber auch unterschiedlich. In der Abb. 4.5 zum Beispiel sind zwanzig Allele dargestellt. Die Allele 1 bis 3 und 5, 6, 8 und 9 bis 10 und 11, 13, 14 und 15, 16, 18 sind identisch. Es gibt also elf unterschiedliche Allele, von dem jedes Individuum zwei Varianten tragen kann. Das sind bereits 121 Kombinationsmöglichkeiten oder genauer gesagt, **Genotypen.** Wie bereits beschrieben, können sich Allele in ihrer biologischen Aktivität unterscheiden. Unterschiedliche Zusammenstellungen der beiden Allele in einem Genom können also zu unterschiedlichen Erscheinungsformen führen, zu **Phänotypen** (Abschn. 2.1). Für unser Beispiel von gerade eben wären das 121 theoretisch mögliche Phänotypen. Die meisten Merkmale, die uns ausmachen, basieren daher nicht auf Unterschieden einzelner Gene, sondern werden durch die vorliegende Kombination von Allelen bestimmt. Nun verhält es sich aber so, dass die

Wirkung eines **dominant** genannten Allels die Wirkung eines **rezessiven** Allels „überstrahlen" kann. Dies ist in Abb. 4.6 dargestellt.

Ich hatte geschrieben, dass sich unsere beiden Erbgute, Ihres und meines, um höchsten 0,5 % unterscheiden. Das sind maximal 16 Mio. unterschiedliche Positionen, ein Teil davon sind SNPs. Wie sieht dies aber beispielsweise zwischen Menschen aus Afrika, Europa oder Asien aus? Solche Fragen können heutzutage gestellt werden, da es ausreichend sequenzierte Menschen gibt, zum Beispiel im Rahmen des *1000-Genome-Project.* So untersuchte der schwedische Evolutionsgenetiker und Direktor am *Max-Planck-Institut für evolutionäre Anthropologie* in Leipzig Svante Pääbo (Abschn. 4.2) im Jahr 2014 das Erbgut von 185 Afrikanerinnen und Afrikanern und 184 Europäerinnen und Europäern sowie Chinesinnen und Chinesen (Eurasierinnen und Eurasier) [17]. Er fand 38.877.749 Positionen, in denen sich die Genome unterschieden. Allerdings konnte er nicht eine einzige Position nachweisen, in der sich alle Afrikanerinnen und Afrikaner

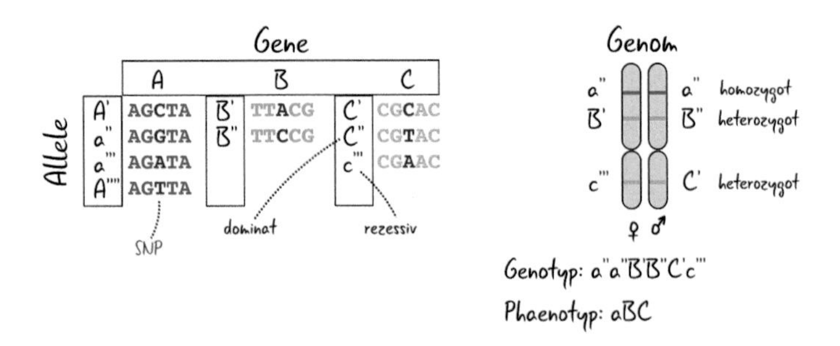

Abb. 4.6 Von drei Genen (A–C) gibt es zwischen zwei und vier Allele. Großbuchstaben stehen für dominante, Kleinbuchstaben für rezessive Allele. Im Genom kommen jeweils ein mütterliches und väterliches Allel zusammen. Rezessive Allele müssen auf beiden Chromosomen vorliegen (homozygot sein), um im Erscheinungsbild (Phänotyp) zur Ausprägung zu kommen

von allen Eurasierinnen und Eurasiern unterschieden. Man könnte also keinen Gentest entwickeln, mit dem sich afrikanische Menschen von europäischen oder chinesischen zu 100 % unterscheiden lassen könnten. Und zu 95 %? Da finden sich zwölf Positionen. Das bedeutet, dass wir uns nur bei zwölf von 3,2 Mrd. Nukleotiden nicht zu 100 %, aber zu 95 % sicher sein können, dass das Genom, respektive die Person, aus Afrika kommt. Weiterhin könnte jemand aus unserer Nachbarschaft, die oder der schon seit Generation nebenan wohnt, uns genetisch entfernter sein als eine Person, die erst jüngst aus Afrika zugezogen ist. Wie kann das sein?

Werfen wir einen Blick auf die Abb. 4.7. Die Kreise stehen schematisch für die genetische Varianz innerhalb einer Population von afrikanischen, europäischen oder asiatischen Menschen. Im linken Modell nehmen wir an, dass es Polymorphismen gibt, die nur in Afrika, Europa und Asien vorkommen (dunkler Kern) und genetische Varianten, welche sich die jeweiligen Populationen teilen. Dieses Modell ist aber falsch. Das mittlere Modell ist ähnlich. Es geht aber nicht davon aus, dass es populationsspezifische Varianten gibt. Stattdessen gibt es einen statistisch hohen

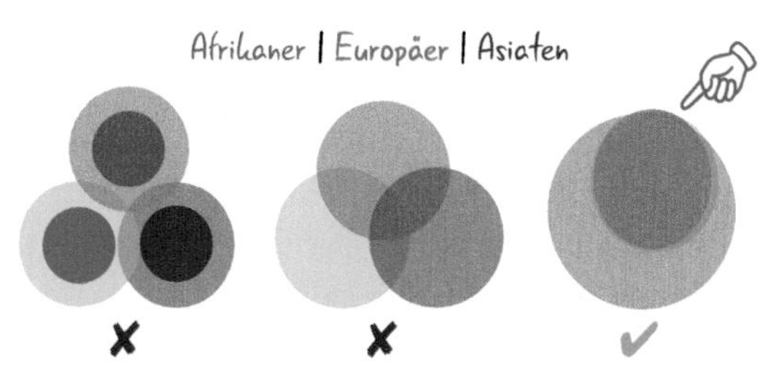

Abb. 4.7 Ursprüngliche und tatsächliche Modelle der genetischen Varianz des menschlichen Erbgutes

Anteil, der populationsspezifisch ist, und einen Anteil, der den Populationen gemein ist. Aber auch dieses Modell ist falsch. Vielmehr hat sich zum einen gezeigt, dass die afrikanischen Populationen über eine viele größer genetische Varianz verfügt, als dies bei Europäerinnen und Europäern sowie Asiatinnen und Asiaten der Fall ist.

Es leben zwar etwa sechsmal so viele Menschen außerhalb von Afrika als innerhalb, aber die vorhandene genetische Variation innerhalb Afrikas ist viel größer. Dies liegt darin begründet, dass der moderne Mensch sich in Afrika entwickelt hat und somit dort am meisten Zeit hatte, genetische Vielfalt „anzusammeln" (Abschn. 4.2). Dann hat eine kleine Teilpopulation, eine **Gründerpopulation**, vor vermutlich 100.000 Jahren Afrika verlassen und sich nach Europa ausgebreitet (*Out-of-Africa*-Theorie). Somit hat nur ein kleiner Teil der Polymorphismen Afrika verlassen. Erst seitdem konnten sie neue, „eigene" Polymorphismen entwickeln oder, beispielsweise von den Neandertalern oder Denisovanern (Abschn. 4.2), durch Paarungen „einsammeln" (siehe Hand in Abb. 4.7). Nach diesem Modell sind wir im Grunde alle Afrikanerinnen und Afrikaner. Das einzige, was uns von ihnen unterscheidet, ist unsere Verwandtschaft zum Neandertaler und bei den Einwohnerinnen und Einwohnern Australiens und Ozeaniens zusätzlich noch die Verwandtschaft mit Denisovanern [18].

Diese Befunde aus der Genomanalyse zeigen auch einmal mehr, dass das Konzept der **Rasse** genetisch keinen Sinn macht. Unterschiedliche Populationen unterscheiden sich nur zu einem vernachlässigbaren und statistisch nur schwach signifikanten Teil in der An- oder Abwesenheit von Polymorphismen in Allelen. Vielmehr unterscheiden sie sich in ihrer Verteilung (Abb. 4.8).

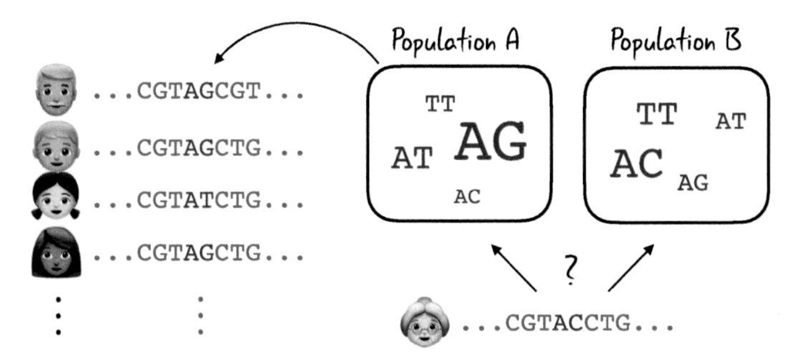

Abb. 4.8 Ihr Nachbar könnte Ihnen genetisch entfernter sein als ein Zugezogener aus fernen Breiten. Polymorphismen wie SNPs unterscheiden sich weniger in ihrer An- oder Abwesenheit als vielmehr in ihrer Häufigkeit in einer Population

4.2 Gendiagnostik

Einen Quantensprung bei der Analyse genetischer Information erfolgte durch die Entwicklung der Polymerase-Kettenreaktion (engl. *polymerase chain reaction,* **PCR**) durch den US-amerikanischen Biochemiker Kary Mullis im Jahr 1980. Dabei kommt wie bei der Sanger-Sequenzierung das Enzym DNA-Polymerase zum Einsatz. Mit dieser Methode ist es möglich, geringste Mengen an DNA-Molekülen zu vervielfältigen und so der genetischen Analyse zugänglich zu machen. Die Analysemethoden sind vielfältig. Sie reichen von der Detektion von Längenunterschieden spezifischer Bereiche infolge von Nukleotideinfügungen oder -entfernungen aufgrund natürlicher Mutationen (sie sind die Basis für den **genetischen Fingerabdruck** in der Forensik oder beim Vaterschaftstest) bis hin zur Detektion des Austauschs einzelner, spezifischer Nukleotide (**SNPs**) mittels einer Sequenzierung der vervielfältigten DNA-Abschnitte.

Die Möglichkeit der Vervielfältigung des Erbmaterials bedeutet auch, dass geringste Mengen, zum Beispiel Hautabrieb auf einem Tisch, genügen, um ausreichend DNA für eine genetische Analyse zu gewinnen. Das freut den ehrlichen Menschen im Falle der Aufklärung von Vergehen. Diese können auch ungewöhnlicher Natur sein: So wurden jüngst Erbgutanalysen aus konfiszierten Elefantenstoßzähnen mit geografischen Datensätzen abgeglichen und so Handelswege aufgezeigt [19]. Die Methodik wirft aber auch die Frage nach der **genetischen Datensicherheit** auf. Dieses Thema wird durch den Preisverfall und die Vereinfachung der DNA-Sequenzierung (siehe vorher in diesem Kapitel) immer aktueller.

Faszinierend sind die Erkenntnisse, welche wir aus der Erbinformation längst verstorbener Lebewesen gewinnen können. Pionierarbeit auf diesem Gebiet der **Paläogenetik** leistet Svante Pääbo (Abschn. 4.1). Er entwickelte das methodische Rüstzeug, um DNA aus altem biologischem Material wie Mumien oder Knochenfunden zu isolieren und zu sequenzieren. Große Aufmerksamkeit erlangte die Paläogenetik mit der Veröffentlichung eines Großteils der DNA-Sequenz eines mindestens 35.000 Jahre alten **Neandertalers** und eines mindestens 30.000 Jahre alten **Denisova-Menschen** im Jahr 2010 (Abb. 4.9) [20, 21].

Die Ergebnisse brachten neues Licht in die Evolutions- und Migrationsgeschichte des modernen Menschen [18]. Rund vier bis sieben Prozent Neandertaler- beziehungsweise Denisovaner-DNA in unserem Erbgut erzählen eine eigene Geschichte von mehr oder weniger romantischen Abenden zwischen *Homo sapiens* und *Homo neanderthalensis* am Lagerfeuer. Erst jüngst wurde das Genom eines vor über 50.000 Jahren verstorbenen Mädchens analysiert, aus dem sich erkennen ließ, dass ihre Mutter eine Neandertalerin und ihr Vater ein Denisovaner war (Abb. 4.9) [22]. Sowohl

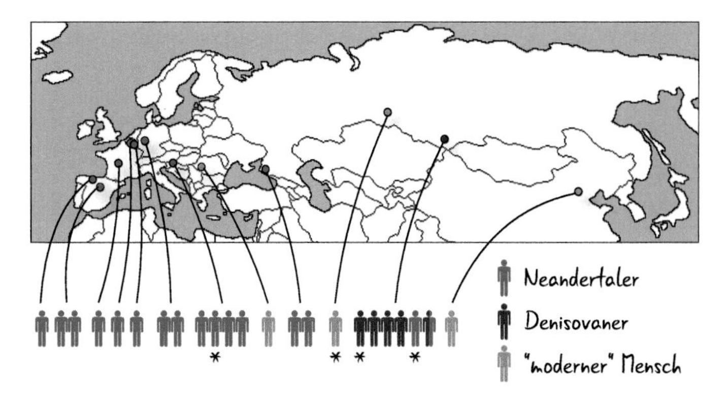

Abb. 4.9 Fundorte unserer Vorfahren. Es sind nur Funde gezeigt, von denen ein Teil des Erbgutes untersucht werden konnte. Das Erbgut der mit einem Stern markierten Funde wurden vollständig sequenziert. Hervorzuheben ist der Fund eines weiblichen Sprösslings eines Densisovaner-Vaters und einer Neandertaler-Mutter (rot/blau). (Quelle: Slon et al. [22])

die Denisovaner als auch die Neandertaler wurden vor etwa 40.000 Jahren von unseren direkten Vorfahren abgelöst.

Auch das Genom des 1991 in den Ötztaler Alpen entdeckten „Mannes aus dem Eis", besser bekannt als **Ötzi,** wurde entschlüsselt und 2012 der Öffentlichkeit präsentiert [23, 24]. Das mindestens 5300 Jahre alte Erbmaterial aus der Kupferzeit erzählt uns beispielsweise etwas über die geografische Herkunft seiner Vorfahren (Korsika), seine Augenfarbe (braun), seine Blutgruppe (0), eine erlebte Borrelieninfektion, seine Laktoseintoleranz und eine Veranlagung für die Erkrankung seiner Herzkranzgefäße [25]. Wie ist das alles möglich?

Einen entscheidenden Beitrag im Sinne der Diagnostik leisten sogenannten **Assoziationsstudien,** in denen untersucht wird, welche genetische Information mit welchem Krankheitsbild in Verbindung steht [26]. Diese Zusammenhänge können sehr einfach sein: Eine Mutation in einem Gen ist für eine Erkrankung verantwortlich (Abb. 4.10).

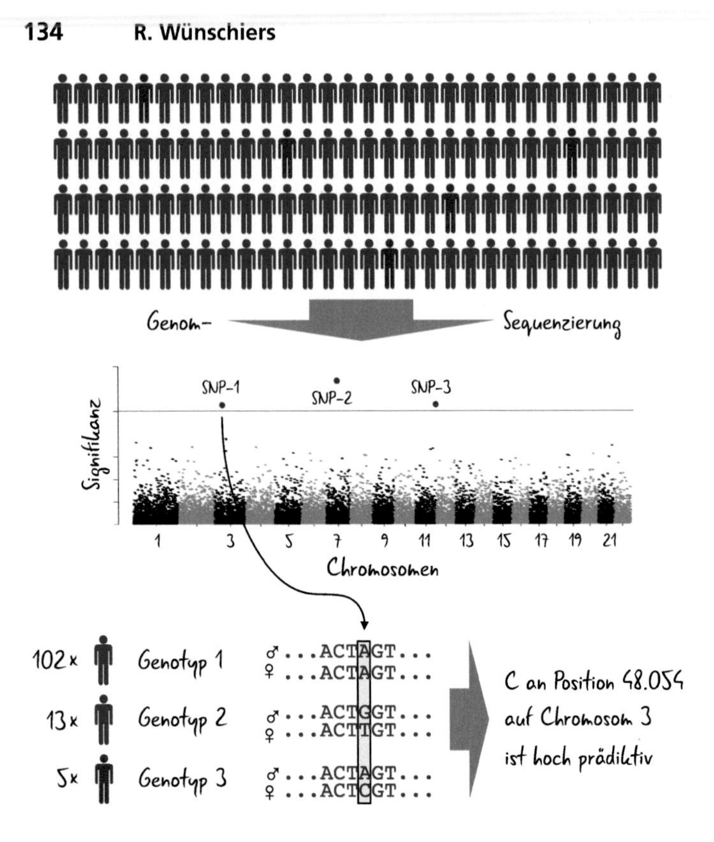

Abb. 4.10 Genomweite Assoziationsstudien helfen dabei, Gentests für Erkrankungen zu entwickeln. Hier wurden alle 22 Chromosomen (ohne Geschlechtschromosomen) von 120 Personen sequenziert, von denen fünf eine Erkrankung aufweisen (rot). Das Diagramm zeigt für 16.427 variable Positionen (SNPs) im Genom, wie wahrscheinlich sie bei Erkrankten auftreten. Bei drei SNPs (1–3) ist die Signifikanz sehr hoch. Für einen dieser SNPs (SNP-1) sind die drei gefundenen genetischen Kombinationen (Genotypen) gezeigt. Ein Cytosin (C) an Position 48.054 auf einem Chromosom 3 kommt nur bei Erkrankten vor und kann die Basis für einen gendiagnostischen Test oder sogar eine Therapie bilden

Derzeit sind über 2700 solcher **monogenischen** Erkrankungen bekannt. Dennoch ist die Lage meistens schwieriger, da es von solchen Genen mehrere genetische

Varianten **(Allele)** gibt. Die **zystische Fibrose** (oder Mukoviszidose, eine Erkrankung, die sich durch zähflüssige Körpersekrete auszeichnet) ist etwa eine monogenische Erkrankung, von der in Deutschland eines von 2000 Neugeborenen betroffen ist. Aber von dem verantwortlichen Gen namens *CFTR* (engl. *cystic fibrosis transmembrane conductance regulator*) sind über 1000 Varianten bekannt. Es ist rund 250.000 Nukleotide lang und codiert für ein Protein von 1480 Aminosäuren Länge. Da ist viel Platz für Mutationen. Die meisten Erkrankungen sind aber **polygenisch** und werden folglich von mehreren Genen verursacht oder in ihrer Ausprägung beeinflusst. Auch die Art der Mutation in den Genen beziehungsweise Allelen kann vielfältig sein und von Verdopplungen über Einfügungen oder dem Fehlen von Nukleotiden bis hin zu einfachen Nukleotidaustauschen reichen, den erwähnten SNPs. Für die Assoziationsstudien wird gewöhnlich ein festgelegter Satz von etwa 720.000 SNPs untersucht. Diese Reduktion des Erbgutes von 3,2 Mrd. auf 720.000 Nukleotide ist in etwa analog der Vereinfachung eines Moleküls auf seine Atome – mit der gleichen Wirkung: Es hilft, Modelle zu entwickeln. Aus der Kenntnis der vorhandenen Atome kann man aber nicht unbedingt auf das Molekül schließen. Von vielen SNPs ist beispielsweise bekannt, dass sie zwar mit einer Erkrankung in Beziehung stehen, aber nicht direkt in einem codierenden Gen liegen. Solche SNPs haben somit zwar einen diagnostischen Wert, können aber keine direkten Ansätze für eine Therapie liefern, da der Wirkmechanismus unbekannt ist. Sie führen meist nicht zu einem veränderten Aufbau eines Proteins oder Enzyms, sondern zu einer Änderung der Genaktivität. Da die DNA wie ein Knäul im Zellkern liegt, können sich auch weit entfernte Bereiche „berühren" und einander beeinflussen [26].

Von den 3,2 Mrd. Nukleotiden im menschlichen Genom ist von über 320.000 Positionen, die klinisch getestet wurden, bekannt, dass sie mit Krankheiten in Verbindung stehen. Es würde also ausreichen, diese 320.000 Positionen im Erbgut zu analysieren, um Aussagen über den Gesundheitszustand und das Erkrankungsrisiko treffen zu können. Im Zeitalter der Selbstvermessung und -optimierung generiert das natürlich einen Markt (Abschn. 7.2 und 7.3).

Das **Gendiagnostikgesetz** ist 2010 in Kraft getreten und regelt genetische Untersuchungen zu medizinischen Zwecken, zur Klärung der Abstammung sowie im Versicherungsbereich und im Arbeitsleben. Es werden durch das Gesetz die Voraussetzungen für genetische Analysen und die Verwendung der daraus gewonnenen Daten geregelt. Dies soll dazu dienen,

> „eine Benachteiligung auf Grund genetischer Eigenschaften zu verhindern [... und ...] die staatliche Verpflichtung zur Achtung und zum Schutz der Würde des Menschen und des Rechts auf informationelle Selbstbestimmung zu wahren."

Dabei unterscheidet das Gesetz zwischen diagnostischen und prädiktiven (vorhersagenden) genetischen Untersuchungen. Eine **diagnostische Untersuchung** dient zur Abklärung einer vorliegenden Krankheit oder gesundheitlichen Störung sowie zur Feststellung von genetischen Eigenschaften, die zusammen mit anderen Einwirkungen (etwa durch die Wechselwirkung mit Medikamenten) den Eintritt einer Krankheit oder Störung auslösen können. Eine solche Untersuchung darf nur von Ärztinnen und Ärzten durchgeführt und das Ergebnis auch nur von diesen bekanntgegeben werden. Eine **prädiktive Untersuchung** dient der Abklärung einer möglicherweise zukünftig auftretenden Krankheit oder gesundheitlichen Störung sowie zur Abklärung des Vorhandenseins einer genetischen Anlage, die an Nachkommen weitervererbt werden könnte. Prädiktive genetische Untersuchung dürfen ausschließlich Fachärztinnen und -ärzte für Humangenetik oder solche, die sich speziell für humangenetische Untersuchungen qualifiziert haben, durchführen. Zudem muss die Patientin oder der Patient der genetischen Untersuchung zustimmen und zuvor umfassend aufgeklärt werden, auch über die Bedeutung für das zukünftige Leben. Der große Unterschied zwischen der aktuell vorherrschenden, auf bestimmte Messwerte fokussierte Diagnostik und der Genomanalyse (und auch der Transkriptomanalyse; siehe unten) ist die erzeugte Dichte der Informationen über eine Patientin beziehungsweise einen Patient. Damit stellt eine genomweite Analyse keinen punktuellen, sondern einen andauernden Eingriff in **Informationsrechte** dar, da aus den gespeicherten genetischen Daten nach und nach immer mehr Informationen gewonnen werden können. Dies gilt unabhängig davon, ob die Sequenzierung einen diagnostischen (akuten) oder einen prädiktiven Grund hatte. Hier gilt es aufzuklären, dass Patientinnen und Patienten möglicherweise Dinge über ihr Erbgut lernen, die sie mehr verunsichern, denn helfen.

Wurden bislang in der Diagnostik einzelne Gene, Abschnitte von Genen oder ganze Genome analysiert, also DNA, so geht der neueste Trend in Richtung RNA. Mit der **RNA-Diagnostik** (oder Transkriptomdiagnostik, auch RNA-Seq genannt) wird untersucht, welche Gene aktiv sind. Es ist also der „lebendige“ Teil des Erbgutes. Diese Form der Diagnostik kann für einzelne Gene, aber auch für das gesamte Genom durchgeführt werden. Während die von der Zelle abgelesene Information eines einzelnen Gens als Transkript bezeichnet wird, wird die Gesamtheit aller Transkripte in einer Zelle Transkriptom genannt, analog zu der Bezeichnung Genom für die Gesamtheit aller Gene. Zwei 2017 veröffentlichte Studien konnten zeigen, dass mit der Methode der Transkriptomsequenzierung Erkrankungen diagnostiziert werden konnten, die mit der genetischen Standarddiagnostik nicht identifiziert wurden [27, 28]. Zudem wurden neue Kandidatengene für die jeweiligen Erkrankungen gefunden. Mithilfe solcher zusätzlichen Informationen kann ein diagnostischer Test mit wachsenden Untersuchungszahlen schrittweise verbessert werden.

4.3 Vorgeburtliche Diagnostik

Seit Anfang der 1970er Jahre haben Eltern von Neugeborenen in Deutschland das Recht, ihren Nachwuchs auf seltene, unheilbare, aber schwere angeborene Stoffwechsel- und Hormonerkrankungen testen zu lassen. Das derzeitige **Neugeborenen-*screening*** wird in der Regel am dritten Lebenstag in Verbindung mit der U2 (erste ärztliche Grunduntersuchung nach der Geburt) durchgeführt und umfasst 15 genetische Erkrankungen. Die Teilnahme an dem diagnostischen Verfahren ist freiwillig und die Kosten übernehmen die gesetzlichen Krankenkassen. Der Sinn der Untersuchung liegt darin, möglichst frühzeitig mit der Behandlung der unheilbaren Erkrankungen beginnen zu können. Mit einem *screening* vor der Geburt stehen andere Handlungsoptionen zur Verfügung. Diese Form der Diagnostik hat sich in den vergangenen Jahren rasant entwickelt, was nicht zuletzt mit der Zunahme an künstlichen Befruchtungen zu tun hat. Bevor wir uns dem Thema nähern, möchte ich die Entwicklung der befruchteten Eizelle zum Embryo in Erinnerung rufen (Abb. 4.11).

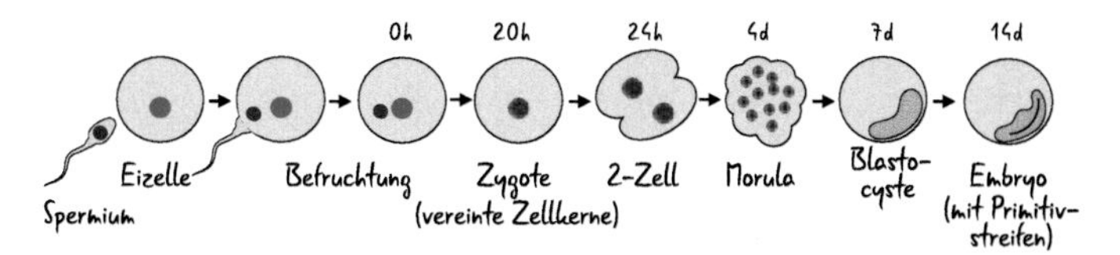

Abb. 4.11 Der natürliche Verlauf der Embryogenese von der Befruchtung bis zur Bildung des Embryos in der zweiten Woche. Bei der In-vitro-Fertilisation wird die Blastocyste nach zwei bis sechs Tagen in die Gebärmutter transferiert [29]

Die künstliche Befruchtung (**In-vitro-Fertilisation,** IVF; engl. *assisted reproduction technology,* ART) ist ganz grundsätzlich die Herbeiführung einer Schwangerschaft ohne Begattung, also Geschlechtsverkehr. Angefangen hat die Entwicklung neuer Reproduktionstechniken bei der Tierzucht. Mit der Gentechnologie im engeren Sinne hat sie nichts zu tun, aber sie ebnet ihr in gewisser Weise den Weg. Dadurch, dass die Befruchtung der Eizelle durch den Samen immer weiter vom Menschen abrückt, angefangen mit der Injektion des Spermas in den Genitaltrakt der Frau (**Insemination**) bis hin zu einer künstlichen Befruchtung wird viel Raum für die Anwendung von Techniken geschaffen. Zudem wird emotionaler Abstand erzeugt. Geschlechtsverkehr ist in unserer Gesellschaft ohnehin schon weitgehend losgelöst von einem Reproduktionsziel. Eher im Gegenteil, die potenzielle Herbeiführung der Empfängnis wird durch die unterschiedlichsten Verhütungsmethoden vermieden. Und ebenso wie Mechanismen zur Kontrolle über das Nicht-Schwangerwerden, stehen in zunehmenden Maß auch Methoden zur Kontrolle des Schwangerwerdens zur Verfügung. Der US-amerikanische Genetiker Henry T. Greely ist der Überzeugung, dass die Methoden der Reproduktionsmedizin, die derzeit hauptsächlich unfruchtbaren Paaren zugutekommt, zum Standard werden. Entsprechend betitelte er sein 2016 erschienenes Buch mit *„The End of Sex and the Future of Human Reproduction“* (dt. Das Ende von Sex und die Zukunft der menschlichen Fortpflanzung) [30]. Er nennt darin zwei Faktoren, die seiner Meinung nach zu einer stetigen Zunahme von In-vitro-Fertilisationen, unabhängig von Unfruchtbarkeit, führen werden. Erstens werden neue Techniken immer einfacher in der Anwendung und auch deshalb billiger und zweitens drängen ökonomische, soziale, rechtliche und politische Kräfte. Im Zentrum seiner Argumentation, die viele Expertinnen und Experten teilen, steht die von Greely sogenannte ***„easy PGD“*** (engl. *preimplantation genetic diagnosis*). Diese einfache Präimplantationsdiagnostik vereint die Fortschritte der Diagnostik mit denen der Stammzellforschung. Doch dazu später mehr. Hinzu kommt ein Aspekt, der immer wieder in den verschiedensten Bereichen der medizinischen Versorgung zu Diskussionen führt: die **Übertherapie.** Das heißt, dass mehr In-vitro-Fertilisationen durchgeführt werden, als es notwendig erscheint. So haben Studien ergeben, dass zwar eines von sieben Paaren über zwölf Monate versucht, seinen Kinderwunsch zu erfüllen, dass aber nach weiteren zwölf Monaten nur etwa die Hälfte von ihnen erfolgreich Eltern werden – ohne IVF [31]. Hingegen liegt die Erfolgsrate der In-vitro-Fertilisation bei rund 30 % pro durchgeführter Behandlung.

An dieser Stelle möchte ich auf eine Problematik der **Insemination** aufmerksam machen. Ich schweife damit zwar für einen Moment vom Thema ab, aber es zeigt die Bedeutung des Faktors Mensch, was für die Risikobewertung nicht unerheblich ist. Die Insemination, bei der Sperma in den Genitaltrakt der Frau injiziert wird, wurde erstmals vermutlich in der **Hundezucht** angewandt. Der englisch Arzt und Hundezüchter John Everett Millais beschreibt in seinem 1889 erschienen

Buch „*The theory and practice of rational breeding*" (dt. Die Theorie und Praxis gezielter Züchtung) die Umsetzung der Evolutionstheorie nach Charles Darwin und Thomas Henry Huxley sowie der Vererbungstheorie von Francis Galton, allesamt Zeitgenossen von Millais, für die Hundezucht [32]. Zu einem gesteigerten Paarungserfolg, einer Sicherstellung des Stammbaums und der Vermeidung der Übertragung von Krankheiten gehörte auch die Insemination, wie er 1884 in einem Fachjournal publizierte [33, 34]. Ab den 1930er Jahren wurde die Insemination auch in der Viehzucht eingesetzt und ist dort heute nicht mehr wegzudenken. Besamungsstationen versorgen in der Regel mehrere Tausend Viehwirte mit beispielsweise Rindersperma für rund 40 EUR pro mL. Bis in die 1960er Jahre war die Anwendung der Insemination beim Menschen in vielen Ländern verboten und wurde in den USA erstmals 1964 im Bundesstaat Georgia legalisiert. Zu den Besamungsstationen der Viehzucht gesellten sich **Kinderwunschzentren**. Der US-amerikanische Reproduktionsmediziner Cecil B. Jacobson war der erste, der 1967 in den USA die **Fruchtwasserentnahme** (engl. *amniocentesis*) für diagnostische Zwecke einführte [35]. Nachhaltig berühmt wurde er aber durch sein **unethisches Verhalten** als Reproduktionsmediziner. Damit lieferte er zum einen den Stoff für einen US-amerikanischen Fernsehfilm mit dem Titel „*The Babymaker: The Dr. Cecil Jacobson Story*" (auch vermarktet als „*Seeds of Deception*") aus dem Jahr 1994 und die Dokumentation „*The Sperminator*" aus dem Jahr 2005. Zum anderen führte es 1992 zu einer fünfjährigen Haftstrafe: Jacobson betrog nicht nur Frauen mit durch Hormoninjektionen herbeigeführte Scheinschwangerschaften, er verwendete außerdem sein **eigenes Sperma** für künstliche Befruchtungen. Doch Jacobson ist nicht der einzige bekannte Fall. Im Dezember 2017 wurde der damals

79-jährige US-amerikanische Arzt Dr. Donald Cline zu einer einjährigen Haftstrafe auf Bewährung wegen derselben Verfehlung verurteilt. Von über 35 Spenderkindern, wie sie sich selbst nennen, ist bekannt, dass Cline der biologische Vater ist. Seine Vergehen fallen in die Zeit der 1970er bis 1980er Jahre, während seiner Tätigkeit in einer Fertilisationsklinik in Indianapolis. Zu dieser Zeit konnte er noch nicht ahnen, dass die moderne Abstammungsanalyse dazu beitragen würde, die Fälle aufzudecken.

Tatsächlich sind es insbesondere die gerade in den USA beliebten Anbieter für Abstammungsuntersuchungen wie *23andMe, deCODE Genetics* oder *Navigenics,* die heutzutage Halbgeschwister zusammenführen, welche dann häufig weitere Nachforschungen anstellen (Abschn. 7.1 und Abb. 7.3). Dazu gibt es mittlerweile eigene Initiativen mit entsprechenden Datenbanken und Internetauftritten. Der im April 2017 mit 89 Jahren gestorbene niederländische Reproduktionsarzt Dr. Jan Karbaat hat mindestens 19 Spenderkinder „gezeugt". Da die Kinder seiner Patientinnen zwischen acht und 60 Jahren alt sind, liegt die Dunkelziffer wahrscheinlich sehr viel höher. Er selbst hat bis zu seinem Tod darauf beharrt, sein eigenes Sperma niemals für die Behandlungen verwendet zu haben. Ein erster Verdacht entstand, als die DNA-Analyse eines seiner leiblichen Kinder zu zahlreichen Halbgeschwistern führte – von etwa 200 direkten Nachkommen von Karbaat wird mittlerweile ausgegangen. Eigentlich dürfen aus Spendersamen in den Niederlanden, und auch in Deutschland, nicht mehr als sechs Kinder gezeugt werden. Einige Nachkommen organisierten sich und strengten 2017 eine Klage an, ihre biologische Abstammung untersuchen zu dürfen. Im Februar 2019 erlaubte ihnen ein Gericht in Den Haag, dass sie ihre DNA-Sequenzen mit der des verstorbenen Arztes vergleichen dürfen. Diese wurde nach seinem

Tod 2017 von persönlichen Gegenständen wie seiner Zahnbürste isoliert.

In Deutschland hat das Bundesverfassungsgericht 1989 entschieden, dass das im Grundgesetz verankerte allgemeine Persönlichkeitsrecht auch **das Recht auf Kenntnis der eigenen Abstammung** umfasst. Samenspender haben damit kein Recht auf Anonymität, auch wenn mit der Aufhebung keine Unterhalts- und Erbansprüche verbunden sind. Im Juli 2017 wurde zusätzlich das *„Gesetz zur Regelung des Rechts auf Kenntnis der Abstammung bei heterologer Verwendung von Samen"* (das sogenannte Samenspender-Registergesetz, SaRegG) verabschiedet. Seit Juli 2018 führt das *Bundesministerium für Gesundheit* ein bundesweites **Samenspenderregister.** Hier werden personenbezogene Angaben von Samenspendern und Empfängerinnen 110 Jahre lang gespeichert.

Es gibt zahlreiche weitere Fälle, in Deutschland etwa der Fall des Professors Thomas Katzorke. Da die Abstammungsanalyse einfach zugänglich und billig geworden ist, werden sicherlich weitere Fälle der ethischen Grenzüberschreitung im Arzt-Patienten-Verhältnis dazukommen. In allen Fällen täuschten die Ärzte ihre Patientinnen, da sie in dem Glauben gelassen wurden, anonyme Spendersamen injiziert bekommen zu haben. Es ist sicher nicht übertrieben, hier von Vergewaltigungen zu sprechen. Was lehren uns die Fälle? Wohl vor allem, dass Reproduktionsmediziner in einer großen Verantwortung stehen, die vergleichsweise leicht missbraucht werden kann. Aber bei aller Ethik und allem persönlichen Leid der Betroffenen, gibt es noch einen populationsbiologischen Aspekt: Die Mediziner haben sich überrepräsentativ einen Platz im **Genpool** erschlichen (Kap. 2). Dies kann langfristige Folgen haben, wie sie aus der Inzucht bekannt sind: Die Anreicherung seltener, krankheitserregender

Allele (Abschn. 2.1) und damit ein erhöhtes Risiko von Erbkrankheiten. Wie fatal die Folgen sein können, zeigt das enge Verwandtschaftsgeflecht bei Erbdynastien wie den Habsburgern mit **Vetternehen** oder Ehen zwischen Onkeln und Nichten: Innerhalb weniger Generationen starben viele Kinder, bevor sie selbst Nachkommen zur Welt bringen konnten [36, 37]. Bei Blutsverwandten vierten Grades (Cousinen/Cousins ersten Grades), ist dieses Risiko verdoppelt (Abb. 4.12).

Zwar ist diese reinigende Selektion (oder Auslöschung) von schädlichen Allelen für die Gesamtpopulation von Vorteil, könnte aber durch entferntere Eheschließun-

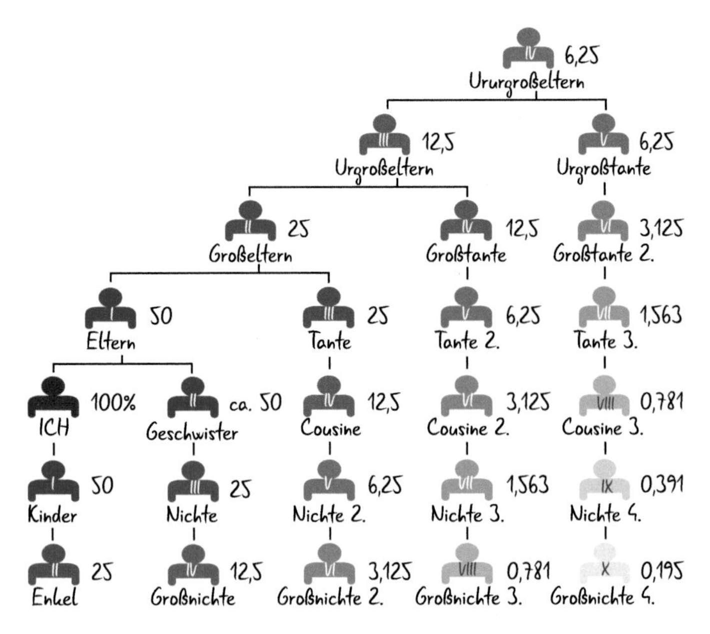

Abb. 4.12 Verwandtschaftsbeziehungen und -bezeichnungen im Familienstammbaum. In römischen Zahlen ist der rechtliche Grad der Verwandtschaft angegeben. Die Zahlen neben den Personen geben in Prozent die Übereinstimmung des Erbgutes an (Verwandtschaftskoeffizient)

gen vermieden werden. Interessanterweise hat eine Studie aller bekannten isländischen Paare und deren Nachkommen zwischen 1800 und 1965 ergeben, dass Blutsverwandtschaften achten und zehnten Grades (Cousinen und Cousins dritten und vierten Grades) den größten reproduktiven Erfolg hatten [38]. Offensichtlich gibt es ein Optimum für die genetische Distanz **(Verwandtschaftsgrad)** bei der Paarung in Bezug auf den Nachteil des erhöhten Risikos für Erbkrankheiten und den Vorteil des Erhalts „gut passender" (koadaptierter) Genkomplexe [39]. Was diese Genkomplexe sein mögen ist noch völlig unbekannt. Für die Studie wurden 160.811 isländische Paare untersucht. Allerdings sind die Einwohnerinnen und Einwohner Islands, das vor etwa 1100 Jahren von Wikingern und Kelten besiedelt wurde, eine vergleichsweise homogene Inselpopulation, die über Jahrzehnte wenig genetischen Austausch mit anderen Populationen hatte [40]. Aber selbst, wenn sich die Erkenntnisse eines biologisch optimalen Verwandtschaftsverhältnisses übertragen ließen, so lag doch die maximale Kinderzahl niemals bei 40 oder aufwärts.

Warum dieses Abschweifen? Aus meiner Sicht wurde mit der Einführung der Inseminationsmethode zur Erfüllung eines Kinderwunsches die Büchse der Pandora geöffnet. Es war der erste Schritt bei der Technisierung der menschlichen Fortpflanzung, welche die Schriftstellerin und Georg-Büchner-Preisträgerin Sibylle Lewitscharoff während ihrer Dresdner Rede 2014 mit dem Titel *„Von der Machbarkeit. Die wissenschaftliche Bestimmung über Geburt und Tod"* ziemlich unglücklich als *„Fortpflanzungsgemurkse"* bezeichnete. Die genannten Ärzte waren vermutlich die ersten, welche die Techniken aus Eigennützigkeit missbrauchten – vermutlich ging es ihnen gar nicht um die Bereicherung des Genpools mit ihren Allelen, sondern vielmehr um eine finanzielle und vielleicht auch emotionale Selbstbereicherung. Doch wir müssen uns immer vor Augen führen, dass die **Macht der Reproduktionsmedizin** groß ist, denn sie wirkt in nachfolgende Generationen. Das gilt erst recht für die Selektion oder genetische Veränderung von Embryonen (Kap. 5). Letzteres hat mit den höchst umstrittenen Geneditierungen durch den chinesischen Biophysiker Jiankui HE Ende 2018 ein neues Zeitalter eingeläutet (Abschn. 5.1). Eine Rückholbarkeit, wie sie zum Beispiel Kritikerinnen und Kritiker gegenüber der Aussetzung gentechnisch veränderter Organismen fordern, ist aus ethischen Gründen undenkbar.

Die Distanz der Befruchtungsvorgangs zum Körper wächst bei der **In-vitro-Fertilisation** (IVF). In-vitro steht dabei für „im Glas", wie bei Vitrine. Louise Joy BROWN wurde am 25. Juli 1978 geboren und als erster Mensch mithilfe einer In-vitro-Fertilisation gezeugt. Das erste mithilfe der IVF gezeugte deutsche Kind kam am 16. April 1982 auf die Welt. Die Anzahl der In-vitro-Fertilisationen hat sich in Deutschland von 742 Behandlungen im Jahr 1982 auf rund 90.000 abgeschlossene Behandlungen im Jahr 2016 vervielfacht. Weltweit sind bereits über fünf Millionen Kinder wie Joy BROWN durch IVF gezeugt worden. In weit über der Hälfte aller Fälle wird dabei der männliche Samen mit einer Art Spritze in die Eizelle injiziert (Abb. 4.13) und bei rund einem Viertel war der Samen zuvor eingefroren. Letzteres wird zunehmend Arbeitnehmerinnen von Firmen wie *Apple* oder *Facebook* angeboten: das Einfrieren ihrer Eizellen, um in Zukunft, nach einer erfolgreichen Karriere und Etablierung im Unternehmen (oder besser einem anderen?) dem Kinderwunsch nachzugehen. Dieses Verfahren nennt

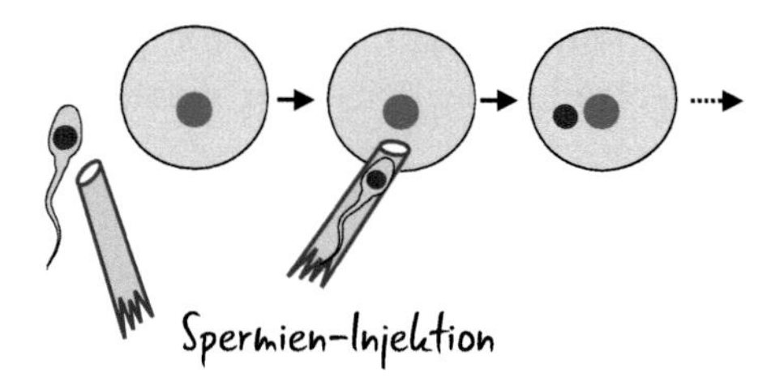

Abb. 4.13 Eine besondere Form der In-vitro-Fertilisation (IVF) ist die intrazytoplasmatische Spermieninjektion (ICSI), bei der das männliche Spermium direkt in die weibliche Eizelle injiziert wird

sich ***social freezing*** und ist in Deutschland, im Gegensatz zur Eizellenspende, nicht verboten. Für Frauen mit Kinderwunsch nach den Wechseljahren ist es eine legale Möglichkeit, ein Kind zu zeugen. Im Jahr 2015 gebar eine 65-jährige, pensionierte Berlinerin nach einer künstlichen Befruchtung Vierlinge. Schon allein die Zahl Vier zeigt, dass die Einpflanzung der befruchteten Eizellen nicht in Deutschland stattgefunden hat, denn hier ist die Zahl auf maximal drei Embryonen beschränkt, sondern in diesem Fall in der Ukraine. Und auch das wäre in Deutschland nicht möglich: Sowohl der Samen als auch die Eizelle stammten von Spendern.

Wenn aber der Befruchtungsvorgang aus medizinischer Notwendigkeit schon aus dem Körper heraus in ein Labor verlagert werden muss, dann wird die Barriere, weitere medizinische Dienstleistungen anzunehmen, geringer. Denn, wenn man schon die körperlich und oft auch seelisch belastende Prozedur der Eizellentnahme über sich ergehen lassen muss, dann möchte man den Reproduktionserfolg auch maximieren. Die Entscheidung über eine Abtreibung könnte mit einem genetischen Test ja auch früh getroffen werden – im Extremfall sogar vor der Befruchtung. Schon heute versenden Firmen das Sperma von Spendern, die man sich gezielt aussucht. Das geht soweit, dass man sich die Stimme anhören oder die Handschrift ansehen kann. Im September 2013 wurde Wissenschaftlerinnen und Wissenschaftlern der Firma *23andMe* das US-Patent Nummer 8.543.339 für die *„Selektion von Keimzellen aufgrund genetischer Berechnungen"* erteilt [41].

Im Bereich der vorgeburtlichen Diagnostik von Embryonen und Föten ist zwischen der Analyse während der Schwangerschaft (**Pränataldiagnostik**) und der Untersuchung im Rahmen der Reproduktionsmedizin, also vor einer eventuellen Übertragung eines Embryos in die Gebärmutter (Präimplantationsdiagnostik) zu unterscheiden. Die Pränataldiagnostik richtet sich ebenso wie die genetische Untersuchung geborener Menschen nach dem **Gendiagnostikgesetz** und das bestimmt, dass eine genetische Analyse

> „[…] nur zu medizinischen Zwecken und nur vorgenommen werden [darf], soweit die Untersuchung auf bestimmte genetische Eigenschaften des Embryos oder Fötus abzielt, die nach dem allgemein anerkannten Stand der Wissenschaft und Technik seine Gesundheit während der Schwangerschaft oder nach der Geburt beeinträchtigen, oder wenn eine Behandlung des Embryos oder Fötus mit einem Arzneimittel vorgesehen ist, dessen Wirkung durch bestimmte genetische Eigenschaften beeinflusst wird."

Die Schwangere wiederum muss aufgeklärt werden und der Untersuchung zustimmen. Eine Untersuchung in Bezug auf eine Krankheit, die nach dem anerkannten Stand der Wissenschaft erst nach Vollendung des 18.

Lebensjahrs ausbrechen kann, ist hingegen nicht erlaubt. Eine besondere, nicht-invasive Form der Pränataldiagnostik ist der **pränatale Vaterschaftstest.** Er kann ab der neunten Schwangerschaftswoche durchgeführt werden. Bei dem Verfahren macht man sich zunutze, dass aus dem mütterlichen Blut DNA des Embryos isoliert und analysiert werden kann. Ein **Schwangerschaftsabbruch** ist in Deutschland gesetzlich geregelt und bis zur zwölften Woche möglich. Bis zur 22. Woche bleibt eine Schwangere bei einem Abbruch straffrei, nicht aber der behandelnde Arzt. Für spätere Zeitpunkte gelten besondere Regelungen.

Die Pränataldiagnostik wird bereits angewandt, um bestimmte Erbkrankheiten einzudämmen [42]. Die **Thalassämie** etwa, die auch Mittelmeeranämie genannt wird und mit der Sichelzellenanämie verwandt ist, wird durch einen Gendefekt verursacht, aufgrund dessen zu wenig des roten Blutfarbstoffs gebildet wird (Abb. 2.3). Letztlich bewirkt dies eine Sauerstoffunterversorgung der Betroffenen. Allerdings schützt der Defekt auch vor Malariainfektionen, weshalb die Erkrankung im Mittelmeerraum weit verbreitet ist. Rund fünf Prozent der Weltbevölkerung sind Träger eines defekten Gens. Es gibt verschiedene Thalassämie-Formen, von der die β-Thalassämie die häufigste ist. Seit den 1970er Jahren gibt es Diagnostikprogramme, um die Verbreitung der defekten Gene und damit die Erkrankung einzudämmen. Zurzeit gibt es insbesondere in Italien, Griechenland, Zypern, England, Frankreich, Iran, Thailand, Australien, Singapur, Taiwan, Hong Kong und Kuba Aufklärungskampagnen und Pränatal- sowie Präimplantationsdiagnose-Programme. In den Niederlanden, Belgien und Deutschland gibt es zumindest eine spezifische Schwangerschaftsberatung. Auf Zypern bestand die orthodoxe Kirche bis 2004 auf einen Gentest vor der Eheschließung. Im Libanon, Iran Saudi-Arabien, Tunesien, den Vereinigten Arabischen Emiraten, Bahrain, Katar, und dem Gazastreifen gilt dies für Moslems noch heute. Auf Zypern wurde die strenge Kontrolle offiziell mit einem drohenden Kollaps des Gesundheitssystems begründet, da die Zahl der Erkrankungen zum einen zunahm und zum anderen die Erkrankten infolge der Therapiemöglichkeiten immer älter wurden. Durch Beratungen, *screenings,* Schwangerschaftsabbrüche und gezielte In-vitro-Fertilisationen konnte die Zahl der Neuerkrankungen von 70 pro Jahr Mitte der 1970er Jahre auf heute etwa zwei pro Jahr reduziert werden. Auch auf Sardinien konnte die Zahl der erkrankten Neugeborenen auf rund ein Zehntel reduziert werden.

Eine andere schwere Erkrankung ist die **zystische Fibrose,** eine Krankheit, die in Deutschland Mukoviszidose genannt wird (Abschn. 4.2 und Abb. 2.3). Betroffene husten zähen Schleim, und leiden unter Lungenentzündungen und Atemnot. Häufig kommt noch eine Zuckerkrankheit hinzu. Die Erkrankung ist zwar therapier-, aber nicht heilbar. Der Gemeinsame Bundesausschuss als höchstes Gremium im deutschen Gesundheitswesen Deutschlands empfiehlt seit 2016 eine entsprechende Pränataldiagnostik.

Die Begründbarkeit der Anwendung der pränatalen Gendiagnostik ist umso leichter, desto größer das Risiko für das Auftreten von genetisch bedingten Erkrankungen ist. Die größte Gefahr stellen dabei rezessive Allele dar (Abschn. 2.3 und Abb. 4.6), die bei den Trägerinnen und Trägern nur einer Kopie (heterozygote Situation) in der Regel keine Symptome verursachen. Sind aber das mütterliche und das väterliche Allel defekt (homozygote Situation), kommt es zu Erkrankung. Das Risiko wird also dann groß, wenn sich ein gesundes Paar Kinder wünscht, aber beide Partner ein defektes Allel tragen. Dieses Risiko ist beispielsweise bei genetisch isolierten oder sich isolierenden Bevölkerungsgruppen erhöht und von der Inzucht bekannt (siehe vorher). Von zentral- und osteuropäische Juden, sogenannten **aschkenasischen Juden,** und ihren Nachfahrinnen und Nachfahren wird aufgrund genetischer Untersuchungen vermutet, dass sie von einer Gruppe von etwa 350 Personen abstammen, die vor ca. 700 Jahren gelebt haben [43]. Es war und ist bei ihnen üblich, untereinander zu heiraten **(Endogamie),** was den Eintrag neuer, diverser Allele verhindert. Die genetische Variabilität ist daher bei ihnen viel geringer als etwa bei Isländern oder Bevölkerungsgruppen wie den Amischen oder den Hutterischen Brüdern. Letztere beiden sind ebenfalls endogam veranlagte Glaubensgemeinschaften. Die aschkenasischen Juden machen heute rund 70 % aller Juden aus und sind demnach Cousinen und Cousins 30sten Grades. Zahlreiche genetisch verursachte Erkrankungen wie Parkinson, Brust- und Eierstockkrebs oder das Tay-Sachs-Syndrom sind aufgrund dessen bei aschkenasischen Juden im Vergleich zu anderen Bevölkerungsgruppen überproportional erhöht. Seit den 1970er Jahren werden genetische Tests durchgeführt, die vollkommen akzeptiert sind und zu einem Rückgang der Erkrankungen geführt haben.

Im Gegensatz zur Pränataldiagnostik ist die **Präimplantationsdiagnostik** (PID) in Deutschland nicht im Gendiagnostikgesetz geregelt. Im Jahr 2011 wurde aber eine Regelung über das Embryonenschutzgesetz vorgenommen. Darin steht die Präimplantationsdiagnostik unter Strafe und ist nur in besonderen Ausnahmefällen erlaubt. Dies betrifft zum einen Fälle, in denen aufgrund der genetischen Veranlagung eines oder beider Elternteile für Nachkommen ein hohes Risiko einer schwerwiegenden Erbkrankheit besteht. Eine schwerwiegende

Erbkrankheit liegt nach Ansicht des Gesetzgebers vor, wenn sich die Krankheit

> „[…] durch eine geringe Lebenserwartung oder Schwere des Krankheitsbildes und schlechte Behandelbarkeit von anderen Erbkrankheiten wesentlich unterscheide[t]."

In Italien ist die PID verboten und in Irland und Luxemburg überhaupt nicht reguliert. In Österreich, der Schweiz, Belgien, Dänemark, Frankreich, den Niederlanden, Norwegen, Portugal, Schweden, Spanien, dem Vereinigtes Königreich und den USA darf sie unter bestimmten gesetzlich regulierten Voraussetzungen durchgeführt werden.

Eine genetische Untersuchung der Keimzellen vor der Befruchtung ist gegenwärtig nur eingeschränkt möglich. Bei der sogenannten **Polkörperdiagnostik** wird das Erbgut der Polkörperchen untersucht. Diese entstehen bei der Meiose (Abschn. 4.1) und haften der Eizelle eine Zeit lang an, bevor sie abgebaut werden. Ihr Erbgut ist dem der Eizelle sehr ähnlich ist – aber nicht identisch. Da Samen- beziehungsweise Eizellen bei einer genetischen Analyse nach Stand der Technik zerstört werden, ist eine präzise **Präfertilisationsdiagnostik** derzeit nicht möglich. Dies wird sich aber vermutlich bald ändern. Verschiedene Forschungsgruppen verzeichnen erste Erfolge bei der Erzeugung von Keimzellen aus Keimzellen-Stammzellen (Abb. 8.5). Wenn diese im Labor vervielfältigt (geklont) werden könnten, wäre eine präzisere Diagnostik möglich. Was wären denkbare Auswirkungen?

Bei einem genetischen Test vor der Befruchtung käme es gegebenenfalls zu einer Selektion von Samen- und Eizellen. Was sind oder wären die Kriterien? Wie trennen wir eine schwere Krankheit, die eine **Selektion** erlauben würde, von einer Krankheit, die allenfalls Unbehagen verursacht? Wie ist mit den Wahrscheinlichkeiten umzugehen, mit denen eine genetische Information auch tatsächlich im Laufe des Lebens des Nachkommens wirksam wird? In den USA kann man sich Samenzellen schon per Katalog aussuchen: etwa von Nobelpreisträgern, von Blauäugigen oder von erfolgreichen Sportlern. Wie steht es mit der **Intelligenz** oder, besser gesagt, der Selektion nach kognitiven Eigenschaften? Im Jahr 2017 hat eine genetische Untersuchung von 78.308 Personen 336 Nukleotidpositionen (SNPs) verteilt auf 22 Gene identifiziert, die mit kognitiven Eigenschaften in Verbindung stehen [44]. Diese SNPs stehen darüber hinaus sogar zum Beispiel mit Alzheimer, Depression, Autismus und der Lebenserwartung in Beziehung. In der Regel möchten wir unsere Kinder auf die beste Schule am Ort schicken – warum dann nicht auch dem Nachwuchs das bestmögliche Genom mit auf den Weg geben? Das mag alles sehr weit weg klingen, aber die technischen Möglichkeiten sind bereits heute vorhanden. Letztlich bieten sich aber auch nach der Geburt und im vorgeschrittenen Lebensalter Möglichkeiten, im Zuge einer Gentherapie in das Erbgut therapeutisch (Abschn. 5.3) oder optimierend einzugreifen.

Literatur

1. Sanger F, Coulson AR (1975). A rapid method for determining sequences in DNA by primed synthesis with DNA polymerase. J Mol Biol 94: 441–8. https://doi.org/10.1016/0022-2836(75)90213-2
2. Maxam AM, Gilbert W (1977). A new method for sequencing DNA. Proc Natl Acad Sci USA 74: 560–4. https://doi.org/10.1073/pnas.74.2.560

3. Ronaghi M, Karamohamed S, Pettersson B, Uhlén M, Nyrén, P (1996). Real-time DNA sequencing using detection of pyrophosphate release. Anal Biochem 242: 84–9. https://doi.org/10.1006/abio.1996.0432
4. Shendure J, Ji H (2008) Next-generation DNA sequencing. Nat Biotechnol 26: 1135–1145. https://doi.org/10.1038/nbt1486
5. Wheeler DA, Srinivasan M, Egholm M, et al (2008) The complete genome of an individual by massively parallel DNA sequencing. Nature 452: 872–876. https://doi.org/10.1038/nature06884
6. Levy S, Sutton G, Ng PC, et al (2007) The diploid genome sequence of an individual human. PLoS Biol 5: e254. https://doi.org/10.1371/journal.pbio.0050254
7. Venter JC (2008) A Life Decoded. Penguin Press, London/UK
8. Feng Y, Zhang Y, Ying C, et al (2015) Nanopore-based fourth-generation DNA sequencing technology. Genomics, Proteomics Bioinf 13: 4–16. https://doi.org/10.1016/j.gpb.2015.01.009
9. Editorial (2018) The long view on sequencing. Nat Biotechnol 36: 287–287. https://doi.org/10.1038/nbt.4125
10. Chinappi M, Cecconi F (2018) Protein sequencing via nanopore based devices: a nanofluidics perspective. J Phys: Condens Matter 30: 204002. https://doi.org/10.1088/1361-648x/aababe
11. Karki R, Pandya D, Elston RC, Ferlini C (2015) Defining „mutation" and ‚polymorphism' in the era of personal genomics. BMC Med Genomics 8: 37. https://doi.org/10.1186/s12920-015-0115-z
12. Sudmant PH, Rausch T, Gardner EJ, et al (2015) An integrated map of structural variation in 2,504 human genomes. Nature 526: 75–81. https://doi.org/10.1038/nature15394
13. Abel HJ, Larson DE, Chiang C, et al (2018) Mapping and characterization of structural variation in 17,795 deeply sequenced human genomes. bioRxiv 508515. https://doi.org/10.1101/508515

14. Lin Z, Owen AB, Altman RB (2004) Genomic research and human subject privacy. Science 305: 183–183. https://doi.org/10.1126/science.1095019
15. Weber-Lehmann J, Schilling E, Gradl G, et al (2014) Finding the needle in the haystack: Differentiating „identical" twins in paternity testing and forensics by ultra-deep next generation sequencing. Forensic Sci Int: Genet 9: 42–46. https://doi.org/10.1016/j.fsigen.2013.10.015
16. Dobzhansky T (1973) Nothing in Biology Makes Sense except in the Light of Evolution. Am Biol Teach 35: 125–129. https://doi.org/10.2307/4444260
17. Pääbo S (2014) The Human Condition – A Molecular Approach. Cell 157: 216–226. https://doi.org/10.1016/j.cell.2013.12.036
18. Krause J, Trappe T (2019) Die Reise unserer Gene: Eine Geschichte über uns und unsere Vorfahren. Propyläen Verlag, Berlin
19. Underwood FM, Burn RW, Milliken T (2013) Dissecting the Illegal Ivory Trade: An Analysis of Ivory Seizures Data. PLoS One 8: e76539. https://doi.org/10.1371/journal.pone.0076539
20. Green RE, Krause J, Briggs AW, et al (2010) A Draft Sequence of the Neandertal Genome. Science 328: 710–722. https://doi.org/10.1126/science.1188021
21. Reich D, Green RE, Kircher M, et al (2010) Genetic history of an archaic hominin group from Denisova Cave in Siberia. Nature 468: 1053–1060. https://doi.org/10.1038/nature09710
22. Slon V, Mafessoni F, Vernot B, et al (2018) The genome of the offspring of a Neanderthal mother and a Denisovan father. Nature 561: 113–116. https://doi.org/10.1038/s41586-018-0455-x
23. Fleckinger A (2018) Ötzi, der Mann aus dem Eis. Folio Verlag, Bozen
24. Keller A, Graefen A, Ball M, et al (2012) New insights into the Tyrolean Iceman's origin and phenotype as inferred by whole-genome sequencing. Nat Commun 3: 698. https://doi.org/10.1038/ncomms1701

25. Handt O, Richards M, Trommsdorff M, et al (1994) Molecular genetic analyses of the Tyrolean Ice Man. Science 264:1775–1778. https://doi.org/10.1126/science.8209259
26. Schierding WS, Cutfield WS, O'Sullivan JM (2014) The missing story behind Genome Wide Association Studies: single nucleotide polymorphisms in gene deserts have a story to tell. Front Genet. https://doi.org/10.3389/fgene.2014.00039
27. Kremer LS, Bader DM, Mertes C, et al (2017) Genetic diagnosis of Mendelian disorders via RNA sequencing. 8: 15824. https://doi.org/10.1038/ncomms15824
28. Cummings BB, Marshall JL, Tukiainen T, et al (2017) Improving genetic diagnosis in Mendelian disease with transcriptome sequencing. Sci Transl Med 9: eaal5209. https://doi.org/10.1126/scitranslmed.aal5209
29. Dar S, Lazer T, Shah PS, Librach CL (2014) Neonatal outcomes among singleton births after blastocyst versus cleavage stage embryo transfer: a systematic review and meta-analysis. Hum Reprod Update 20: 439–448. https://doi.org/10.1093/humupd/dmu001
30. Greely HT (2016) The End of Sex and the Future of Human Reproduction. Harvard University Press, Cambridge, Massachusetts/USA
31. Wilkinson J, Bhattacharya S, Duffy J, et al (2018) Reproductive medicine: still more ART than science? BJOG 126: 138–141. https://doi.org/10.1111/1471-0528.15409
32. Millais JE (1889) The Theory and Practice of Rational Breeding. The Fancier's Gazette 11: 97
33. Millais JE (1884) An „Artificial Impregnation" by a Dog Breeder. Vet J 18: 256
34. Worboys M, Strange JM, Pemberton N (2018) The Invention of the Modern Dog: Breed and Blood in Victorian Britain. Johns Hopkins University Press
35. Jacobson CB, Barter RH (1967) Intrauterine diagnosis and management of genetic defects. Am J Obstet Gynecol 99: 796–807. https://doi.org/10.1016/0002-9378(67)90395-x

36. Ceballos FC, Álvarez G (2013) Royal dynasties as human inbreeding laboratories: the Habsburgs. Heredity 111: 114–121. https://doi.org/10.1038/hdy.2013.25
37. Ceballos FC, Joshi PK, Clark DW, et al (2018) Runs of homozygosity: windows into population history and trait architecture. Nat Rev Genet 19: 220–234. https://doi.org/10.1038/nrg.2017.109
38. Helgason A, Palsson S, Guthbjartsson DF, et al (2008) An Association Between the Kinship and Fertility of Human Couples. Science 319: 813–816. https://doi.org/10.1126/science.1150232
39. Edmands S (2006) Between a rock and a hard place: evaluating the relative risks of inbreeding and outbreeding for conservation and management. Mol Ecol 16: 463–475. https://doi.org/10.1111/j.1365-294x.2006.03148.x
40. Ebenesersdóttir SS, Sandoval-Velasco M, Gunnarsdóttir ED, et al (2018) Ancient genomes from Iceland reveal the making of a human population. Science 360: 1028–1032. https://doi.org/10.1126/science.aar2625
41. Wojcicki A, Avey L, Mountain JL, et al (2013) Free Patents Online. freepatentsonline.com/8543339.pdf
42. Cao A, Kan YW (2013) The Prevention of Thalassemia. Cold Spring Harbor Perspect Med 3: a011775–a011775. https://doi.org/10.1101/cshperspect.a011775
43. Carmi S, Hui KY, Kochav E, et al (2014) Sequencing an Ashkenazi reference panel supports population-targeted personal genomics and illuminates Jewish and European origins. Nature Comm 5: 119. https://doi.org/10.1038/ncomms5835
44. Sniekers S, Stringer S, Watanabe K, et al (2017) Genome-wide association meta-analysis of 78,308 individuals identifies new loci and genes influencing human intelligence. Nat Genet 49: 1107–1112. https://doi.org/10.1038/ng.3869

Weiterführende Literatur

Suhr D (2018) Das Mosaik der Menschwerdung. Springer Verlag, Berlin, Heidelberg

Tanner K, Kirchhof P, Gantner G, et al (2016) Genomanalysen als Informationseingriff. Universitätsverlag Winter, Heidelberg

Weigel S (ed) (2002) Genealogie und Genetik. Akademie Verlag, Berlin

Olson S (2003) Herkunft und Geschichte des Menschen. Berlin Verlag, Berlin

Weingart P, Kroll J, Bayertz K (1992) Rasse, Blut und Gene. Suhrkamp Verlag, Frankfurt am Main

5

Erbgut editieren

In den vorhergehenden Abschnitten haben wir Fälle kennengelernt, in denen die Gendiagnostik zur Reduzierung von Erbkrankheiten in Bevölkerungsgruppen führte. Neben dem gesundheitlichen Volkswohl wird die Steuerung der Reproduktion auch mit der finanziellen Entlastung des Gemeinwesens begründet. Ohne dies an dieser Stelle zu werten, muss klar sein, dass dies, wenn es zu einem Schwangerschaftsabbruch oder, *in vitro,* der Entsorgung eines Embryos führt, schützenswertes Leben „geopfert" wird. Moralisch entlastend kann in einigen Fällen angeführt werden, dass die Eingriffe dem Schutz der Gesundheit der Schwangeren dienen. Heute stehen wir vor der Situation, dass wir Gene „editieren", also „korrigieren" können. Das ist an sich nichts Neues. Im Kap. 3 haben wir bereits verschiedene Methoden für den Eingriff in das Erbgut von Lebewesen kennengelernt. Generell sind ungerichtete Methoden, die nach dem Zufallsprinzip entweder über ionisierende Strahlung (Abschn. 3.1)

R. Wünschiers, *Generation Gen-Schere,*
https://doi.org/10.1007/978-3-662-59048-5_5

oder über Chemikalien genetische Veränderungen hervorrufen, von spezifischen beziehungsweise ortsgerichteten zu unterscheiden. Letztere Verfahren gewinnen zunehmend an Interesse und sind heute in der Wissenschaft als **Geneditierung** (engl. *genome editing*) oder **Genchirurgie** in aller Munde. Infolge der zunehmenden Aufklärung des Zusammenhangs zwischen dem Erscheinungsbild **(Phänotyp)** eines Organismus und seines Erbgutes **(Genotyp)** ist man nicht mehr auf den Zufall angewiesen. Ganz im Gegenteil: Man möchte gezielt in das Genom eingreifen. Ein wichtiger Meilenstein in der modernen Molekularbiologie war 1978 die erstmalige Beschreibung der ortsspezifischen Mutagenese (engl. *site-directed mutagenesis*) mithilfe von kurzen spezifischen DNA-Sequenzen (die sogenannte *primer-extension-method*). Für die Etablierung dieser Technik wurde der englische Biochemiker Michael Smith 1993 mit dem Nobelpreis ausgezeichnet. Verschiedene nachfolgende Verfahren wurden immer ausgefeilter und genauer. Aber der letzte große Durchbruch gelang mit der Anwendung der CRISPR/Cas-**Genschere,** wie sie 2012 erstmals beschrieben wurde. Sie befeuert zurzeit eine weltweite bioethische Diskussion [1–3]. Wir können durch einen genetischen Eingriff also die Argumentation der gesundheitlichen Unversehrtheit auf den Embryo ausweiten und ihn, bei der Diagnose einer genetischen Erkrankung, durch einen Eingriff in sein Erbgut gentherapeutisch heilen.

5.1 Genschere CRISPR/Cas

Im August 2012 publizierten die US-amerikanische Biochemikerin Jennifer Doudna von der *Kalifornischen Universität* in Berkeley und die französische Mikrobiologin Emmanuelle Charpentier, heute Direktorin am *Max-Planck-Institut für Infektionsforschung* in Berlin, eine bahnbrechende Arbeit – Wirtschaftlerinnen und Wissenschaftler würden vermutlich *„game changer"* sagen: eine Methode zur gezielten Veränderung einer spezifischen DNA-Sequenz im Erbgut [4]. Einige Monate später, im Februar 2013, publizierte der US-amerikanische Biochemiker Feng Zhang, wie das System auf menschliche und Mäusezellen angewendet werden kann [5]. Die Methode basiert auf dem CRISPR/Cas-System, der **Genschere**, und kann so präzise wie ein Skalpell am OP-Tisch im Genom Nukleotid-genaue Veränderungen herbeiführen. Daher wird das Verfahren auch als Genchirurgie oder, in Anlehnung an den genetischen Code, als **Geneditierung** bezeichnet. Heute ist klar: Die Genschere funktioniert bei jedem lebenden Organismus. Das Verfahren ist so einfach, dass es in den USA sogar als Experimentalbaukasten für aktuell 159 US$ an jedermann verkauft wird und in Schulen angewendet werden kann (Abschn. 7.1). Und zu guter Letzt: Die Genschere hat einen **Streit** zwischen Vertreterinnen und Vertretern aus der Wissenschaft und Wirtschaft sowie den Regulierungsbehörden darüber entfacht, ob die mit der Genschere behandelten Lebewesen als gentechnisch veränderte Organismen zu bewerten und so zu regulieren sind oder nicht. Der **Europäische Gerichtshof** (EuGH) hat in seinem Urteil vom 25. Juli 2018 entschieden, dass mithilfe der Geneditierung entwickelte Organismen wie alle anderen gentechnisch veränderten Organismen zu regulieren sind. Die Gründe, warum dieses Urteil nun heftig diskutiert wird, habe ich im Abschn. 3.4 dargelegt. Natürlich ist diese Diskussion wichtig, wurde aber am 27. November 2018 von der Realität eingeholt. An diesem Tag hat der chinesische Biophysiker Jiankui He verkündet, dass er menschliche Embryonen mit der Genschere behandelt, also genetisch verändert hat, und dass diese zum Zeitpunkt der Ankündigung bereits geboren waren. Obwohl viele Wissenschaftlerinnen und Wissenschaftler es geahnt, befürchtet, gehofft, vorhergesagt hatten, schlug die Ankündigung ein wie eine Bombe.

Aber der Reihe nach. CRISPR steht für *clustered regularly interspaced short palindromic repeats.* Uff, was ist das? Es sind zusammenhängende *(clustered)* palindromische Sequenzen, die sich wiederholen *(repeats)* und in gleichen Abständen *(regulary)* voneinander getrennt *(interspaced)* sind. Ein simples Palindrom ist der Name Otto: Er kann von vorne und hinten gelesen werden. In der Genetik kennzeichnet eine palindromische Sequenz, dass sie auf dem Gegenstrang der DNA in umgekehrter Richtung die gleiche Zeichenabfolge hat. Zum Beispiel liest sich die Sequenz AACGTT auf dem Gegenstrang genauso. Was hat es nun zu bedeuten, dass solche DNA-Sequenzen in einem Genom vorkommen? Entdeckt wurden sie in Bakterien schon 1987, als der japanische Molekularbiologe Ishino Yoshizumi von der Universität Osaka in einer Veröffentlichung schrieb: *„an unusual [DNA] structure was found"* [6]. Es war eine nebensächliche Bemerkung. Der spanische Mikrobiologe Francisco Mojica beschrieb 1993 diese ungewöhnliche DNA-Sequenz genauer und fand rund zehn Jahre später heraus, dass die sich wiederholenden palindromischen Sequenzen nur die Separatoren für DNA-Sequenzen waren, die große Ähnlichkeit mit dem Erbgut von bekannten Bakterienviren haben [7–9]. Im Jahr 2002 hat der niederländische Mikrobiologe Ruud Jansen gemeinsam mit Mojica den Namen CRISPR vorgeschlagen [10]. Während repetitive Sequenzen für die meisten Wissenschaftlerinnen und Wissenschaftler nicht von Interesse waren, nahm die Forschung nun Fahrt auf. Der US-amerikanische Bioinformatiker Eugene Koonin publizierte 2006 eine umfassende Studie zu CRISPR und zeigte erstmals, wie weit verbreitet sie bei Bakterien sind [11]. Er entwickelte die Hypothese, dass es sich um ein bakterielles Immunsystem gegen bakterielle Viren (Phagen) handeln könnte (Abb. 5.1) [12].

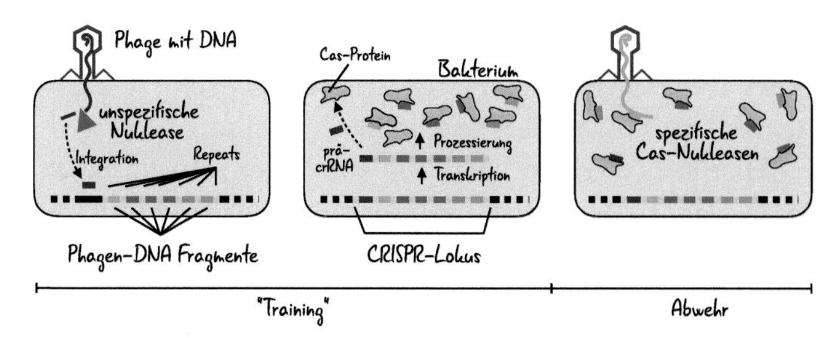

Abb. 5.1 Links) Ein Bakterium wird von einem ihm unbekannten Phagen befallen. Er injiziert seine DNA in die Zelle. Die Phagen-DNA wird unspezifisch durch Nukleasen zerschnitten. Dadurch entstandene DNA-Fragmente können in den CRISPR-Lokus in das Bakteriengenom eingebaut werden. Mitte) Der CRISPR-Lokus wird wie ein Gen abgelesen. Das Transkript wird aufgetrennt und die entstandene CRISPR-RNA (crRNA) von Cas-Proteinen gebunden. Rechts) Wird das Bakterium von einem ihm bekannten Phagen infiziert, können die Cas-Nukleasen (Genscheren) die Phagen-DNA zerschneiden. Die Spezifität wird durch die gebundenen crRNA-Moleküle erreicht

So wie unser Immunsystem sich „merkt", mit welchen Stoffen (Antigenen) es bereits in Kontakt gekommen ist, so werden in der CRISPR-Region Sequenzen von Phagen hinterlegt, mit der das Bakterium, oder ein Vorgänger, bereits Kontakt hatte. Wissenschaftlerinnen und Wissenschaftler aus der Lebensmittelindustrie konnten diese Hypothese mit Joghurtbakterien im Jahr 2007 erstmals erfolgreich bestätigen [13]. In der Folgezeit berichteten mehrere Wissenschaftsteams, das CRISPR-assoziierte Gene (abgekürzt **Cas**) für Proteine codieren, welche DNA-Sequenzen zerschneiden können. Diese Cas-Nukleasen sind die eigentlichen molekularen **Genscheren.** Es ist primär der Forschungskooperation zwischen den Gruppen um Doudna und Charpentier zu verdanken, dass der vollständige Mechanismus aufgeklärt und soweit optimiert wurde, dass er sich auf alle Lebewesen anpassen lässt. Heute wissen wir, dass es drei unterschiedlich CRISPR-Immunsysteme bei Bakterien gibt und von denen wiederum viele Abwandlungen [14]. Das zur biotechnologischen Reife weiterentwickelte System basiert auf dem Typ II, auf den ich mich hier daher beschränken möchte.

Hiernach wird ein kurzes, in der Regel zwanzig Basenpaare langes Fragment der doppelsträngigen DNA des Phagen (*spacer* genannt) in einen speziellen Bereich auf dem Chromosom des befallenen Bakteriums eingebaut. Dieser Bereich wird CRISPR-Lokus genannt. Das Phagen-DNA-Fragment wird von bereits vorhandenen Fragmenten durch die CRISPR-Sequenz *(repeat)* abgegrenzt (Abb. 5.1). Die Information über den Phagenbefall ist so gespeichert. Tatsächlich haben Wissenschaftlerinnen und Wissenschaftler das CRISPR-System auch schon dahingehend abgewandelt, dass bestimmte Ereignisse wie die Detektion einer Chemikalie, im Erbgut abgespeichert werden [15]: Mit jeder Zellteilung wird die Information an die Nachkommen weitergegeben. Außerdem wird aus allen Phagen-DNA-Fragmenten im CRISPR-Lokus je ein CRISPR-RNA-Molekül (crRNA) gebildet. Dieses verbindet sich zunächst mit einer tracrRNA zu einem cr/tracrRNA-Hybrid, das als guideRNA bezeichnet wird. Diese bildet dann einen gemeinsamen Komplex mit einer Cas-Nuklease (Abb. 5.2).

Während die tracrRNA und die Cas-Nuklease immer identisch und somit universell sind, ist die crRNA, abgeleitet vom Phagengenom, spezifisch. Der energetische Preis, den ein Bakterien für die spezifische Phagenabwehr zu zahlen hat, ist die ständige Biosynthese der drei Komponenten des Abwehrsystems. Wird eine Bakterienzelle von einem Phagen befallen, von dem bereits ein DNA-Fragment im CRISPR-Lokus hinterlegt ist, dann kann die entsprechend mit einem cr/tracrRNA-Hybrid beladene Cas-Nuklease spezifisch an die Phagen-DNA binden und an der Bindestelle durchtrennen (Abb. 5.2).

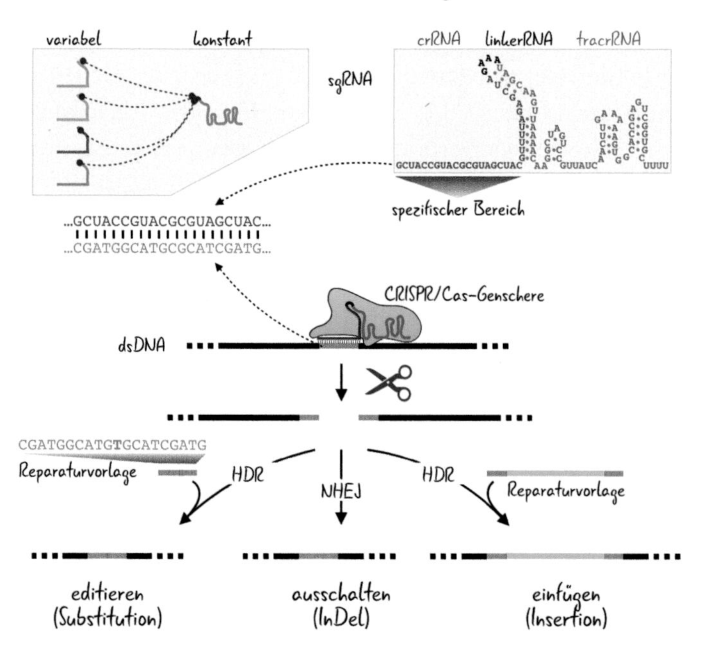

Abb. 5.2 Die CRISPR/Cas-Genschere basiert auf einem synthetischen Leit-RNA-Molekül (sgRNA, *single guide RNA*), das aus einer variablen crRNA (CRISPR-RNA) und einer tracr-RNA *(trans activating crRNA)* besteht, die über ein Brückenstück *(linkerRNA)* miteinander verbunden sind. Die crRNA arbeitet wie eine Sonde und leitet die Genschere an die Zielsequenz auf der doppelsträngigen DNA (dsDNA). Nachdem die DNA geschnitten wurde, wird sie durch verschiedene Reparaturmechanismen (HDR: *homology directed repair;* NHEJ: *non-homologous end joining*) wieder zusammengesetzt. Diese Reparatur kann durch zugesetzte DNA-Moleküle (Reparaturvorlagen) beeinflusst werden. NHEJ führt zu einer ungenauen Veränderung der Gensequenz (eine Insertion oder Deletion) und damit in der Regel zum Abschalten des Gens. Über den HDR-Mechanismus können Basenpaare gezielt ausgetauscht (Substitution) oder ganze Gene eingefügt (Insertion) werden. Beachten Sie, dass im Gegensatz zur DNA bei der RNA ein T (Thymin) durch ein U (Uracil) ersetzt ist. Wie das T paart auch das U mit A (Adenin)

Für die biotechnologische Anwendung war es eine wichtige Entdeckung, dass die crRNA und die tracrRNA über eine kurze linkerRNA, also ein verbindendes RNA-Molekül, miteinander verbunden werden können. Dieses synthetische Konstrukt wird als sgRNA (*single guide* RNA) bezeichnet. Diese lässt sich billig chemisch herstellen und wird von Wissenschaftlerinnen und Wissenschaftlern in der Regel bei Dienstleisterfirmen bestellt. Man muss lediglich die Sequenz des spezifischen Bereichs angeben. Diese ist abhängig von der Gensequenz, die geschnitten werden soll.

Zerschnittene DNA? Das klingt erst einmal nicht gut. Tatsächlich werden in einer Zelle sofort Reparaturmechanismen aktiv, wenn das Erbmolekül durchtrennt wird. Diese Reparaturmechanismen sind universell in jedem bekannten Lebewesen in jeder Zelle vorhanden, denn DNA-Strangbrüche sind nichts Ungewöhnliches. Sie können beispielsweise durch UV-Licht oder ionisierende Strahlen verursacht werden. Dadurch, dass jede Zelle zerschnitte DNA wieder zusammenfügen kann, ist auch die CRISPR/Cas-Genschere universell einsetzbar. Zwei grundsätzlich verschiedene Reparaturmechanismen sind zu unterscheiden, die homologe Rekombination (HDR, *homology directed repair,* Abb. 5.2) und die nicht-homologe Reparatur (NHEJ, *non-homologous end joining,* Abb. 5.2).

Bei der **homologen Rekombination** dient ein zweites Chromosom als Vorlage, im Regelfall also das unversehrte Tochterchromosom (Abschn. 2.1). Durch die Injektion einer hohen Konzentration von DNA-Fragmenten steigt die Wahrscheinlichkeit, dass diese anstelle des Schwester-Allels als Vorlage für die Reparatur verwendet werden. Wichtig ist nur, dass die Randbereiche der zugegebenen DNA-Fragmente mit den Rändern der Schnittstelle übereinstimmen (homolog sind). Sie müssen

Basenpaarungen eingehen können. Auf diese Weise können einzelne Basenpaare editiert oder ganze Gene inseriert (eingefügt) werden (Abb. 5.2). Dagegen werden bei der **nicht-homologen Reparatur** die Randbereiche ohne Vorlage verknüpft. Hierbei entstehen Fehler, das heißt, dass es zu zusätzlichen oder fehlenden Basenpaarungen kommt. Wir sprechen dann von **InDels** *(insertions or deletions)*. Wurde in einem Gen geschnitten, das für ein Protein codiert, so kommt es mit größter Wahrscheinlichkeit durch das InDel zu einer Verschiebung des Leserasters im genetischen Code (Abb. 2.4). Infolgedessen wird das entstehende Protein nicht mehr korrekt arbeiten. Man sagt, das Gen wurde **ausgeschaltet** (engl. *gene silencing* oder *knockout*). Dies sind die grundlegenden Möglichkeiten, die Genschere einzusetzen. Es gibt aber noch vielfältige Abwandlungen. So wie es für die Scheren unseres Alltags verschiedene Ausführungsformen (zum Beispiel Bügel-, Endgelenk- und Gelenkscheren) für unterschiedliches Schnittgut (wie Papier, Fingernägeln, Stoffen oder Knochen) gibt, so gibt es auch verschiedene Nukleasen für unterschiedliche DNA- und RNA-Ziele. Erst vor Kurzem wurde sogar gezeigt, dass sich mit einer abgewandelten Genschere auch Tausende Positionen auf einmal editieren lassen (Abschn. 6.2).

Mit der Genschere ist aus einem bakteriellen Immunsystem das zurzeit wirkungsvollste gentechnische Werkzeug geworden [1]. Die CRISPR/Cas-Genschere ist wirkungsvoller, billiger und einfacher anzupassen als die seit 1996 verfügbaren **ZFN** *(zink-finger nucleases)* und die seit 2010 angewandten TALEN *(transcription activator-like effector nucleases)*. Es ist schon bemerkenswert, dass nach der Revolution der Lebenswissenschaften durch Restriktionsenzyme (Abschn. 3.4) in den 1970er Jahren in den 2010er Jahren wiederum ein bakterieller Abwehrmechanismus gegen Phagen Furore macht. Herbert Boyer und Stanley Cohen haben für ihre Arbeiten (bislang?) keinen **Nobelpreis** erhalten. Es bleibt abzuwarten, wie es Jennifer Doudna, Emmanuelle Charpentier, Feng Zhang und eventuell anderen Beteiligten ergeht.

Gibt es auch **Probleme?** Ja, es kann vorkommen, dass das CRISPR/Cas-System Fehler macht und zusätzlich an anderen Stellen im Genom Änderungen induziert. Wir sprechen hierbei von ***off-target*-Effekten**. Womit dies zusammenhängt ist nicht immer ganz klar. Die Wahrscheinlichkeit, dass dieselbe Nukleotidabfolge von zwanzig Buchstaben in einem Genom ein zweites Mal vorkommt und die Genschere deshalb dort bindet und schneidet, ist sehr gering: Bei vier Buchstaben (A, T, G und C), die zwanzigmal aufeinander folgen, ist sie 1:1.099.511.627.776, also rund eins zu einer Billion. Die *off-target*-Effekte zu minimieren, ist derzeit ein wichtiges Ziel der weltweiten Forschung. Ein weiteres wichtiges Ziel ist, *off-target*-Effekte sicher zu erkennen. Hierbei helfen die aktuellen Entwicklungen der DNA-Sequenzierung im Allgemeinen und der Einzell-DNA-Sequenzierung im Besonderen (Kap. 4).

Ein weiteres Problem stellt kurioser Weise eine Immunität von Organismen gegenüber dem bakteriellen Immunsystem dar, genauer, dem Cas-Protein [16]. So sind verschiedene Forschungsteams auf **Antikörper** gegen die Cas-Nuklease im menschlichen Immunsystem gestoßen [17]. Dadurch könnte im Falle einer Gentherapie nicht nur die Genschere inaktiviert werden, es könnte auch zu einem Immunschock kommen. Auch hier wird an Lösungen geforscht. Außerdem ist noch nicht endgültig geklärt, wie andere Zellbestandteile auf das CRISPR/Cas-System reagieren. Diese Probleme stellen sich aber nur im Moment der Anwendung. Ist die DNA erst einmal editiert, geht das System bei nachfolgenden Zellteilungen verloren.

Ein besonderes Risiko bei der Anwendung der Genschere an befruchteten Eizellen, ist die **Mosaikbildung**. Bei den meisten Anwendungen werden drei Komponenten (die Cas-Nuklease, die sgRNA und eine Reparaturvorlage) in die Zellen injiziert (Abb. 5.2). Ein Team um den chinesischen Stammzellforscher Junjiu Huang war im Jahr 2015 das erste, das die Genschere an menschlichen Embryonen einsetzte [18]. Sie verwendeten dazu sogenannte **tripronukleare (3PN) Zygoten,** die sich nicht zu vollständigen Embryonen weiterentwickeln können. Sie entstehen bei der In-vitro-Fertilisation, wenn statt einem zwei Spermien in die Eizelle gelangen. Dies kommt in etwa vier Prozent aller Fälle vor. Daher werden sie normalerweise vernichtet. Aber gerade wegen ihrer Unfähigkeit, sich zu Embryonen zu entwickeln, eignen sie sich aus ethischen Gründen für die Embryonenforschung. Die Forscher injizierten in die Zygoten, die bereits aus mehreren Zellen bestanden, die sgRNA, eine Cas9-mRNA (die nach der Translation die Cas-Nuklease liefert) und eine einzelsträngige DNA, die als Korrekturvorlage diente (siehe vorher). Die sgRNA steuerte das für die β-Thalassämie verantwortliche HBB-Gen an (Abb. 2.3 und Abschn. 4.3). Von insgesamt 86 behandelten Embryonen, überlebten 71 Embryonen, von denen wiederum 59 alle injizierten Komponenten enthielten. Bei diesen hat in 28 Embryonen die Cas-Nuklease korrekt geschnitten. Bei sieben Embryonen wurde nicht die injizierte DNA, sondern ein Chromosom als Reparaturvorlage verwendet. Bei vier Embryonen wurde das HBB-Gen korrekt mit der DNA-Vorlage editiert. Diese vier Embryonen waren aber ein Mosaik aus Zellen, die auf unterschiedliche Weise repariert wurden. Das bedeutet, dass nach der Injektion der Genscheren-Komponenten nicht alle Zellen editiert wurden. Die Embryonen bestanden also sowohl aus editierten als auch aus nicht-editierten Zellen. Das ist an sich nicht schlimm. In gewisser Weise sind wir alle genomische Mosaike, da zum Beispiel in Stammzellen vereinzelt Mutationen auftreten können, die alle abstammenden Zellen dann ebenfalls tragen. Auch Frauen sind ein Mosaik, in deren Zellen nach jeder Zellteilung per Zufall bestimmt wird, welches der beiden X-Chromosomen inaktiviert wird. Würden beide aktiv sein, käme es zu schweren Schäden. Das Auftreten von Mosaiken nach der Behandlung mit der CRISPR/Cas-Genschere zeigt aber, dass der Versuch einer „Reparatur" einer genetischen Erkrankung auch unvollständig enden kann.

Das umstrittenste Experiment an menschlichen Embryonen hat der chinesische Biophysiker Jiankui He durchgeführt: Er hat **menschliche Embryonen** mit der Genschere behandelt, die dann als die Zwillinge Nana und Lulu 2018 geboren wurden. Die gesellschaftlichen Auswirkungen beleuchte ich im Abschn. 5.2. Hier soll es zunächst um das Experiment selbst gehen. Darüber ist bislang kaum etwas publiziert. Als Grundlage kann daher primär Hes Präsentation mit dem Titel *„CCR5 gene editing in mouse, monkey and human embryos using CRISPR/Cas9"* dienen, die er am 28. November 2018 beim *Second International Summit on Human Genome Editing* (dt. Zweiter internationaler Gipfel zur Genomeditierung beim Menschen) in Hong Kong hielt – und vieles, das seitdem darüber geschrieben wurde [19]. Von He selbst gibt es dazu keine wissenschaftliche Veröffentlichung und es ist auch eine große Frage, ob es je eine geben wird (Abschn. 5.2).

Welche Geneditierung hat He durchgeführt? Dazu muss ich ein bisschen ausholen. Für AIDS-Kranke war das Jahr 2009 ein Jahr der großen Hoffnung: Das *Charité Klinikum* in Berlin verkündete, dass der sogenannte **Berliner Patient** nach einer Knochenmarktransplantation von AIDS geheilt wurde [20]. Hinter dem Berliner Patient verbirgt sich der damals 40-jährige US-Amerikaner Timothy

Ray Brown. Nachdem bei ihm die AIDS-Infektion über mehrere Jahre medikamentös stabil unterdrückt wurde, kam 2006 die Diagnose einer schwerwiegenden Blutkrebserkrankung (akute myeloische Leukämie) hinzu. Als Therapie ermöglichte ihm der Arzt Dr. Gero Hütter vom *Charité Klinikum* im Februar 2007 die Übertragung blutbildender Stammzellen eines Spenders, der homozygoter Träger der **CCR5Δ32**-Variante eines Rezeptorproteins und damit immun gegenüber dem HI-Virus ist [21]. Die Therapie wirkte und konnte zehn Jahre später an einem weiteren Patienten, dem **Londoner Patienten,** erfolgreich wiederholt werden [22]. Das CCR5-Gen codiert einen Chemokin-Rezeptor, das dem verbreitetsten und aggressivsten HI-Virus (Typ R5-tropic HIV-1), gemeinsam mit dem CD4-Glykoprotein (Abschn. 7.1) auf den weißen Blutzellen (T-Zellen) des Immunsystems, als Eintrittsstelle dient (Abb. 5.3).

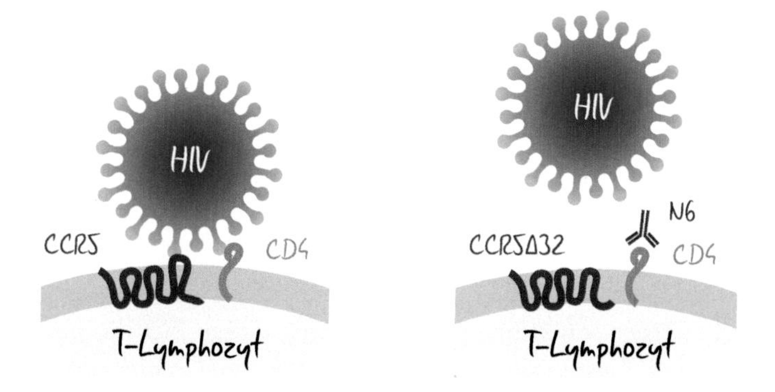

Abb. 5.3 Links) Der HI-Virus infiziert eine weiße Blutzelle der Immunabwehr. Dazu muss er an den CCR5-Rezeptor und das CD4-Glykoprotein binden. Rechts) Das Fehlen von 32 Basenpaaren (Δ32) im CCR5-Gen führt dazu, dass der Virus das Protein nicht mehr erkennt. Mit dem Antikörper N6 kann das Glykoprotein CD4 „verdeckt" werden. Beide Mechanismen führen zu einer Immunität gegen HIV

Bei der CCR5Δ32-Variante fehlen 32 Basenpaare – das Delta-Zeichen steht für eine Deletion (Löschung). Dies führt zu einer Resistenz gegen den HI-Virus, wenn das Gen homozygot vorliegt, also sowohl das mütterliche als auch das väterliche Allel diese Deletion enthalten. Das Allel ist vermutlich vor rund 2000 Jahren zu der Zeit der Wikinger entstanden. In Europa liegt der Anteil homozygoter Träger bei ein bis zwei Prozent. Interessanter Weise ist der HI-Virus in seiner den Menschen infizierenden Form noch relativ jung. Es wird vermutet, dass die ersten Übertragungen vom Schimpansen auf den Menschen um 1900 in Kamerun stattfanden [23]. Dagegen ist die CCR5Δ32-Variante des Rezeptorproteins vor etwa 2000 Jahren das erste Mal beim Menschen aufgetreten, vermutlich in der Region des heutigen Finnlands, und wurde seitdem offensichtlich positiv selektioniert [24]. Das bedeutet, dass es Trägerinnen und Trägern dieses Allels einen Vorteil verschafft und es sich deshalb seit dieser Zeit ausgebreitet hat. Wissenschaftlerinnen und Wissenschaftler vermuten, dass der Vorteil in einer Resistenz gegen Pockenviren gelegen hat [25].

Hes Motivation für seine Gentherapie in der menschlichen Keimbahn (Abb. 8.5) ist in erster Linie, dass AIDS-kranke Paare Nachkommen bekommen können. Das Risiko für Neugeborene, an AIDS zu erkranken, ist in den ersten Lebensmonaten um ein Vielfaches erhöht. Durch das Einfügen einer Deletion in das CCR5-Gen bei befruchteten Eizellen will He die Babys immun gegenüber einer Infektion mit HI-Viren machen. Für die Gentherapie hat He sieben Paare einer AIDS-Selbsthilfegruppe geworben, bei denen der Mann an AIDS erkrankt ist, die Frau aber nicht. Den Paaren und Babys wurden die Behandlungs- und Nachuntersuchungskosten erstattet. Dies entspricht einem Gegenwert von umgerechnet rund 35.000 EUR. Bei zwei Paaren wurden der Mutter geneditierte Blastocysten implantiert (Abb. 5.4).

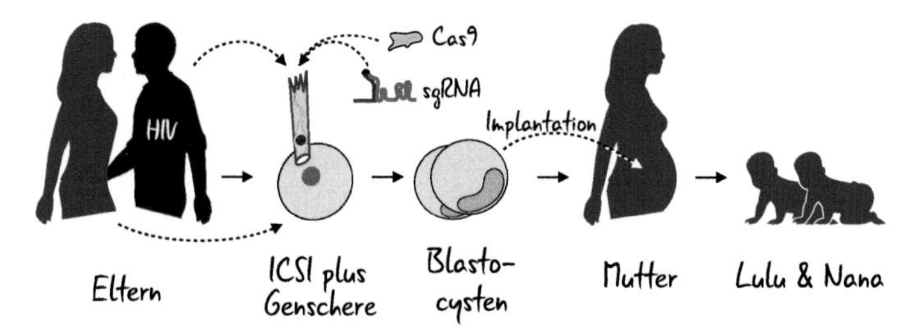

Abb. 5.4 Die Zwillinge Lulu und Nana sind die ersten gentherapierten beziehungsweise geneditierten Babys. Während der In-vitro-Fertilisation beziehungsweise, genauer, der intrazytoplasmatischen Spermieninjektion (ICSI) wurde ihnen neben dem Spermium auch das Protein der DNA-Nuklease Cas9 und eine *single guide* RNA (sgRNA) injiziert. Cas9 und die sgRNA bilden gemeinsam die Genschere (Abb. 4.11)

Das größte Augenmerk des Forscherteams um Jiankui He lag darauf, die beschriebenen *off-target*-Editierungen zu vermeiden. Daher wurden sowohl die Eltern als auch die Blastocysten und die Babys mehrfach komplett sequenziert. Für die Genomsequenzierungen (Kap. 4) nutze He auch die Einzelzellsequenzierung, bei der eine einzelne Zelle ausreicht, um das gesamte Erbgut zu lesen. Von der Blastocyste können vor der Implantation nur etwa fünf Zellen entnommen werden, ohne ihre Entwicklung zu beinträchtigen. Es wurden bei den Babys keine *off-target*-Editierungen nachgewiesen. Allerdings sind die Veränderungen des CCR5-Gens bei beiden Zwillingen unterschiedlich (Abb. 5.5).

Während Lulus Genom eine unveränderte Version (Allel) und eine Version mit einer 15 Basenpaar-Deletion enthält, sind bei Nana beide Allele verändert: Ein Allel enthält eine 4-Basenpaar-Deletion und ein Allel die Einfügung eines Basenpaares. Aus diesen Ergebnissen folgt, dass Lulu, mit nur einem veränderten Allel, heterozygot ist und vom HI-Virus infiziert werden kann. Das intakte

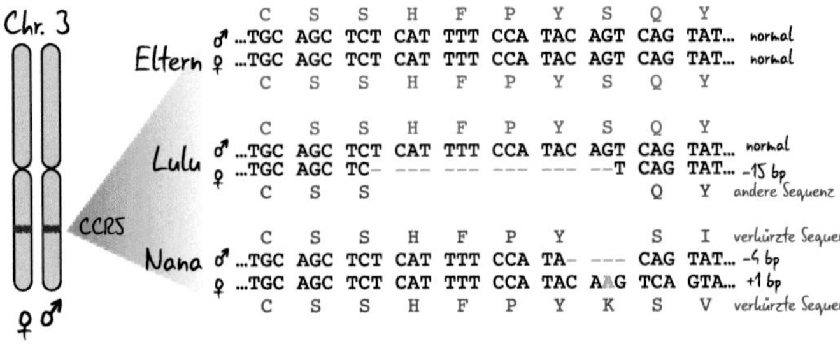

```
Chr. 3
                C   S   S   H   F   P   Y   S   Q   Y
Eltern  ♂ ...TGC AGC TCT CAT TTT CCA TAC AGT CAG TAT... normal
        ♀ ...TGC AGC TCT CAT TTT CCA TAC AGT CAG TAT... normal
                C   S   S   H   F   P   Y   S   Q   Y

                C   S   S   H   F   P   Y   S   Q   Y
Lulu    ♂ ...TGC AGC TCT CAT TTT CCA TAC AGT CAG TAT... normal
        ♀ ...TGC AGC TC- --- --- --- --- --T CAG TAT... -15 bp
                C   S   S                   Q   Y   andere Sequenz
CCR5
                C   S   S   H   F   P   Y       S   I   verkürzte Sequenz
Nana    ♂ ...TGC AGC TCT CAT TTT CCA TA- --- CAG TAT... -4 bp
        ♀ ...TGC AGC TCT CAT TTT CCA TAC AAG TCA GTA... +1 bp
                C   S   S   H   F   P   Y   K   S   V   verkürzte Sequenz
♀ ♂
```

Abb. 5.5 Ausschnitte der DNA-Sequenzen des CCR5-Gens auf Chromosom 13 bei den Eltern und ihren Zwillingen Lulu und Nana. Von jedem Chromosomenpaar ist jeweils nur ein DNA-Strang dargestellt. Über beziehungsweise unter den DNA-Sequenzen sind die Aminosäuresequenzen (als Einzelbuchstabencode) des resultierenden CCR5-Proteins gezeigt. Die Deletionen und Insertionen in der DNA sind grün markiert

CCR5-Gen wirkt dominant (Abb. 4.6). Die Gentherapie hatte hier also keinen Erfolg. Von Nana ist dagegen zu erwarten, dass sie resistent gegenüber AIDS sein wird. Das wirft die Frage auf, wie die Zwillinge und auch die Eltern damit umgehen werden, dass nur ein Kind die gewünschte Eigenschaft trägt? Zudem zeigt der Eingriff, dass mindestens drei verschiedene Allele entstanden sind. Dies ist dem Verfahren geschuldet, bei dem keine „Korrekturvorlage" verwendet wurde (Abb. 5.2), sondern nur das ungenaue DNA-Reparatursystem zum Einsatz kam. Die Genschere hat also präzise geschnitten und die Editierungen sind alle in dem von Hes Team anvisierten Bereich. Aber die Reparatur war erwartungsgemäß nicht exakt. Die Zwillinge sollen bis zu ihrem achtzehnten Lebensjahr regelmäßig medizinisch untersucht werden.

Neben Lulu und Nana wird im Sommer 2019 die Geburt eines weiteren editierten Babys von einem weiteren Paar erwartet. Alle anderen erzeugten Embryonen werden vorerst nicht weiterverwendet, da die chinesischen Behörden He die Fortsetzung der Arbeiten verboten haben. Es ist wichtig zu wissen, dass He mit seinem Experiment gegen chinesisches Recht verstoßen hat, das die Einpflanzung in der Forschung generierter Embryonen ausdrücklich verbietet (Abschn. 5.2). Und im Juni 2019 hat der russische Molekularbiologe Denis Rebrikov angekündigt, in seiner Reproduktionsklinik in Moskau ebenfalls HIV-resistente CRISPR-Babies zu erzeugen.

Ein wesentlicher Kritikpunkt an Hes Gentherapie war auch ihr Ziel. AIDS ist zwar eine schwerwiegende Erkrankung, der aber auch anders vorgebeugt werden kann. Damit werten die meisten Wissenschaftlerinnen und Wissenschaftler den Eingriff eher als ein ***enhancement*** (Verbesserung; Abschn. 7.3), denn als Therapie. Dafür aber sind die Risiken, die He eingegangen ist, unverhältnismäßig hoch. Hinzu kommt, dass dem CCR5-Gen noch **weitere Funktionen** zugeschrieben werden, die durch die Deletion beeinträchtigt sein können. So scheinen Trägerinnen und Träger defekter CCR5-Allele anfälliger für Infektionen durch andere Viren wie das West-Nil-Fieber Virus zu sein, das eine Form der Hirnhautentzündung verursachen kann. Es gibt auch Hinweise darauf, dass die CCR5Δ32-Variante des Chemokin-Rezeptorproteins für einen schwereren, eventuell tödlichen Verlauf einer gewöhnlichen Grippeinfektion beiträgt [26]. Zusätzlich scheint das CCR5-Gen bei der Entwicklung kognitiver Prozesse eine Rolle zu spielen [27]. So konnte bei Mäusen gezeigt werden, dass eine Beeinträchtigung molekularer Signalweitergaben über das CCR5-Rezeptorprotein zu verbesserten Gedächtnisleitungen führen [28]. Wie die Effekte beim Menschen sind, ist allerdings noch unerforscht. Es gibt also neben der Ethik auch viele medizinische Gründe, um zum gegenwärtigen Zeitpunkt die Finger vom CCR5-Gen in der Keimbahn zu lassen (Abschn. 7.1).

Ist Genschere nun Gentechnik? Diese Frage ist mit einem klaren Ja zu beantworten, wenn man sich das Verfahren ansieht. In die Zielzelle muss das Werkzeug für die genetische Mutagenese eingebracht werden, also ein Cas-Enzym (meist Cas9) als DNA-schneidende Nuklease (oder alternativ die codierende mRNA) und das sgRNA-Konstrukt, welches das Enzym an die richtige Position an der DNA lenkt. Dazu gibt es verschiedene Möglichkeiten. In einfachsten Fall werden das Cas-Protein und die sgRNA direkt in eine Zelle eingebracht. Sie verrichten ihre Arbeit und werden in der Zelle rasch abgebaut. Meistens werden aber die beiden genetischen Sequenzinformationen in einen DNA-Vektor (Plasmid, Virus) integriert, der dann in die Zielzelle geschleust wird. Bei beiden Verfahren wird Erbinformation in eine Zelle integriert. Bei Pflanzen und Bakterien wird dies **Transformation,** bei Wirbeltieren wie dem Menschen **Transfektion** genannt und ist ein gentechnisches Verfahren. Allerdings bleibt der Vektor immer separiert und wird nicht in das Erbgut eingebaut. Er wird lediglich exprimiert (Abb. 2.4), woraufhin das CRISPR/Cas-System seine Arbeit verrichtet. In den Tochterzellen der anschließenden Zellteilung geht der DNA-Vektor dann verloren. Er wird nicht wie das Erbgut vervielfältigt und weitergegeben, sondern ist nur vorübergehend (transient) vorhanden. Man kann daher sagen, dass das Verfahren Gentechnik ist, das Produkt aber nicht. Der **EuGH** konzentrierte sich in seinem Urteil aber auf das Verfahren. Unabhängig von dieser regulativ wichtigen Frage wird die Geneditierung derzeit intensiv unter anderem in der medizinischen und Züchtungsforschung eingesetzt. Es herrscht Goldgräberstimmung.

5.2 Chinas CRISPR-Krise?

Während wir die 2500 Jahre alte traditionelle chinesische Medizin nicht nur auf Esoterikmessen preisen, sondern ihre Verfahren in Form der Malariabehandlung mit Artemisininsäure aus der Beifuß-Pflanze (Abschn. 6.2) auch mit dem Nobelpreis (2015) küren, wird in den Biomedizinlaboren Chinas an der Zukunft der chinesischen Medizin geforscht. So wurden ebenfalls im Jahr 2015 die ersten Experimente mit der CRISPR/Cas-Genschere an menschlichen Embryonen durchgeführt. Und im Jahr 2018 hat der chinesische Biophysiker Jiankui He von der *Southern University of Science and Technology* in Shenzhen das oft gedachte, poetisierte und verfilmte Wirklichkeit werden lassen – und China dadurch in das Zentrum einer internationalen Debatte zum Umgang mit der Gentechnologie im Allgemeinen und der Geneditierung der menschlichen Keimbahn im Speziellen gerückt. Mehrere mahnende Kritikerinnen und Kritiker des Einsatzes der Gentherapie in der Keimbahn hatten vermutet, dass die ersten geneditierten Babys in einer privaten Fertilisationsklinik aus irgendeinem Land stammen, eventuell Mexiko (Abschn. 5.3, Drei-Kinder-Eltern). Und tatsächlich ist nicht bekannt, ob es mehr oder weniger illegale Fälle des Einsatzes der Gentherapie an solchen Kliniken gibt (Abb. 5.6). Publik ist der Fall He aus China und er ist es wert, darüber nachzudenken, ob das Zufall oder systembedingt ist.

He hat es zu verantworten, dass im Herbst 2018 die ersten gentechnisch veränderten Zwillinge geboren wurden (Abschn. 5.1). Ganz genau genommen gründen die Babys mit den Namen Nana und Lulu die leibhaftige „Generation Genschere“. Es wird sich zeigen, wie die Eltern und

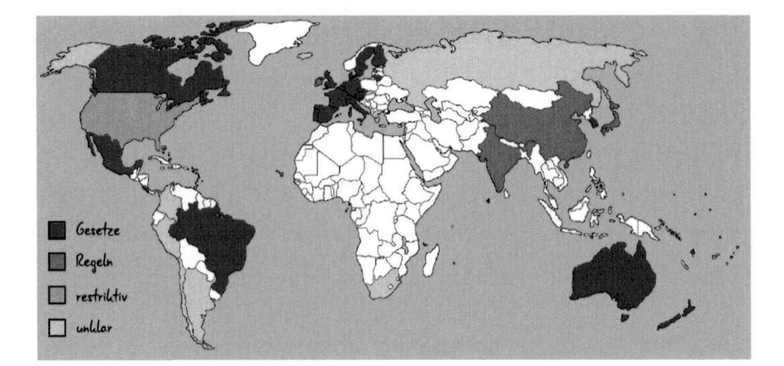

Abb. 5.6 Vorhandene Gesetze und Regelwerke in Bezug auf die Anwendung der CRISPR/Cas-Genschere in der menschlichen Keimbahn. Weiß markierte Staaten wurden nicht untersucht. (Quellen: Ishii (2017), Ledford H (2015) [29, 30])

ihre Kinder mit dieser Bürde umgehen, wie bedrängt sie werden. Noch leben sie in Anonymität und fast erscheinen die Ereignisse noch wie ein Traum. Oder Albtraum? Tatsächlich gibt es zum Zeitpunkt der Niederschrift dieser Zeilen noch keinen wissenschaftlichen Beleg für die von He beschriebenen Arbeiten. Ist alles nur *fake news?* Auch wenn man dies hoffen möchte, nein, die rote Linie wurde tatsächlich überschritten. Das wird unter anderem aus dem Umgang der chinesischen Regierung mit dem spektakulären Fall deutlich. Denn auch wenn China nachgesagt wird, dass dort gentechnisch fast alles möglich sei, so gibt es doch Regeln (Abb. 5.6).

In der Forschung generierte Embryonen in die Gebärmutter zu verpflanzen, sowie das Austragen der Embryonen ist in China seit 2003 ausdrücklich verboten. Somit hat He nicht nur gegen die immer wieder von verschiedenen internationalen Wissenschaftsorganisationen und Regierungsbehörden ausgesprochene Warnung verstoßen, keine gentechnischen Anwendungen an menschlichen Embryonen auszuführen. Er hat auch gegen **chinesische Gesetzte** verstoßen und wird entsprechend strafrechtlich verfolgt. Bemerkenswerterweise stellte He seiner Präsentation der Ergebnisse zu Lulu und Nana beim *Second International Summit on Human Genome Editing* (dt. Zweiter internationaler Gipfel zur Genomeditierung beim Menschen) im November 2018 in Hong Kong eine Entschuldigung voran. Er teilte mit, dass seine Universität keine Kenntnis der vorgestellten Arbeiten hatte. Parallel zu seinen Experimenten hat He einen Entwurf von fünf ethischen Richtlinien für die Gentherapie als Unterstützung reproduktiver Technologien wie die In-vitro-Fertilisation veröffentlicht [31]:

- **Gnade für Familien in Not** *(mercy for families in need)*
  Ein defektes Gen, Unfruchtbarkeit oder eine vermeidbare Krankheit sollten das Leben nicht auslöschen oder die Vereinigung eines liebenden Paares untergraben. Für einige Familien kann eine frühe Gentherapie der einzig gangbare Weg sein, um eine vererbbare Krankheit zu heilen und ein Kind vor dem Leiden seines Lebens zu retten.
- **Nur für schwerwiegende Krankheiten, niemals für Eitelkeit** *(only for serious disease, never vanity)*
  Bei der Gentherapie handelt es sich um ein ernstes medizinisches Verfahren, das niemals zu Zwecken der Ästhetik, Verbesserung *(enhancement)* oder Geschlechtsauswahl verwendet werden sollte – oder in irgendeiner Weise, die das Wohlergehen, die Freude oder den freien Willen eines Kindes beeinträchtigen würde. Niemand hat das Recht, die Genetik eines Kindes zu bestimmen, außer um Krankheiten zu verhindern. Durch die Gentherapie wird ein Kind potenziellen Sicherheitsrisiken ausgesetzt, die dauerhaft sein können. Die Durchführung einer Gentherapie ist nur dann zulässig, wenn

die Risiken eines medizinischen Eingriffs die Risiken der Gentherapie überwiegen.

- **Respekt vor der Autonomie eines Kindes** *(respect a child's autonomy)*
  Ein Leben ist mehr als unser physischer Körper und seine DNA. Nach der Gentherapie hat ein Kind das gleiche Recht auf ein freies Leben, seinen Beruf, seine Staatsbürgerschaft und seine Privatsphäre. Es bestehen keine, auch keine finanziellen, Verpflichtungen gegenüber seinen Eltern oder einer Organisation.
- **Gene definieren Dich nicht** *(genes do not define you)*
  Unsere DNA bestimmt nicht unseren Zweck oder, was wir erreichen könnten. Wir erblühen durch unsere harte Arbeit, Ernährung und die Unterstützung durch die Gesellschaft und unsere Angehörigen. Was auch immer unsere Gene sein mögen, wir sind in Würde und Potenzial gleich.
- **Jeder verdient die Freiheit von genetischen Krankheiten** *(everyone deserves freedom from genetic disease)*
  Wohlstand sollte nicht die Gesundheit bestimmen. Organisationen, die genetische Heilmethoden entwickeln, haben eine tiefe moralische Verpflichtung, Familien jeder Herkunft zu dienen.

Diese Veröffentlichung wurde nach Bekanntwerden seiner Arbeiten von dem Journal zurückgezogen. Sie geben aber einen Einblick in das Denken Jiankui Hes, wobei man natürliche seine **Sozialisierung** mit in Betracht ziehen muss. Dazu gibt es einen hervorragenden Artikel von der chinesischen Teilchenphysikerin Yangyang Cheng aus den USA [32]. Hes Bioethikrichtlinien sind recht allgemein gehalten. Abgesehen von der Tatsache, dass er kein Bioethiker sondern Physiker ist, spielt hierbei sicherlich auch die Natur der chinesischen Sprache eine Rolle [33]. Sie ist vieldeutig und passt so gar nicht zur klaren Struktur wissenschaftlicher Sprachkultur. Die Übersetzung der ohnehin schwer beherrschbaren Sprache in das Englische kann daher nur hinken und muss mit Vorsicht genossen werden.

Als Reaktion auf die Ankündigungen Hes listet der US-amerikanische Philosoph und Bioethiker Sheldon Krimsky von der *Tufts Universität* zehn bioethische Prinzipien auf, gegen die He mit seinem Experiment verstoßen hat [34]. Zu seinen Kritikpunkten zählt unter anderem, dass He Physiker und kein Mediziner ist und somit keine Reputation und Erfahrung im Umgang mit und der Bewertung von Experimenten am Menschen hat. Dies ist ein Aspekt, der uns beim Thema Bürgerwissenschaften (Abschn. 7.1) noch einmal begegnet. Auch hat He seine Universität nicht über seine Experimente informiert. Krimsky wirft He auch vor, im eigenen Interesse gehandelt zu haben, da er an verschiedenen Biotechfirmen beteiligt ist, was seine Neutralität infrage stellt. Ebenso wirft er He vor, Paare aus einer persönlichen und emotionalen Notlage heraus und mit einem hohen finanziellen Gegenwert (rund 35.000 EUR) rekrutiert zu haben. Darüber hinaus habe er seine Probanden nur unzureichend über die Risiken der Experimente informiert. Im Zentrum dieses Punktes steht die Einwilligungserklärung, die laut Krimsky zu komplex und technisch formuliert ist. Auch klärt sie nicht über alternative Behandlungsmethoden von AIDS auf.

Der Augsburger Weihbischof Anton Losinger, der von 2008 bis 2016 Mitglied des Deutschen Ethikrats war, wirft He einen Verstoß gegen fundamentale Menschenrechte vor. Er argumentiert, dass erstens die Menschenwürde in ihrem tiefsten Kern angegriffen werde, weil auch die zukünftigen Nachfahren der Babys betroffen seien. Zum anderen stellt er das Ziel der Gentherapie infrage und stellt eine Verbindung zur Eugenik her. Letztlich wirft er, wie auch Krimsky, He vor, vor allem aus wirtschaftlichen Gründen im Bereich der humanen Gentherapie zu forschen.

Die Ethikerin Bettina Schöne-Seifert warnt vor den massiven Auswirkungen, die das Vorgehen von Jiankui He auf das Ansehen der Gentechnik in der klinischen Nutzung haben könnte [35]. Sie weist auf die Notwendigkeit der Grenzziehung zwischen Therapie und dem „Gespenst" *enhancement* hin, aber auch auf die Absurdität vieler kategorischer Verbotsargumente. Diese beziehen sich oft auf die Vorstellung, dass der Genpool des Menschen unversehrt bleiben muss. Nun beschreibt aber sogar die globale **UNESCO-Deklaration** *„Zum Schutz des menschlichen Genoms"* ausdrücklich im Artikel 3:

> „Das menschliche Genom, das sich seiner Natur gemäß fortentwickelt, unterliegt Mutationen."

und in Artikel 5a:

> „Forschung, Behandlung und Diagnose, die das Genom des Menschen betreffen, dürfen nur nach vorheriger strenger Abwägung des damit verbundenen möglichen Risikos und Nutzens und im Einklang mit allen sonstigen Anforderungen innerstaatlichen Rechts durchgeführt werden."

In der Tat hat die in der Keimbahn durchgeführte Anwendung der Genschere durch Hes Forschungsteam sowohl dem Ansehen Chinas als auch der Geneditierung als Methode geschadet – durch den entstandenen Dialog aber auch geholfen. Ich möchte hier kurz der Frage nachgehen, welche Rolle das politische System und der kulturelle Hintergrund Chinas gespielt haben: Warum wurden ausgerechnet hier die ersten in der Keimbahn editierten Babys geboren?

Die chinesische Regierung erhofft sich von der biotechnologischen Revolution, was Sputnik für die Sowjetunion und die Mondlandung für die USA waren: Beweise für die Stärke eines politischen Systems bei der Unterstützung der Wissenschaft, hochgesteckte Ziele zu erreichen. Und aus europäischer Sicht muss man sagen, dass China ein Systemrivale ist [36]. Der Aufwand, der betrieben wird, ist enorm und die Bereitschaft des chinesischen Volkes, die Ziele zu erreichen, ist, mehr oder weniger gezwungenermaßen, hoch. Einen Einblick bietet das 1999 gegründet *Beijing Genome Institute* (BGI) mit Sitz in Shenzhen in der Provinz Guangdong und mit Außenstellen in Cambridge bei Boston in den USA und Frederiksberg in Dänemark. Als unabhängiges Forschungsinstitut beteiligte es sich zunächst am internationalen humanen Genomprojekt (Abschn. 7.2) und entwickelte sich mit den Jahren zu einem der einflussreichsten Genomik-Institute der Welt. In Deutschland wurde das BGI im Jahr 2011 durch das schnelle Entschlüsseln des Genoms des krankheitserregenden EHEC-Bakteriums bekannt. EHEC sind enterohämorrhagische *Escherichia coli* Bakterien die im Darm von Wiederkäuern wie Rindern, Schafen oder Ziegen leben. Sie können Giftstoffe, sogenannte Shigatoxine, produzieren. Während die Toxine den Tieren in der Regel nichts ausmachen, führen sie beim Menschen zu starken Durchfallerkrankungen mit zum Teil schwerwiegenden Komplikationen. Das entschlüsselte Genom half, sehr schnell einen diagnostischen Test zu entwickeln und die Epidemie des Erregers so einzudämmen. Rund 4300 Erkrankungen und 50 Todesfälle verursachte der Erreger beim Ausbruch 2011 in Deutschland.

Chinas Gesellschaft und Kultur sind seit über 2000 Jahren von den friedlichen Lehren Kong Qius (Konfuzianismus), Siddharta Gautamas (Buddhismus) und Laozis (Daoismus) geprägt. Nach dieser Philosophie hat der Einzelne stets dem Wohle der Gesellschaft dienen und nach Bildung zu streben. Das Ziel des Einzelnen und der Gesellschaft ist es, Leid aus der Welt zu schaffen. Aus diesen Denkrichtungen hat sich gemeinsam mit dem herrschenden politischen System, in dem seit 1949 autoritär die Kommunistischen Partei Chinas herrscht, eine auf **Leistung und Gehorsam** orientierte Gesellschaft gebildet. Von 1980 bis 2015 galt die **Ein-Kind-Politik,** um Hungersnöte zu verhindern und den wirtschaftlichen Fortschritt zu ermöglichen. Daraus resultierten eine Gesellschaft der Einsamkeit und Eltern, die wir nach westlichem Standard als Helikoptereltern bezeichnen würden. Dies hat auch zur Folge, dass der Wert eines Embryos geringer geschätzt wird als in westlichen Kulturkreisen oder anders gesagt: Wenn ich mich schon in der Zahl der Nachkommen beschränken muss, dann soll es doch bitte das „bestmögliche" Kind werden. Dies liefert den Nährboden, auf welchem die Ideen einer gesunden Gesellschaft im Sinne Hes gedeihen. Gefördert von der kommunistischen Regierung, versuchen Wissenschaftlerinnen und Wissenschaftler bis zum Rande der Erschöpfung zur **Wohlfahrt** des Staats- und Gesellschaftssystems beizutragen. Fortpflanzungskliniken liefern das Rohmaterial für die Erforschung der Embryonalentwicklung und den Eingriff in selbige. Wir wissen längst nicht alles, was in China gemacht wird, da die Anerkennung hervorragender wissenschaftlicher Arbeit nicht auf **Veröffentlichungen** in internationalen Journalen angewiesen ist. Im Gegenteil, publizieren lenkt nur von der Arbeit ab und die internationale Reputation wurde meist ohnehin zuvor während der wissenschaftlichen Ausbildung in den USA oder Europa eingeholt. Der Zugang zu Forschungsgeldern erfolgt eher umgekehrt, als wir es im Westen kennen. Bei uns schreibt der Staat Förderprogramme aus, in deren Kontext sich Wissenschaftlerinnen und Wissenschaftler mit ihren Ideen um die **Forschungsförderung** bewerben. In China suchen regierungsnahe Institute aus, wer oder welches Institut gefördert wird. Durchmischt wird das Ganze mit einer eng verwobenen Marktwirtschaft, die dann auch auf den internationalen Markt zugreift. So kommt es, dass beispielsweise im Januar 2019 bekannt wurde, dass ein Forscherteam von der *Chinese Academy of Sciences* und dem *Research Center for Brain Science and Brain-inspired Technology*, beide in Shanghai, in einem chinesischen Magazin darüber berichteten, dass sie Makakenaffen mit der CRISPR/Cas-Genschere in der Keimbahn editiert und dann geklont, also wie das Schaf Dolly vervielfältigt (Abschn. 3.5), haben [37, 38]. Publiziert wurde dies im Journal *National Science Review*, das unter der Aufsicht der *Chinesischen Akademie der Wissenschaften* herausgegeben wird.

Hes Arbeiten zu Lulu und Nana sind noch nicht publiziert. Die einzige der Öffentlichkeit zugängliche Darstellung seines Vorgehens ist sein Vortrag, den er am 28. November 2018 auf dem Internationalen Gipfel zur Genomeditierung beim Menschen gehalten hat. Dennoch dürfen wir davon ausgehen, dass die Darstellungen echt sind. Dafür spricht allein die Tatsache, dass die Behörden sich öffentlich von Hes Experimenten distanzierten, ein Untersuchungsverfahren initiierten und alle relevanten Einträge im sehr restriktiven chinesischen Internet sperrten. Dies betrifft auch Internetseiten, in denen He für seine Verdienste zur Weiterentwicklung der Einzelmolekülsequenzierung gelobt wurde und die in der Gründung der Firma *Direct Genomics* gründeten. Auch sind Wissenschaftlerinnen und Wissenschaftler offensichtlich dazu angehalten, nicht über den Vorgang zu sprechen. China hat einen Imageschaden erlitten und versucht, diesen auszusitzen. Der Wissenschaftsjournalist David Cyranoski, Asienkorrespondent für das wissenschaftliche Fachmagazin *Nature* in Shanghai, berichtet, dass Nutzer des Nachrichtendienstes *WeChat* (eine Mischung aus *Facebook* und *WhatsApp*) daran gehindert wurden, sich über Hes Experimente auszutauschen.

Es bleibt also festzuhalten, dass die Mischung aus dem chinesischen Wissenschaftssystem, der Gesellschaft und politischen Vorgaben einen Rahmen geschaffen hat, in dem sich He mit seinen Experimenten komfortabel fühlte und sich über international geäußerte Bedenken hinwegsetzen konnte.

So viel zu den Denk- und Handlungsmustern in China. Dem gegenüber prägen im Westen Betrachtungen aus **christlicher Sicht** zum Eingriff in das Erbgut und in die Keimbahn das Handeln. Und zu welchen Schlüssen kommen die **Muslime,** die mit rund 1,6 Mrd. Gläubigen immerhin die zweitgrößte Religionsgemeinschaft auf dem Globus ausmacht? In der traditionellen islamischen Lehre gibt es fünf Prinzipien, um ethische Fragestellungen anzugehen [39]:

- **Grundsatz der Absicht** *(Qasd):* Er ist erfüllt, wenn es darum geht, den Zwillingen Leid zu ersparen.
- **Grundsatz der Sicherheit** *(Yaqin):* Dieser Grundsatz wird infrage gestellt, da es nicht als sicher gelten kann, wie die Behandlung tatsächlich ausgeht.
- **Grundsatz der Verletzung** *(Darar):* Die Heilung und Vermeidung von Krankheiten ist obligatorisch; allerdings kann die Balance zwischen Chancen und Risiken der Behandlung im Falle der Zwillinge kaum abgewogen werden, siehe *Yagin.*
- **Grundsatz der Notwendigkeit** *(Darura):* Die Notwendigkeit erlaubt das Verbotene; im Falle der Zwillinge war der Eingriff aber nicht notwendig, da AIDS auch anders vermieden und behandelt werden kann.
- **Grundsatz der Sitte** *(Urf):* Es ist unsittlich, eine Methode anzuwenden, gegenüber der eine Mehrheit Bedenken äußert.

Es sei angemerkt, dass die islamische Philosophie seit dem Mittelalter einen ethischen Kompass in der Medizin bietet, auf dem die westliche Wissenschaft aufgebaut hat und heute teilweise beruht.

Im März 2019 haben Wissenschaftlerinnen und Wissenschaftler aus sieben Nationen, darunter auch die Entdeckerinnen der CRISPR/Cas-Genschere Emmanuelle Charpentier und der Weiterentwickler Feng Zhang, zu einem **Moratorium** aufgerufen [40]. In ihrem Beitrag in der Fachzeitschrift *Nature* fordern sie die sofortige Einstellung aller Forschungsarbeiten, bei denen mit der Genschere in die Keimbahn eingegriffen wird. Weiterhin fordern sie eine globale Kontrollinstanz, die darauf achtet, dass Mindeststandards eingehalten werden. Die Einstellung der Arbeiten soll so lange erfolgen, bis diese Kontrollinstanz, der die Länder freiwillig beitreten sollen, installiert ist. Zwar zeigt dieses Moratorium einmal mehr, dass die Wissenschaftsgemeinschaft als Ganzes zur Selbstregulation befähigt ist, aber ob es Einzelpersonen von der Anwendung der Technik abhält, ist fraglich. Der Vorsitzende des Deutschen Ethikrates Peter Dabrock fordert eine weltweite Überwachungsbehörde für Genexperimente am Menschen nach dem Vorbild der Internationalen Atomenergieagentur (engl. *International Atomic Energy Agency,* IAEA). Die *Weltgesundheitsorganisation* (WHO) hat im Januar 2019 einen Sachverständigenausschuss für die Entwicklung globaler Standards zur Steuerung und Überwachung der humanen Geneditierung (engl. *Expert Advisory Committee on Developing Global Standards for Governance and Oversight of Human Gene Editing*) eingerichtet. Das erste konstituierende Treffen der 18 Mitglieder aus 14 Nationen hat am 18. März 2019 in Genf stattgefunden. Es bleibt abzuwarten, welchen Einfluss die neuen Gremien auf die Zukunft der Geneditierung in der Keimbahn beim Menschen nehmen.

5.3 Gentherapie

Den Eingriff in das Erbgut, um genetische Erkrankungen zu behandeln, bezeichnen wir als Gentherapie. Im September 1990 wurde in den USA die erste offiziell zugelassene Gentherapie durchgeführt. Das Team um den US-amerikanischen Arzt French Anderson behandelte das vierjährige Mädchen Ashanti Dasilva, das an der erblichen, schweren Immunschwächekrankheit SCID (engl. *severe combined immunodeficiency*) litt. Es ist eine monogenische Erkrankung, für die also ein einzelnes defektes Gen verantwortlich ist. Die Ärzte entnahmen dem Kind Blut und führten mithilfe eines Virus eine gesunde Kopie des Gens (Cargo-Gen) in weiße Blutzellen (T-Zellen) ein (Abb. 5.7) [41]. Das so behandelte Blut wurde dem Kind per Infusion wieder zurückgeführt. Die Therapie war erfolgreich, aber nicht nachhaltig, da sich die transgenen Zellen nicht stabil im Gewebe einnisteten. Daher musste Ashanti in regelmäßigen Abständen erneut behandelt werden.

Im Dezember 1992 erhielt das Team um den Onkologen Roland Mertelsmann von der *Freiburger Universitätsklinik* von der Ethikkommission der Universität die Genehmigung, die **erste Gentherapie in Deutschland** durchzuführen. In den 1990er Jahren waren die Vorbehalte hoch, da noch immer das Trauma des eugenischen Missbrauchs genetischen Wissens in der Zeit des Nationalsozialismus den Einsatz am Menschen überschattete. Die Therapie richtete sich gegen **Krebszellen** eines Patienten. Dazu wurden ihm Hautzellen entnommen und genetisch so verändert, dass ein natürlicher Botenstoff des Immunsystems, Interleukin-2, gebildet wird. Die derart umkonstruierten Zellen wurden mit Tumorzellen des Patienten vermischt, inaktiviert und dem Patienten wieder injiziert. Das Interleukin-2, welches

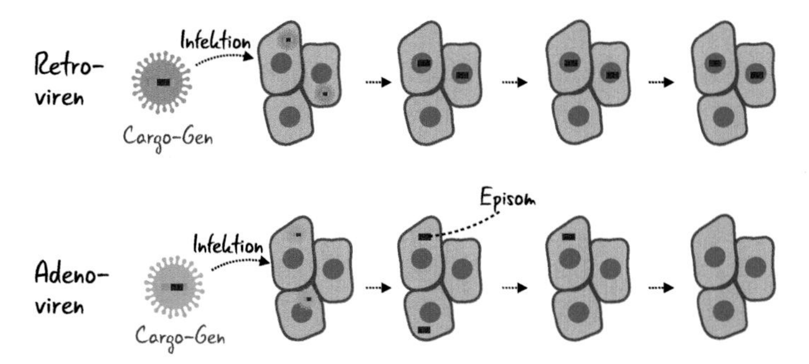

Abb. 5.7 Retroviren und Adenoviren können mit zusätzlicher genetischer Information (Cargo-Gen) ausgestattet werden. Bei der Infektion einer Wirtszelle bauen Retroviren ihr Erbgut und damit das Cargo-Gen stabil in das Wirtserbgut ein. Ein Nachteil ist, dass es zum Einbau mehrerer Cargo-Gen-Kopien in das Erbgut kommen kann. Adenoviren und Adeno-assoziierte Viren (AAV) hinterlassen in der Wirtszelle ein sogenanntes Episom, das die genetische Information inklusive Cargo-Gen enthält. Episomen werden bei der Zellteilung nicht weitergegeben und gehen daher nach einiger Zeit verloren. *Glybera* – das erste Gentherapeutikum der westlichen Welt – basierte auf AAV, ebenso wie *Luxturna,* eine seit November 2018 in Europa zugelassene Therapie für eine erbliche Erblindung. Häufig werden Patientinnen und Patienten für die Gentherapie Stammzellen aus dem Körper entnommen, die dann im Labor mit den Viren infiziert und den Betroffenen anschließend wieder eingesetzt werden. Die Behandlung einer einzigen Person kann bis zu 500.000 EUR kosten

von den Hautzellen etwa drei Wochen lang produziert wird, soll dann das Immunsystem anregen, die Tumorzellen anzugreifen und abzubauen. Heutzutage, Stand Dezember 2018, sind weltweit über 2930 Gentherapiestudien registriert, davon 656 in Europa und 102 in Deutschland. Die Zahl wird in den kommenden Jahren vermutlich stark ansteigen, da insbesondere mit dem CRISPR/Cas-System ein vielversprechendes und anpassungsfähiges neues Verfahren zur Verfügung steht (Abschn. 5.1).

Das grundsätzliche Ziel der **Gentherapie** ist die Einführung einer genetischen Information (Cargo-Gen) in das Erbgut von Körpergewebezellen (somatische Zellen) zur Behandlung oder Prävention von Krankheiten. Die genetische Information kann dazu dienen, defekte Gene zu ersetzen, auszuschalten oder zu reparieren. Beim Menschen nutzt man die Fähigkeit von Viren, die natürlicherweise Erbinformation in Form von DNA oder RNA in infizierte Zellen (Wirtszellen) einbringen (Abb. 5.7) [42]. Sie werden als virale Vektoren bezeichnet. Dazu wird das Cargo-Gen in das Virengenom eingesetzt. Parallel wird, in den meisten Fällen, den Patientinnen und Patienten Gewebe entnommen und dann im Labor mit dem Virus infiziert und wieder eingepflanzt. **Retroviren** bauen ihr Genom in das Erbgut der Wirtszelle stabil ein, **Adenoviren** platzieren es als sogenanntes Episom. Dieses wird mit der Zeit abgebaut. Natürlich verwendet man Viren, deren Aktivität sich möglichst gut kontrollieren lassen. Es gibt auch nicht-virale Systeme, bei denen „nackte" DNA injiziert wird, deren Effizienz ist aber noch gering. Bei Tieren stehen zahlreiche weitere Methoden zur Verfügung, die sich beim Menschen aus ethischen Gründen (noch?) verbieten (Abschn. 3.5).

Gestattet ist nur die Gentherapie an **Körperzellen** (somatische Zellen). Das sind alle Zellen, die beim Menschen nicht der Fortpflanzung dienen. Bereits 1985 kam eine von den Bundesministerien für Justiz und für Forschung eingesetzte Expertengruppe *In-vitro-Fertilisation, Genomanalyse und Gentherapie* in ihrem Abschlussbericht zu dem Ergebnis, dass sich das Einfügen von Erbmaterial in somatische Zellen in seiner ethischen Dimension grundsätzlich nicht von Organtransplantationen unterscheidet. Die Bundesärztekammer kam in ihren 1989 veröffentlichten Richtlinien zur Gentherapie zum gleichen Schluss.

Bei der somatischen Gentherapie lassen sich zwei grundsätzlich verschiedene Methoden unterscheiden, die *Ex-vivo-* und die *In-vivo-*Methode.

Bei der ***Ex-vivo-*Methode,** die auch *In-vitro-*Methode genannt wird, werden den Patientinnen und Patienten erkrankte Zellen entnommen und außerhalb des Körpers kultiviert (gezüchtet). Zellen dieser Zellkultur werden verwendet, um die genetische Veränderung vorzunehmen. Die so genetisch veränderte Zelle wird zunächst vermehrt und dann wieder in die erkrankten Personen transferiert. Allerdings sind nicht alle Zelltypen für die Kultivierung außerhalb des Körpers geeignet. In diesen Fällen muss die zweite Methode angewendet werden, die ***In-vivo-*Methode.** Dazu werden den Patientinnen und Patienten in der Regel Viren injiziert, die das korrekte genetische Material enthalten. Die Viren wurden also zuvor ihrerseits genetisch verändert. Im Körper sorgen diese Viren dafür, das korrekte genetische Material wiederum in die menschlichen Zellen einzubringen, wo es aktiv wird. Man versucht, die Viren als Genfähren dahingehend zu optimieren, dass sie die gewünschte Erbinformation gezielt an die gewünschten Gewebezellen übertragen. Zudem dürfen die Viren zu keiner übermäßigen Belastung des Immunsystems führen. Dies geschah im Jahr 1999, als der 18-jährige US-Amerikaner Jesse Gelsinger während einer Gentherapie verstarb. Er litt an einer schweren Stoffwechselerkrankung, die gentherapeutisch behandelt werden sollte. Allerdings war sein Immunsystem zu Beginn der Therapie bereits angeschlagen und er erhielt zusätzlich eine zu hohe Virenmenge. Infolgedessen verstarb er an multiplen Organversagen. Grundsätzlich zielt die somatische Gentherapie darauf ab, defekte Körperzellen zu „reparieren".

Ganz anders ist die Lage bei **Keimzellen,** also Ei- und Samenzellen, aus denen sich nach der Befruchtung der Embryo entwickelt. Diese sogenannten Keimbahnzellen unterliegen dem deutschen **Embryonenschutzgesetz,** das sie auch sehr genau definiert als

> „[…] alle Zellen, die in einer Zell-Linie von der befruchteten Eizelle bis zu den Ei- und Samenzellen des aus ihr hervorgegangenen Menschen führen, ferner die Eizelle vom Einbringen oder Eindringen der Samenzelle an bis zu der mit der Kernverschmelzung abgeschlossenen Befruchtung."

Weiterhin sagt das Gesetzt ganz klar, dass eine *„künstliche Veränderung der Erbinformation menschlicher Keimbahnzellen"* verboten ist. Embryonen dürfen hierzulande allein mit dem Ziel erzeugt werden, eine Schwangerschaft herbeizuführen, zum Beispiel im Rahmen einer künstlichen Befruchtung.

Ungeachtet der deutschen Auffassung zum Umgang mit Keimzellen wird in anderen Ländern bereits offiziell an der Keimbahn geforscht. Wissenschaftlerinnen und Wissenschaftler im Team der englischen Entwicklungsbiologin Kathy Niakan am *Francis-Crick-Institute* in London dürfen seit Februar 2016 das CRISPR/Cas-System an **menschlichen Embryonen** anwenden. Es geht bei der Forschung ganz klar nicht darum, dass Forschende Babys im Labor züchten. Es geht um Grundlagenforschung an frühen Teilungsstadien befruchteter Eizellen. Eine Fragestellung der Forschung ist das Auftreten von Nebeneffekten nach einer gentechnischen Behandlung der Zellen. Anders als in Deutschland, wo das **Embyonenschutzgesetz** klarstellt, dass die *„befruchtete, entwicklungsfähige menschliche Eizelle vom Zeitpunkt der Kernverschmelzung"* an schützenswertes Leben darstellt, gilt dies in England erst ab dem vierzehnten Tag nach der Befruchtung. Daher werden die Embryonen in der Forschung von Niakan nach sieben Tagen getötet. Die **14-Tage-Regel** gilt für Embryonenforscherinnen und -forscher in Ländern wie Australien, Kanada, den USA, Dänemark, Schweden oder Großbritannien. Die Frist, künstlich erzeugte Embryonen längstens 14 Tage nach der Befruchtung für wissenschaftliche Zwecke zu verwenden, orientiert sich an der Entwicklungsbiologie. Etwa am 14. Tag entsteht der sogenannte **Primitivstreifen**, der ein erstes Anzeichen eines sich ausbildenden Nervensystems ist (Abb. 4.11). Zudem ist es dem Embryo nach dem 14. Tag unmöglich, sich zu teilen, um Zwillinge auszubilden. Davor wäre die Herausbildung eineiiger Zwillinge möglich, was als mangelnde **Individualität** angesehen werden kann. Im Zeitraum vor der Ausbildung dieser Individualität ist demnach noch keine Würde vorhanden, sondern es gilt nur der Respekt vor der Gattung des Menschen. Der Mensch als Lebewesen gilt als etwas anderes als der Mensch als Person. Bereits im Jahr 1984 haben daher englische Wissenschaftlerinnen und Wissenschaftler vorgeschlagen, die Embryonenforschung bis zum 14. Tag zu erlauben. Seit es 2016 gelungen ist, menschliche Embryonen länger als 14 Tage nach der künstlichen Befruchtung außerhalb der Gebärmutter am Leben zu halten, wird diese Regel heiß diskutiert. Für **Muslime** beginnt das Leben übrigens mit dem Eingang der Seele. Dies geschieht nach 120 Tagen, davor sind beispielsweise Abtreibungen erlaubt.

Eine besondere Form der Keimbahngentherapie ist die **Mitochondrien-Austauschtherapie** (engl. *mitochondrial replacement therapy*, MRT). Bei ihr entstehen sogenannte **Drei-Eltern-Kinder.** Sie wird angewendet, wenn ein Gendefekt im Erbgut der Kraftwerke der Zellen vorliegt, den Mitochondrien (Abb. 2.3), was etwa bei einer von

5000 Geburten der Fall ist. Einer dieser Defekte ist das **Leigh-Syndrom.** Dies ist eine schwere Stoffwechselerkrankung mit einer Lebenserwartung von wenigen Jahren. In dem Mitochondriengenom sind 36 Gene kodiert, die nur von der Mutter über die Eizelle weitergegeben werden. Bei der entsprechenden Keimbahntherapie werden die defekten Mitochondrien durch Mitochondrien einer Eizellspenderin ersetzt (Abb. 5.8).

Es werden also weniger als 0,00001 % der Erbinformation durch die „natürliche“ Erbinformation der Mitochondrien der Spendermutter ersetzt. Das *Britische Unterhaus* hat im Jahr 2015 entschieden, diesen Eingriff in die Keimbahn des Menschen unter bestimmten Bedingungen zuzulassen. Die Aufsichtsbehörden der USA haben der Methode nur für männliche Embryonen die Unbedenklichkeit zugesprochen, sie aber noch

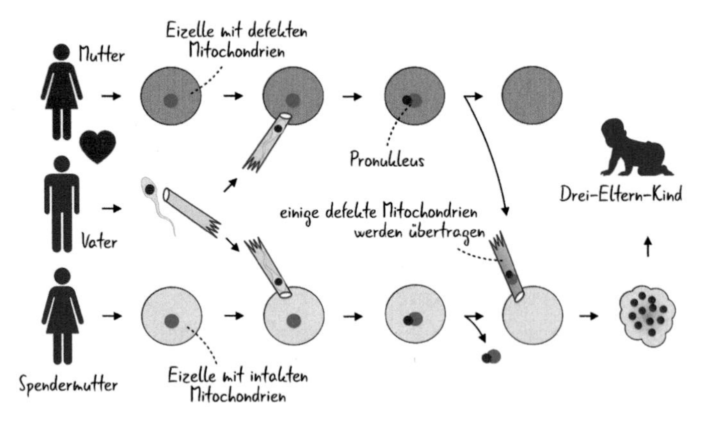

Abb. 5.8 Bei Drei-Eltern-Kindern darf in England bereits seit 2015 offiziell in die Keimbahn des Menschen eingriffen werden. Auf diesen Weg werden Mitochondrien mit einem defekten Erbgut durch intakte Mitochondrien (nicht eingezeichnet) einer Spendermutter ersetzt. Der Pränukleus (Vorkern) besteht aus den Zellkernen mit den Chromosomen der Eltern

nicht zugelassen. Weltweit sind bis April 2019 drei Drei-Eltern-Kinder geboren, das erste 2016 in Mexiko, eines in der Ukraine und eines in Spanien [43, 44]. Zwei Elternpaare in Großbritannien haben im Jahr 2018 die Genehmigung zur Anwendung des Verfahrens erhalten.

Es wird deutlich, dass der Eingriff in die menschliche Keimbahn zu Forschungszwecken in vollem Gange ist. Es wird vielleicht die wichtigste ethische Frage der nahen Zukunft sein, wie wir mit dem gewonnenen gentechnologischem Wissen (Abschn. 8.2) und den gentechnischen Möglichkeiten umgehen wollen – und dies vor sehr unterschiedlichen gesellschaftskulturellen Hintergründen. Wenn eine schwere Erbkrankheit nicht therapier- aber reparierbar ist, müssen Ärztinnen und Ärzte dann nicht helfen? Wie ist eine Abtreibung gegenüber einem gentherapeutischen Eingriff in die Keimbahn abzuwägen? Dies sind nur zwei von vielen Fragen, die beantwortet werden müssen.

Literatur

1. Cribbs AP, Perera SMW (2017) Science and Bioethics of CRISPR-Cas9 Gene Editing: An Analysis Towards Separating Facts and Fiction. Yale J Biol Med 90: 625–634
2. Hardt A (2019) Technikfolgenabschätzung des CRISPR/Cas-Systems. De Gruyter, Berlin
3. Aslan SE, Beck B, Deuring S, et al (2018) Genom-Editierung in der Humanmedizin: Ethische und rechtliche Aspekte von Keimbahneingriffen beim Menschen. In: CfB-Drucksache 4. Aufgerufen am 23.04.2019: uni-muenster.de/imperia/md/content/bioethik/cfb_drucksache_4_2018_genom_editierung_13_06_final.pdf
4. Jinek M, Chylinski K, Fonfara I, et al (2012) A Programmable Dual-RNA-Guided DNA Endonuclease in Adaptive

Bacterial Immunity. Science 337: 816–821. https://doi.org/10.1126/science.1225829

5. Cong L, Ran FA, Cox D, et al (2013) Multiplex genome engineering using CRISPR/Cas systems. Science 339: 819–823. https://doi.org/10.1126/science.1231143
6. Shinagawa H, Makino K, et al (1987) Nucleotide sequence of the iap gene, responsible for alkaline phosphatase isozyme conversion in *Escherichia coli*, and identification of the gene product. J Bacteriol 169: 5429–5433. https://doi.org/10.1128/jb.169.12.5429-5433.1987
7. Mojica FJ, Juez G, Rodríguez-Valera F (1993) Transcription at different salinities of *Haloferax mediterranei* sequences adjacent to partially modified PstI sites. Mol Microbiol 9: 613–621. https://doi.org/10.1111/j.1365-2958.1993.tb01721.x
8. Mojica FJ, Ferrer C, Juez G, Rodríguez-Valera F (1995) Long stretches of short tandem repeats are present in the largest replicons of the Archaea *Haloferax mediterranei* and *Haloferax volcanii* and could be involved in replicon partitioning. Mol Microbiol 17: 85–93. https://doi.org/10.1111/j.1365-2958.1995.mmi_17010085.x
9. Mojica FJM, Díez-Villaseñor C, García-Martínez J, Soria E (2005) Intervening sequences of regularly spaced prokaryotic repeats derive from foreign genetic elements. J Mol Evol 60: 174–182. https://doi.org/10.1007/s00239-004-0046-3
10. Jansen R, van Embden JDA, Gaastra W, Schouls LM (2002) Identification of genes that are associated with DNA repeats in prokaryotes. Mol Microbiol 43: 1565–1575. https://doi.org/10.1046/j.1365-2958.2002.02839.x
11. Makarova KS, Grishin NV, Shabalina SA, et al (2006) A putative RNA-interference-based immune system in prokaryotes: computational analysis of the predicted enzymatic machinery, functional analogies with eukaryotic RNAi, and hypothetical mechanisms of action. Biol Direct 1: 7. https://doi.org/10.1186/1745-6150-1-7
12. García-Martínez J, Maldonado RD, Guzmán NM, Mojica FJM (2018) The CRISPR conundrum: evolve and maybe die, or survive and risk stagnation. Microb Cell 5: 262–268. https://doi.org/10.15698/mic2018.06.634

13. Barrangou R, Fremaux C, Deveau H, et al (2007) CRISPR provides acquired resistance against viruses in prokaryotes. Science 315: 1709–1712. https://doi.org/10.1126/science.1138140
14. Marraffini LA (2015) CRISPR-Cas immunity in prokaryotes. Nature 526: 55–61. https://doi.org/10.1038/nature15386
15. Schmidt F, Cherepkova MY, Platt RJ (2018) Transcriptional recording by CRISPR spacer acquisition from RNA. Nature 562: 380–385. https://doi.org/10.1038/s41586-018-0569-1
16. Pawluk A, Davidson AR, Maxwell KL (2018) Anti-CRISPR: discovery, mechanism and function. Nat Rev Microbiol 16: 12–17. https://doi.org/10.1038/nrmicro.2017.120
17. Wagner DL, Amini L, Wendering DJ, et al (2018) High prevalence of *Streptococcus pyogenes* Cas9-reactive T cells within the adult human population. Nat Med 25: 242–248. https://doi.org/10.1038/s41591-018-0204-6
18. Liang P, Xu Y, Zhang X, et al (2015) CRISPR/Cas9-mediated gene editing in human tripronuclear zygotes. Protein Cell 6: 363–372. https://doi.org/10.1007/s13238-015-0153-5
19. Society and Ethics Research Wellcome Genome Campus (2018) International Summit on Human Genome Editing – He Jiankui presentation and Q&A. In: YouTube. Aufgerufen am 03.12.2018: youtu.be/tLZufCrjrN0
20. Hütter G, Nowak D, Mossner M, et al (2009) Long-Term Control of HIV by CCR5Δ32/Δ32 Stem-Cell Transplantation. N Engl J Med 360: 692–698. https://doi.org/10.1056/nejmoa0802905
21. Allers K, Hütter G, Hofmann J, et al (2011) Evidence for the cure of HIV infection by CCR5Δ32/Δ32 stem cell transplantation. Blood 117: 2791–2799. https://doi.org/10.1182/blood-2010-09-309591
22. Gupta RK, Abdul-Jawad S, McCoy LE, et al (2019) HIV-1 remission following CCR5Δ32/Δ32 haematopoietic stem-cell transplantation. Nature 568: 244–248. https://doi.org/10.1038/s41586-019-1027-4

23. Keele BF (2006) Chimpanzee Reservoirs of Pandemic and Nonpandemic HIV-1. Science 313: 523–526. https://doi.org/10.1126/science.1126531
24. Novembre J, Galvani AP, Slatkin M (2005) The Geographic Spread of the CCR5Δ32 HIV-Resistance Allele. PLoS Biol 3: e339. https://doi.org/10.1371/journal.pbio.0030339
25. Galvani AP, Slatkin M (2003) Evaluating plague and smallpox as historical selective pressures for the CCR5-Δ32 HIV-resistance allele. Proc Natl Acad Sci USA 100: 15276–15279. https://doi.org/10.1073/pnas.2435085100
26. Falcon A, Cuevas MT, Rodriguez-Frandsen A, et al (2015) CCR5 deficiency predisposes to fatal outcome in influenza virus infection. J Gen Virol 96: 2074–2078. https://doi.org/10.1099/vir.0.000165
27. Joy MT, Ben Assayag E, Shabashov-Stone D, et al (2019) CCR5 Is a Therapeutic Target for Recovery after Stroke and Traumatic Brain Injury. Cell 176: 1143–1157.e13. https://doi.org/10.1016/j.cell.2019.01.044
28. Zhou M, Greenhill S, Huang S, et al (2016) CCR5 is a suppressor for cortical plasticity and hippocampal learning and memory. eLife 5: 338. https://doi.org/10.7554/elife.20985
29. Ledford H (2015) Where in the world could the first CRISPR baby be born? Nature 526: 310–311. https://doi.org/10.1038/526310a
30. Ishii T (2017) Germ line genome editing in clinics: the approaches, objectives and global society. Briefings Funct Genomics 16: 46–56. https://doi.org/10.1093/bfgp/elv053
31. Jiankui H, Ferrell R, Yuanlin C, et al (2018) Draft Ethical Principles for Therapeutic Assisted Reproductive Technologies. CRISPR J. https://doi.org/10.1089/crispr.2018.0051.retract (während der Drucklegung des Buches wurde der Artikel zurückgezogen)
32. Cheng Y (2019) Brave new world with Chinese characteristics. In: Bulletin of the Atomic Scientists. Aufgerufen am 23.02.2019: thebulletin.org/2019/01/brave-new-world-with-chinese-characteristics/

33. Yang X (2019) Weltmacht: Ob in China … Die Zeit, Ausgabe 16, Seite 3
34. Krimsky S (2019) Ten ways in which He Jiankui violated ethics. Nat Biotechnol 37: 19–20. https://doi.org/10.1038/nbt.4337
35. Schöne-Seifert B (2019) „Russisches Roulette" in der Genforschung am Menschen? Ethik Med 362: 1–5. https://doi.org/10.1007/s00481-018-00516-z
36. Fischer J (2018) Der Abstieg des Westens: Europa in der neuen Weltordnung des 21. Jahrhunderts. Kiepenheuer & Witsch, Köln
37. Liu Z, Cai Y, Wang Y, et al (2018) Cloning of Macaque Monkeys by Somatic Cell Nuclear Transfer. Cell 172: 881–887.e7. https://doi.org/10.1016/j.cell.2018.01.020
38. Liu Z, Cai Y, Liao Z, et al (2019) Cloning of a gene-edited macaque monkey by somatic cell nuclear transfer. Natl Sci Rev 6: 101–108. https://doi.org/10.1093/nsr/nwz003
39. Al-Balas QA, Dajani R, Al-Delaimy WK (2019) Traditional Islamic approach can enrich CRISPR twins debate. Nature 566: 455. https://doi.org/10.1038/d41586-019-00665-1
40. Lander ES, Baylis F, Zhang F, et al (2019) Adopt a moratorium on heritable genome editing. Nature 567: 165–168. https://doi.org/10.1038/d41586-019-00726-5
41. Salganik M, Hirsch ML, Samulski RJ (2015) Adeno-associated Virus as a Mammalian DNA Vector. In: Craig, Chandler, Gellert, et al (Hrsg) Mobile DNA III. American Society of Microbiology, S 829–851. https://doi.org/10.1128/microbiolspec.MDNA3-0052-2014
42. Kay MA (2011) State-of-the-art gene-based therapies: The road ahead. Nat Rev Genet 12: 316–328. https://doi.org/10.1038/nrg2971
43. Zhang J, Zhuang G, Zeng Y, et al (2016) Pregnancy derived from human zygote pronuclear transfer in a patient who had arrested embryos after IVF. Reprod BioMed Online 33: 529–533. https://doi.org/10.1016/j.rbmo.2016.07.008
44. Reardon S (2016) „Three-parent baby" laim raises hopes–and ethical concerns. Nature News. https://doi.org/10.1038/nature.2016.20698

Weiterführende Literatur

Donohoue PD, Barrangou R, May AP (2018) Advances in Industrial Biotechnology Using CRISPR-Cas Systems. Trends Biotechnol 36: 134–146. https://doi.org/10.1016/j.tibtech.2017.07.007

Adli M (2018) The CRISPR tool kit for genome editing and beyond. Nat Commun 9: 1911. https://doi.org/10.1038/s41467-018-04252-2

Chandrasegaran S, Carroll D (2016) Origins of Programmable Nucleases for Genome Engineering. J Mol Biol 428: 963–989. https://doi.org/10.1016/j.jmb.2015.10.014

Lander ES (2016) The Heroes of CRISPR. Cell 164: 18–28. https://doi.org/10.1016/j.cell.2015.12.041

Rommelfanger KS, Wolpe PR, Drafting T, Drafting and Reviewing Delegates of the BEINGS Working Groups (2017) Ethical principles for the use of human cellular biotechnologies. Nat Biotechnol 35: 1050–1058. https://doi.org/10.1038/nbt.4007

6

Erbgut schreiben

Während wir in den vorhergehenden Abschnitten ganz konkrete Eingriffe in das Erbgut von Organismen kennengelernt haben, wird es jetzt etwas utopischer – aber nur etwas. Neueste Methoden der Gentechnik beinhalten nicht nur die präzise Veränderung des Erbgutes ohne dabei „Spuren" zu hinterlassen, sondern auch die komplett chemische Synthese von Erbinformation. Das DNA-Molekül kann also im Reagenzglas synthetisiert werden. Dies ist nichts Neues und alte **DNA-Synthesegeräte** erhält man bei *eBay* für relativ wenig Geld (Abb. 6.1). Die Technologie wird aber immer ausgereifter. Mit der aktuell verfügbaren Phosphoramidit-basierten chemischen Synthese können rund 250 Nukleotide lange Fragmente erzeugt werden. Mit der Entwicklung neuerer Methoden, werden die Fragmentlängen deutlich größer [1].

Der Bakterien befallende Virus (Phage) **ϕX174** war 1977 das erste (von Frederik Sanger) sequenzierte Genom – und ein Vierteljahrhundert später eines der

R. Wünschiers, *Generation Gen-Schere*,
https://doi.org/10.1007/978-3-662-59048-5_6

Abb. 6.1 Noch zu haben: ein Apparat zur chemischen Synthese von kurzen DNA-Fragmenten bei *eBay*

ersten vollständig synthetisch hergestellten [2, 3]. An dieser Arbeit war bereits ein Pionier der Genomforschung beteiligt, Craig Venter. Zuvor war es dem deutschstämmigen, aber in den USA forschenden Biochemiker Eckard Wimmer gelungen, synthetisch einen infektiösen **Poliovirus** zu generieren. Wir sind also neuerdings in der Lage, Erbinformation zu „schreiben". Im Jahr 2010 wurde das erste Bakterium geschaffen, dessen Erbgut nicht vom Bakterium selbst, sondern im Reagenzglas erzeugt wurde [4]. Wissenschaftlerinnen und Wissenschaftler des *J-Craig-Venter-Institutes* steckten nach eigenen Angaben 15 Arbeitsjahre und 40 Mio. US$ in das Projekt. Das resultierende Bakterium trägt den Namen ***Mycoplasma*** *mycoides* Stamm JCVI-syn1.0 (Abb. 6.4).

6.1 Leben fabrizieren

Zwar ist die Wissenschaft noch weit davon entfernt, komplette Lebewesen aus „einem Gemisch von Chemikalien" zu erzeugen. Die Idee und die mit ihr verbundene Faszination ist aber uralt, wie auch der Ausschnitt von

Francis Bacons *„New Atlantis"* zeigt (Kap. 3). Einen eindrucksvollen Versuch Leben „nachzubauen" unternahm der französische Ingenieur und Erfinder Jacques De Vaucanson in der Mitte des achtzehnten Jahrhunderts (Abb. 6.2) [5]. Seine **Ente** war aus mehreren Hundert beweglichen Bauelementen zusammengesetzt (allein ein Flügel bestand aus über 400 Teilen) und konnte *„Watscheln. Saufen. Fressen. Scheißen."*, wie der deutsche Schriftsteller Günter Kunert in einer Kurzgeschichte über die Ente schrieb [6]. Leider ist kein Exemplar mehr erhalten, aber der französische Philosoph Denis Diderot, ein Zeitgenosse von De Vaucanson, sah sie und nahm sie in seine Enzyklopädie von 1751 unter dem Eintrag *„automaton"* auf. Im Museum für mechanische Träume (fr. *Musée des Automates de Grenoble „Rêves mécaniques"*) im französischen Grenoble ist heute noch ein Nachbau zu bewundern. Die Imitation der Natur ging so weit, dass die Ente sogar einen künstlichen Verdauungsapparat besaß. Körner, die sie aufpickte, wurden durch einen chemischen

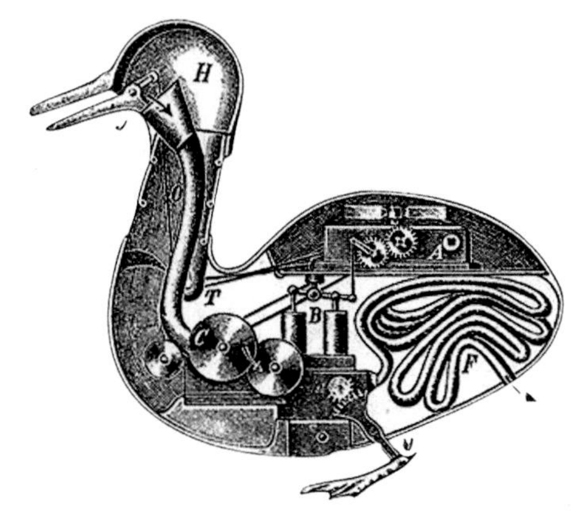

Abb. 6.2 Leben fabrizieren. Die mechanische Ente des Jacques De Vaucanson

Cocktail in ihrem künstlichen Darm verdaut und ausgeschieden.

Aktuelle Versuche, lebendige Systeme nachzubauen, unterscheiden sich in ihrer Idee nicht von früheren Unternehmungen. Und wenn ich „Systeme" schreibe, dann wird schon deutlich, dass die zugrunde liegende Denkweise die eines Ingenieurs ist. Ein Lebewesen wird als biologisches System betrachtet. Die Wissenschaft der Regelung dieses Systems wurde in der Mitte des neunzehnten Jahrhunderts **Kybernetik** getauft. Durch die Möglichkeiten der Messung und Analyse von biologischen Systemen im Hochdurchsatz wurde aus der Kybernetik die **Systembiologie.** Sie versucht, das biologische System möglichst umfassend zu beschreiben. Der konsequenterweise nachfolgende Schritt ist die Verwendung dieses systemischen Wissens, um Lebensprozesse nicht nur zu steuern, sondern auch von Grund auf neu zu entwerfen und zu erweitern. Im Abschn. 2.2 haben wir bereits den genetischen Code kennengelernt, wonach jeweils drei Nukleotide ein Codon (Triplett) bilden, die wiederum für eine der zwanzig Aminosäuren codieren. In einigen Lebewesen kann das Stop-Codon TGA auch für eine 21ste Aminosäure, das **Selenocystein,** oder eine 22ste, das **Pyrrolysin,** codieren. Vom Menschen kennt man derzeit 25 Proteine, die Selenocystin enthalten, sogenannte Selenoproteine, die insbesondere oxidativem Stress entgegenwirken und scheinbar in unserem Nervensystem eine bedeutende Rolle spielen [7, 8]. Was liegt näher, als noch eine 23ste, 24ste … Aminosäure zu codieren, den Code also zu erweitern. Theoretisch kann ein Triplett aus vier Nukleotiden 64 Aminosäuren codieren (4 × 4 × 4). Einige Aminosäuren haben aber mehrere unterschiedliche

Tripletts. Die Aminosäure Serin wird beispielsweise durch die vier Tripletts TCA, TCC, TCG und TCT codiert. Die „einfachste" Möglichkeit besteht nun darin, einem Triplett eine neue Aminosäure zuzuordnen. Das ist komplex, da an der Translation (Übersetzung) eines Tripletts in eine Aminosäure zahlreiche molekulare Komponenten in der Zelle beteiligt sind. Aber es ist bereits gelungen, entsprechende Mikroorganismen gentechnisch zu erzeugen [9]. Auf diese Weise können Aminosäuren in Proteine eingebaut werden, wie sie in der Natur nicht vorkommen und wie sie im Labor mittels der chemischen Synthese kaum zu erzeugen sind. Dies hilft nicht nur bei der Untersuchung der Funktion biologischer Systeme, sondern man hofft auch, auf diese Weise neue Medikamente entwickeln zu können.

Wissenschaftlerinnen und Wissenschaftler aus Cambridge in Großbritannien versuchen, den molekularen Übersetzungsapparat in der Zelle um ein Nukleotid zu erweitern [10]. Aus einem Triplett wird ein **Quadruplett,** das theoretisch $4 \times 4 \times 4 \times 4 = 256$ Aminosäuren codieren kann. Dies ist ein noch tieferer Eingriff in den Translationsapparat. Anfang 2019 ist es einem Forscherteam aus den USA gelungen, den genetischen Code um vier zusätzliche **synthetische Nukleotide** zu erweitern [11]. Neben den natürlichen Nukleotiden A, T, C und G (Abschn. 2.1) kommen noch B, P, S und Z hinzu, deren Molekülnamen ich Ihnen an dieser Stelle ersparen möchte. Dabei paart sich B mit S und P mit Z. Die Forscher haben ihre synthetische DNA ***hachimoji*-DNA** getauft, was im japanischen „acht Buchstaben" bedeutet. Auf diese Weise können nicht nur mehr Aminosäuren codiert werden. Es ist auch möglich ein biologisches System zu bauen, dass zu natürlichen Systemen nicht mehr kompatibel ist (Orthogonalität, Abschn. 6.2). Die Anwendung dieser „extremen Gentechnik" soll damit zur Sicherheit beitragen, da eine Auskreuzung nicht mehr möglich ist. Zudem soll die *hachimoji-DNA* als Informationsspeicher fungieren können. Denn längst wird schon daran geforscht, mit welchem Medium sich Information lange speichern lässt. Wer noch alte CDs hat, wird sich wundern, wenn sie nicht mehr abgespielt werden können. Hingegen ist es bereits gelungen, 50.000 Jahre alte DNA-Moleküle zu lesen (Abschn. 4.2). Die beschriebenen Beispiele zeigen, dass das Bioingenieurwesen endgültig geboren ist. Diese neue Forschungsrichtung wird **synthetische Biologie** genannt.

6.2 Synthetische Biologie

Die synthetische Biologie macht mit Schlagzeilen wie *„Wir spielen Gott"* in Publikumsmagazinen auf sich aufmerksam. Beschrieben wird dort, wie Wissenschaftlerinnen und Wissenschaftler versuchen, Mikroorganismen gezielt zu verändern, um ihnen Funktionen wie die Synthese von Biodiesel oder die Bindung atmosphärischen Kohlendioxids zu verleihen. Das ist doch Gentechnik!? In der Tat beschäftigt sich die Gentechnik seit Langem mit ähnlichen Fragestellungen. Die synthetische Biologie geht aber weiter, indem sie die Bio- beziehungsweise Gentechnik zu einer wahren Ingenieurkunst erheben möchte, die mit standardisierten Bauteilen arbeitet, respektive **DNA-Modulen** (Abb. 6.3).

Wie bei den Ingenieurwissenschaften soll das Ergebnis der Neukombination (Synthese) solcher Bauelemente vorhersagbar beziehungsweise simulierbar sein (siehe *„Neu Atlantis"* in Kap. 3). Versuch und Irrtum soll durch Design ersetzt werden. Die synthetische Biologie als eine moderne

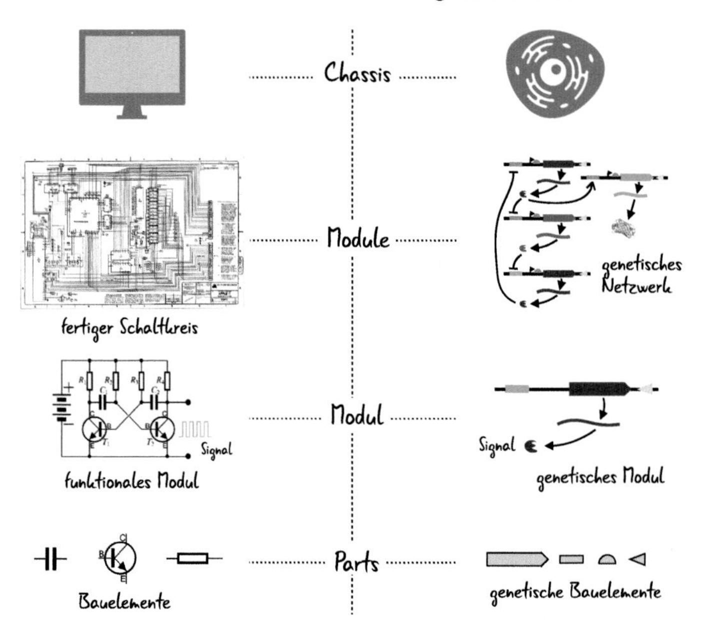

Abb. 6.3 Konzept der synthetischen Biologie. Wie in der Elektronik, sollen standardisierte Bauteile *(parts)* zu funktionalen Komponenten (Modulen) zusammengesetzt und in Chassis eingebaut werden

Teildisziplin der Biowissenschaften ist derzeit die Spitze einer Reihe von gentechnologischen Entwicklungen der vergangenen Jahrzehnte.

Ich möchte gleich zu Beginn das Missverständnis vermeiden, dass es sich bei der synthetischen Biologie um die synthetische Evolutionstheorie handelt. Während es sich bei Letzterer um eine Erweiterung der Darwin'schen Evolutionstheorie um molekularbiologische Erkenntnisse handelt, beinhaltet die synthetische Biologie eine neue Forschungs- und Anwendungsrichtung innerhalb der Lebenswissenschaften. Ein weiteres häufiges Missverständnis betrifft den Begriffsteil **synthetisch:** Synthese ist hier im Sinne von Zusammenbringen zu verstehen – DNA-Module mit definierten Funktionen werden zusammengebracht und es entsteht etwas Neues.

Die Ideen hinter der synthetischen Biologie sind nicht neu. Schon 1911 vertrat der in Mayen geborene, aber in die USA emigrierte Biologe Jacques Loeb (1859–1924) in einem Vortrag in Hamburg die Ansicht, dass der Weg zum Verständnis der Natur des Lebens in der Herstellung von Leben im Labor liegt. Seine Ansichten wurden 1912 im Magazin *Popular Science Monthly* veröffentlicht und noch im selben Jahr als Buch mit dem Titel *„The Mechanistic Conception of Life“* veröffentlicht [12]. Den größten Einfluss auf die öffentliche Wahrnehmung der synthetischen Biologie hatte bislang die medial inszenierte Veröffentlichung der Forschungsergebnisse des J-Craig-Venter-Institutes in den USA, am 20. Mai 2010 als Pressemitteilung, Pressekonferenz und wissenschaftliche Publikation. Es wurde mitgeteilt, dass

> „[…] the first self-replicating species that we have had on the planet whose parent is a computer […] the first species that has its own website encoded in it genetic code“

geschaffen wurde. Die Synthese scheint einfach: „building the chromosomes from four bottles of chemicals“. Das nicht-profitorientierte *J-Craig-Venter-Institute* löste eine weltweite mediale Resonanz aus, von gelassener Wahrnehmung bis hin zu hysterischen Frankenstein-Meldungen. Der Vatikan nahm die Meldung von der ersten synthetischen Art namens ***Mycoplasma mycoides*** **JCVI-syn1.0** gelassen auf und würdigte die wissenschaftliche Leistung. Dies entbehrt nicht einer gewissen Ironie, da die meisten Pressemitteilungen, zumindest in Europa, den Wissenschaftlerinnen und Wissenschaftlern vorwarfen, Gott zu spielen.

Was aber hat die Arbeitsgruppe um Craig Venter tatsächlich erreicht (Abb. 6.4)? Zunächst wurde eine veränderte Genomsequenz des Bakteriums *Mycoplasma mycoides* synthetisiert. Die Veränderungen gegenüber der etwa eine Millionen Nukleotide langen Sequenzvorlage betreffen vor allem die Integration von sogenannten **Wasserzeichen,** die das synthetische Genom deutlich von dem Original unterscheidbar machen. Ein Wasserzeichen beinhaltet beispielsweise die URL zu einer Webseite mit Informationen zu dem Bakterium. Die eigentliche Synthese des Erbgutes erfolgte in mehreren

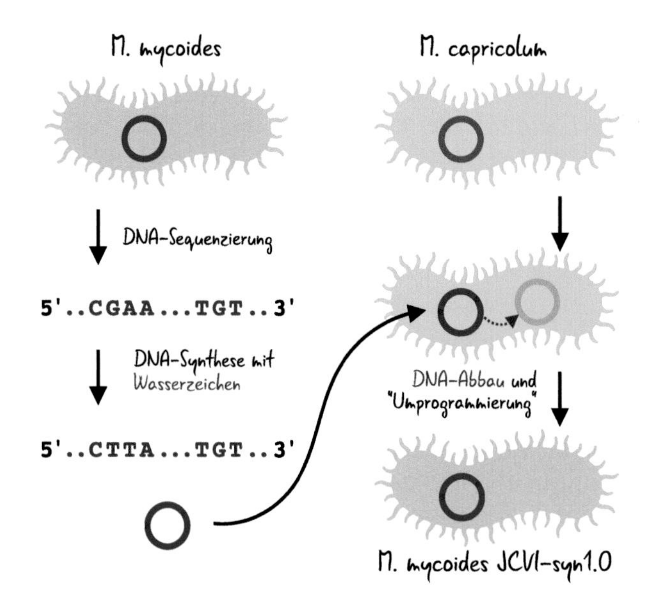

Abb. 6.4 Vollständige chemische Synthese des Chromosoms des Bakteriums *Mycoplasma mycoides* und Transfer der DNA in das Bakterium *Mycoplasma capricolum.* Auf die Weise wird der eine in den anderen Organismus umprogrammiert

Schritten. Zunächst wurde die chemische Synthese von 1078-mal 1080 Nukleotiden langen DNA-Fragmenten bei DNA-Synthesefirmen in Auftrag gegeben – darunter war auch die deutsche Firma *GeneArt* aus Regensburg. Da sich die Sequenzenden der bestellten Fragmente teilweise überlappten, konnten sie zu 109-mal 10.080 Nukleotiden langen Fragmenten fusioniert (ligiert) werden. In einem weiteren Schritt erfolgte die Ligation zu elfmal 100.000 Nukleotiden langen Fragmenten und abschließend die endgültige Fusion der elf Fragmente zu einem 1.077.947 Basenpaare langem zirkularem Chromosom. Die genannten Fragmentfusionen erfolgten aber nicht *in vitro* (im Reagenzglas), sondern wurden in Hefezellen durchgeführt. Die beschriebene **Genomsynthese** bedient sich somit hauptsächlich biologischer Funktionen der Hefe. Lediglich die Erstsynthese der kurzen Fragmente erfolgte chemisch. Auch das Einbringen des synthetischen *Mycoplasma mycoides* Genoms in *Mycoplasma capricolum* erfolgte mit einer zellbiologischen Standardmethode, der Protoplastenfusion (Abb. 3.4). Nüchtern betrachtet reduziert sich der wissenschaftliche Erfolg dieses rund 15-jährigen Forschungsprojektes auf die Kombination alter Methoden und der Beseitigung daraus folgender neuer Probleme – sowie einer großartigen Pressearbeit. Da sowohl die Hefe als auch der Zielprotoplast funktionsfähig und vollständig vorhanden sein mussten, kann von einer Neusynthese von Leben keine Rede sein.

Der US-amerikanische Genetiker George Church ist neben Craig Venter einer der großen Vordenker auf dem Gebiet der synthetischen Biologie. Er interessiert sich mehr für die gezielte Änderung der genetischen Information eines vorhandenen Genoms als dafür, ein neues zu synthetisieren. Dazu arbeitet seine Forschungsgruppe auch mit der CRISPR/Cas-Genschere. Möchte man viele Stellen im Erbgut gleichzeitig editieren, dann ergibt sich ein großes Problem: Die DNA zerfällt in viele Teile (fragmentiert). Schneidet die Genschere an einer Position, dann wird die DNA durch zelleigene Reparaturmechanismen wieder zusammengesetzt (Abb. 5.2). Wird aber beispielsweise an hundert Stellen parallel geschnitten, dann liegen zu viele Chromosomenfragmente gleichzeitig vor und der Reparaturmechanismus versagt. Das Team um George Church hat kürzlich eine weiterentwickelte Genschere vorgestellt, mit der sie an menschlichen Zellen über 13.000 Veränderungen gleichzeitig einführen konnten [13]. Bereits im Jahr 2017 konnten Wissenschaftlerinnen und Wissenschaftler unter Beteiligung von George Church mit einer ähnlichen Methode an 25 Positionen Retroviren (engl. *porcine endogenous retroviruses,* PERV) aus dem Erbgut von Schweinen schneiden und entsprechend veränderte Ferkel zur Welt bringen, ausgetragen nach einer In-vitro-Fertilisation von Ammensäuen [14]. Diese Forschung an Schweinen hat große Bedeutung im Zusammenhang mit der **Xenotransplantation,** bei der versucht wird, Organe von Spenderschweinen bei Menschen zu transplantieren [15]. Denn neben der Immunabwehr gegen Organgewebe aus Tieren ist die mögliche Übertragung von Viren eines der Hauptprobleme.

George Church denkt aber noch weiter: Er möchte ausgestorbene Tiere wiederbeleben (Abb. 6.5) [16]. Das erste ausgestorbene Tier, das man als Klon wiedergeboren hat, war der im Jahr 2000 ausgestorbene Pyrenäensteinbock [17]. Der Klon lebte allerdings nur wenige Minuten. Aber wie sieht es mit Lebewesen aus, die seit Jahrmillionen ausgestorben sind? Können wir diese wie in Michael Crichtons *„Dino Park"* beziehungsweise der Verfilmung *„Jurassic Park"* wieder aufleben lassen [18]? Church glaubt, dass es geht. Ausgehend von den nächsten lebenden Verwandten der Dinosaurier, den Vögeln, müssten Schritt für Schritt die Mutationen wieder rückgängig gemacht werden, die

Abb. 6.5 Einen „Straußosaurus" – gibt es ebenso wenig wie eine so große Erdbeere. Vögel sind noch lebende Dinosaurier. Einige Wissenschaftlerinnen und Wissenschaftler halten es für möglich, das Erbgut und so einen Vogel wie den Strauß in saurierähnliche Wesen zu verwandeln. Quelle: Die Zeichnung des Erdbeergärtners stammt von Inga-Lisa Burmester

beide Klassen voneinander trennen. Dazu müsste man allerdings die genetischen Unterschiede kennen. Und tatsächlich versuchen mehrere Wissenschaftlerteams, diese vorherzusagen [19]. Die Unterschiede zwischen dem Neandertaler und dem modernen Menschen sind dagegen bekannt …

„Was ich nicht erschaffen kann, das kann ich auch nicht verstehen", sagte der US-amerikanische Physiker und Nobelpreisträger Richard Feynman einst. Von der mathematischen Modellierung von Stoffwechselwegen und der Vorhersage deren Verhaltens mit einem Computer bis zur Validierung beziehungsweise Nutzung im lebenden Organismus ist es nur ein kleiner Schritt – wenn denn die Methodik zur gezielten Erzeugung des entworfenen Wunschorganismus existiert. Damit ist ein wichtiger Forschungsbereich der synthetischen Biologie skizziert: das Design eines Stoffwechselweges oder gar eines Organismus

und dessen Inkarnation. Die Ergebnisse der Modellierung geben dabei das Ziel vor. Diesen Teilbereich der synthetischen Biologie bezeichnet man als **Metabolic Design** (dt. metabolisches Design) und er ist eine unmittelbare Fortführung der Gentechnik. Beispiele sind die Biosynthese des Malariaheilmittels Artemisininsäure (siehe später) oder von Biodiesel mit gezielt entworfenen Mikroorganismen.

Warum ist dies mehr als Gentechnik? Der wesentliche Unterschied liegt in der Vorgehensweise. Alle biologischen Funktionselemente liegen als sogenannte ***parts*** (funktionelle biologische Komponenten) samt einer detaillierten Beschreibung in einer elektronischen Datenbank und als DNA-Sequenz in einem Plasmid vor. Wissenschaftlerinnen und Wissenschaftler können sich nun geeignete Komponenten anhand der Beschreibung aussuchen und dann physisch bestellen.

Die Plasmide, in welche die DNA-Sequenzen der *parts* hineinkloniert werden, haben einen streng definierten Aufbau, der es erlaubt, mehrere *parts* mit Standardmethoden der Molekularbiologie geordnet hintereinander zu einem Genkonstrukt **(Modul)** anzuordnen. Dieses kann dann zur Transformation eines Zielorganismus verwendet werden. Mit der synthetischen Biologie soll in die Gentechnik eine ingenieurgleiche Vorgehensweise eingeführt werden. Sehr gut charakterisierte Bauteile (hier *parts*) werden zusammengebracht, um im Zielorganismus eine vorher definierte Aufgabe zu erfüllen. Biologinnen und Biologen werden zu Konstrukteurinnen und Konstrukteuren. Diese Standardisierung der *parts* kann mit der Einführung von DIN-Normen in die Biotechnologie verglichen werden. Biologische Komponenten können jetzt unabhängig von ihrer Quelle mit Standardmethoden zusammengefügt werden – das können dann auch Roboter.

Schauen wir uns das Vorzeigeprojekt der synthetischen Biologie und des *metabolic engineering* an: das Malariamedikament **Artemisinin**. Malaria, die vor allem in Erdteilen mit tropischem oder subtropischem Klima auftritt, wird durch einen einzelligen Parasiten ausgelöst, der zur Gattung *Plasmodium* gehört und durch Mücken übertragen wird. Nach Schätzungen der Weltgesundheitsorganisation (WHO) erkranken jährlich rund 200 Mio. Menschen, wovon ca. eine Million sterben. Zur Bekämpfung der Krankheit gibt es unterschiedliche Präparate. Allerdings entwickeln sich zunehmend Resistenzen bei dem Erreger [20]. Die WHO empfiehlt darum ein Artemisinin-Kombinationspräparat (Handelsname *Eurartesim*) mit den Wirkstoffen Dihydroartemisinin und Piperaquinphosphat. Der Wirkstoff Dihydroartemisinin wird aus der Beifuß-Pflanze *Artemisia annua* gewonnen. Ein Problem ist, dass die von den Pflanzen produzierte Menge den heutigen Weltbedarf nicht decken kann [21]. Mit Methoden der synthetischen Biologie, insbesondere des *metabolic design,* ist es möglich geworden, die Vorstufe dieser Substanz in großen Mengen in Mikroorganismen zu synthetisieren und die Kosten so gering zu halten, dass es auch für Patientinnen und Patienten in den Entwicklungsländern bezahlbar bleibt. Die Forschung wurde von der *Bill & Melinda Gates Fundation* gefördert und das Produktionsverfahren 2008 von *Sanofi* einlizenziert. Es handelt sich dabei um das erste Medikament, das mithilfe der synthetischen Biologie im industriellen Maßstab produziert wird [22].

Die biotechnologische Produktion gelang durch die Veränderung und Erweiterung des Stoffwechsels des Bakteriums *Escherichia coli* und der Hefe *Saccharomyces cerevisiae* [23, 24]. Für die Produktion in der Hefe als Produktionsorganismus müssen nur vier Schritte ergänzt werden, damit es zur Entstehung von Artemisininsäure kommt. Mittels Hoch- und Runterregulation bestimmter Gene in diesem neu konstruierten Stoffwechselweg werden zusätzliche Verbesserungen in der Stoffumsetzung der einzelnen Syntheseschritte erreicht. Am Ende wird die hergestellte Artemisininsäure aus der Zelle transportiert und zum fertigen Wirkstoff umgesetzt. Der Vergleich zwischen dem herkömmlichen Herstellungsweg mit dem Beifuß und der rekombinanten Produktion mit Bakterien oder Hefen zeigt deutlich die Vorteile: Während die Gewinnung durch die Pflanze rund ein Jahr dauert und von Klima- und Umweltfaktoren abhängt, erfolgt die Synthese durch Mikroorganismen unabhängig von der Umwelt innerhalb von etwa vier Wochen.

Ein weiterer Teilbereich der synthetischen Biologie befasst sich mit dem Zielorganismus, der konsequenter Weise als **Chassis** bezeichnet wird. Das Ziel ist, ein Chassis zu entwerfen, dass mit den aufzunehmenden Genkonstrukten möglichst wenig interferiert. Hierzu gibt es zwei elementare Ansätze. Im Forschungsbereich der **Minimalzellen** wird ausgehend von einem Bakterium mit einem möglichst kleinen Genom untersucht, wie viele Gene entbehrlich sind. Das kleinste bekannte Genom eines freilebenden Bakteriums hat *Mycoplasma genitalium* mit knapp 500 proteinkodierenden Genen. Untersuchungen deuten darauf hin, dass hiervon 387 proteinkodierende Gene und 43 RNA-kodierende Gene essenziell sind. Das Chassis mit just diesen Genen wurde als *Mycoplasma laboratorium* 2016 [25] der Öffentlichkeit vorgestellt und zum Patent angemeldet. Im Gegensatz zu diesem ***top-down***-Ansatz, bei dem ausgehend von einer intakten Zelle Schritt für Schritt Gene entfernt werden, steht der ***bottom-up***-Ansatz der **Protozellenforschung** (Abb. 6.6).

Basierend auf Lipidvesikeln wird versucht, genetische und biochemische Komponenten zu kompartimentieren und zum Wachstum und Replikation zu bringen.

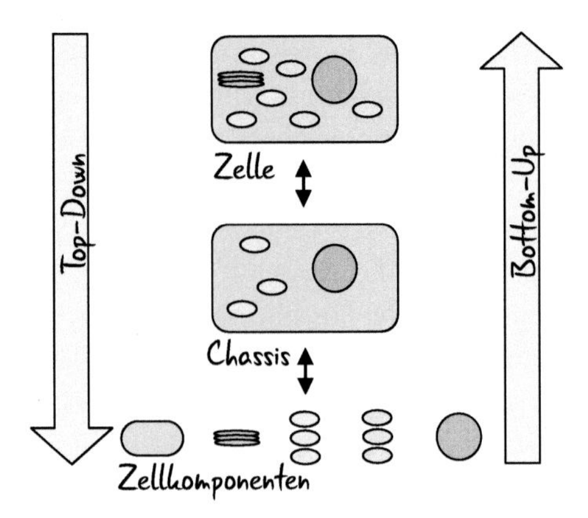

Abb. 6.6 Zwei unterschiedliche Konzepte, wie Zellen als Chassis für gentechnische Anwendungen konstruiert werden können. Beim *top-down*-Ansatz werden Zellen zunehmend reduziert. Dagegen werden bei *bottom-up*-Ansatz Zellen von Grund auf neu geschaffen

Dieser Forschungsansatz ist eng verwandt und verwoben mit der Suche nach geeigneten Bedingungen, unter denen sich die Entstehung von Leben abgespielt haben könnte. Es bleibt abzuwarten, welches Chassis sich langfristig durchsetzt.

Die synthetische Biologie beinhaltet auch den Versuch, Mikroorganismen zu entwerfen, die als biologische **Sensoren** agieren und auf bestimmte Umweltsignale eine definierte Antwort liefern. Beispielsweise gibt es Versuche, in Bakterien Proteine zu exprimieren, die optimiert wurden, um den **Sprengstoff** Trinitrotoluol (TNT) zu detektieren und bei Anwesenheit von TNT eine Reaktionskaskade in dem Bakterium auszulösen. Diese könnte so designt werden, dass die Bakterien Leuchtsignale aussenden. Erklärtes Ziel ist die Verwendung solcher Bakterien für die Detektion von Landminen. Denkbar wären auch das

Aufspüren von Stoffgemischen mit einem Organismus und auch die Anzeige von Konzentrationsstufen. Dies würde **komplexe Schaltkreise** voraussetzen, einem weiteren Zweig der synthetischen Biologie. Das ultimative Ziel ist eine logische Signalverarbeitung, wie man sie von Computern kennt. Die Grundlagen hierzu sind bereits gelegt. Die Metapher von der Programmierung einer Zelle wird hiermit auf eine neue Ebene gehoben, von der Programmierung des DNA-Codes hin zur Programmierung der Informationsverarbeitung durch genetische Regelkreise. Ein großer Erfolg gelang bereits im Jahr 2000 mit der gezielten Entwicklung und Simulation eines Schaltkreises am Computer und dessen Umsetzung in einer Zelle [26]. Die Firma *Microsoft Research* hat bereits eine speziell auf die Ansprüche der synthetischen Biologie zugeschnittene Programmiersprache und -umgebung namens Visual GEC entwickelt, wobei GEC für *genetic engineering of living cells* steht [27].

Unabhängig davon, ob mit einem Chassis oder einem komplexen Zielorganismus gearbeitet wird: Interaktionen zwischen den Grundfunktionen des Chassis und den eingebrachten Modulen müssen verhindert werden. Das Teilgebiet **orthogonale Systeme** beschäftigt sich explizit mit diesem Problem. Beispielsweise lässt sich durch die Verwendung eines unnatürlichen genetischen Codes mit einem daran angepassten Genexpressionsapparat der synthetische Transkriptions- und Translationsapparat von jenem des Zielorganismus trennen.

Der Genetiker George Church denkt sogar noch weiter: Die Proteine aller Lebewesen sind aus Aminosäuren aufgebaut, die eine bestimmte räumliche Atomanordnung haben, die sogenannten L-Aminosäuren. Zu jeder L-Aminosäure gibt es eine spiegelverkehrte

D-Variante, ein sogenanntes Stereoisomer. In allen Lebewesen kommen ausschließlich L-Stereoisomere vor. Und auch die DNA hat eine „Drehrichtung". Church hat vorgeschlagen zu versuchen, ein Bakterium zu erschaffen, das nur aus R-Aminosäuren aufgebaut ist. Seine Überzeugung ist, dass die L- und R-Lebewesen nicht kompatibel wären und damit kein Austausch genetischer Information stattfinden kann – ein perfektes orthogonales System. Churchs Idee ist übrigens nicht mit der *Situs inversus* (lat. invertierte Lage) zu verwechseln. Dies ist eine äußerlich nicht erkennbare, anatomische Besonderheit, die bei etwa einer von 20.000 Personen auftritt und bei der die Organe spiegelbildlich angeordnet sind. Das Herz sitzt rechts und so weiter. Die Erblichkeit des *Situs inversus* wurde erstmals bei Schnecken beschrieben [28].

Orthogonale Systeme werden häufig auch im Kontext der **biologischen Sicherheit** *(biosafety)* genannt. Dieses Teilgebiet der synthetischen Biologie befasst sich mit den Risiken der Verwendung synthetischer Mikroorganismen und überschneidet sich nahezu komplett mit der Sicherheitsforschung in der Gentechnik. Insgesamt dienen die Maßnahmen zur biologischen Sicherheit, dem Schutz der Beschäftigten, der Bevölkerung und der Umwelt vor gefährlichen Organismen und biologischen Agenzien.

Machen wir ein Gedankenexperiment. Nehmen wir an, dass wir einen modifizierten Organismus mit einer Effizienz von 99,9999 % abtöten können. In einem Milliliter einer Zellsuspension mit zehn Millionen Bakterienzellen befindet sich dann statistisch gesehen noch eine Zelle, die potenziell nicht-deaktiviert aus dem Labor oder Produktionsbetrieb entweichen könnte. Eine Sicherheitsmaßnahme wäre die Verwendung von sogenannten auxothrophen Organismen. Diese sind darauf angewiesen, essenzielle Nährstoffe aus der Umwelt aufzunehmen. Das Ziel ist es, Organismen zu kreieren, die nur durch Zugabe von speziellen, nicht in der Natur vorkommenden Substanzen überleben. Der induzierte Zelltod ist eine weitere Methode, Labor- und Produktionsstämme daran zu hindern, in der Umwelt zu überleben. Hierbei werden Stoffwechselwege in den Organismus eingebracht, die zur Bildung von Zellgiften führen. Diese Stoffwechselwege könnten zum Beispiel durch Licht „eingeschaltet" werden.

Eine größere Gefahr birgt jedoch der kriminelle oder terroristische Missbrauch (*dual-use*-Problematik) der Möglichkeiten der synthetischen Biologie – ein Thema, mit dem sich der Bereich **Missbrauchsschutz** *(biosecurity)* befasst. Alarmiert hat in diesem Zusammenhang die Publikation der relativ einfach vorzunehmenden Synthese des Poliovirus und des Virus der **Spanischen Grippe** [29]. Durch Letzteren sind 1918 rund 50 Mio. Menschen gestorben. Bemerkenswerterweise wurde die Publikation zum Poliovirus kurz vor der Veröffentlichung um eine Notiz erweitert:

> „Note added in proof: [...] The fundamental purpose of this work was to provide information critical to protect public health and to develop measures effective against future influenza pandemics."

Die Synthese beider Viren erfolgte vor dem Hintergrund, die molekularen Mechanismen der Infektion und der extrem hohen Pathogenität zu verstehen. Die öffentliche Zugänglichkeit der Genomsequenzen extrem pathogener Viren, wie beispielsweise des **Ebola-Virus** (Abb. 6.7), verbunden mit der Möglichkeit DNA-Moleküle maßgeschneidert als Handelsware bestellen zu können, zeigt die Brisanz des möglicherweise einfachsten Teilbereichs der synthetischen Biologie, der **DNA-Synthese.**

DNA-Synthese-Firmen haben sich daher geeinigt, Bestellungen immer auf Sequenzähnlichkeiten mit

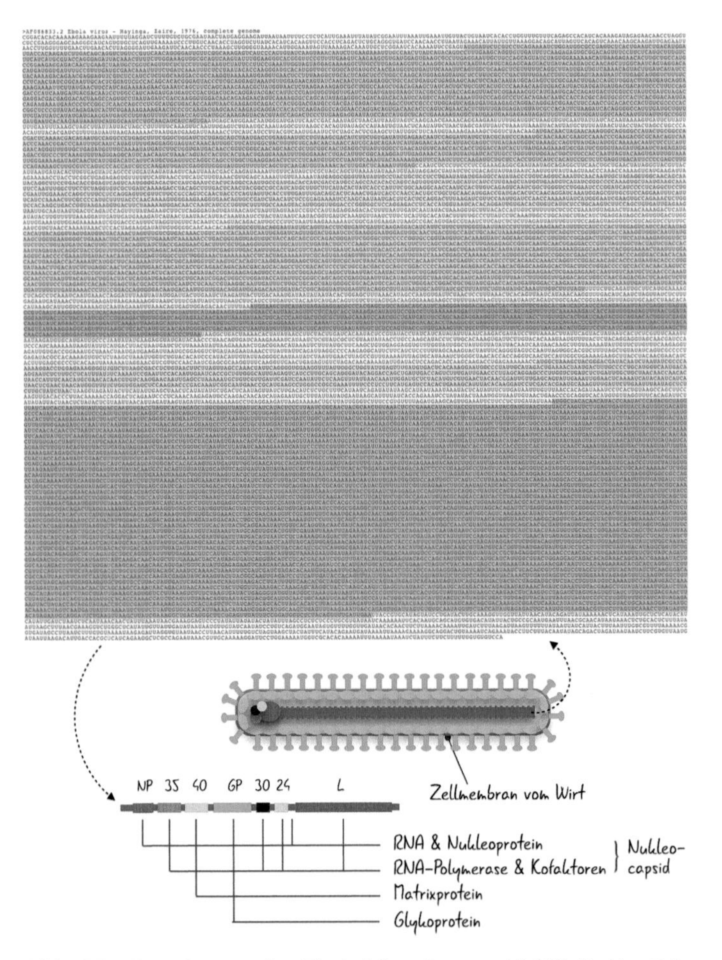

Abb. 6.7 Das Genom des Ebola-Virus ist nur 18.959 Nukleotide lang. Da das Erbgut aus RNA besteht, ist Thymin (T) durch Uracil (U) ersetzt. Das Genom codiert für sieben Proteine, aus denen das Virus aufgebaut wird

bekannten Krankheitserregern zu überprüfen – das kann kriminelle Kräfte aber nicht darin hindern, sich bei *eBay* eine DNA-Synthese-Apparatur zu bestellen (Abb. 6.1). Wie jede Technologie birgt auch die synthetische Biologie Chancen und Risiken, deren jeweiliges Potenzial abzuwägen ist.

Literatur

1. Palluk S, Arlow DH, de Rond T, et al (2018) De novo DNA synthesis using polymerase-nucleotide conjugates. Nat Biotechnol 36: 645–650. https://doi.org/10.1038/nbt.4173
2. Sanger F, Nicklen S, Coulson AR (1977) DNA sequencing with chain-terminating inhibitors. Proc Natl Acad Sci USA 74: 5463–5467. https://doi.org/10.1073/pnas.74.12.5463
3. Smith HO, Hutchison CA, Pfannkoch C, Venter JC (2003) Generating a synthetic genome by whole genome assembly: φX174 bacteriophage from synthetic oligonucleotides. Proc Natl Acad Sci USA 100: 15440–15445. https://doi.org/10.1073/pnas.2237126100
4. Gibson DG, Glass JI, Lartigue C, et al (2010) Creation of a bacterial cell controlled by a chemically synthesized genome. Science 329: 52–56. https://doi.org/10.1126/science.1190719
5. Drux R (2017) „Eine höchst vollkommene Maschine": Von der poetischen Faszination einer mechanischen Ente im späten achtzehnten Jahrhundert. In: Zwischen Literatur und Naturwissenschaft. Walter de Gruyter Verlag, Berlin. S. 105–118. https://doi.org/10.1515/9783110528114-005
6. Kunert G (1989) Tagträume in Berlin und andernorts. Fischer Taschenbuch Verlag, Frankfurt
7. Romagné F, Santesmasses D, White L, et al (2014) SelenoDB 2.0: Annotation of selenoprotein genes in animals and their genetic diversity in humans. Nucleic Acids Res 42: D437–D443. https://doi.org/10.1093/nar/gkt1045
8. Reeves MA, Hoffmann PR (2009) The human selenoproteome: Recent insights into functions and regulation. Cell Mol Life Sci 66: 2457–2478. https://doi.org/10.1007/s00018-009-0032-4
9. Xie J, Schultz PG (2006) A chemical toolkit for proteins—an expanded genetic code. Nat Rev Mol Cell Biol 7: 775–782. https://doi.org/10.1038/nrm2005
10. Neumann H, Wang K, Davis L, et al (2010) Encoding multiple unnatural amino acids via evolution of

a quadruplet-decoding ribosome. Nature 464: 441–444. https://doi.org/10.1038/nature08817
11. Hoshika S, Leal NA, Kim M-J, et al (2019) Hachimoji DNA and RNA: A genetic system with eight building blocks. Science 363: 884–887. https://doi.org/10.1126/science.aat0971
12. Loeb J (1912) The Mechanistic Conception of Life. The University of Chicago Press, Chicago, Illinois/USA
13. Smith CJ, Castanon O, Said K, et al (2019) Enabling large-scale genome editing by reducing DNA nicking. bioRxiv 5: 574020. https://doi.org/10.1101/574020
14. Niu D, Wei H-J, Lin L, et al (2017) Inactivation of porcine endogenous retrovirus in pigs using CRISPR-Cas9. Science 357: 1303–1307. https://doi.org/10.1126/science.aan4187
15. Łopata K, Wojdas E, Nowak R, et al (2018) Porcine Endogenous Retrovirus (PERV) – Molecular Structure and Replication Strategy in the Context of Retroviral Infection Risk of Human Cells. Front Microbiol 9: 432. https://doi.org/10.3389/fmicb.2018.00730
16. Wright DWM (2018) Cloning animals for tourism in the year 2070. Futures 95: 58–75. https://doi.org/10.1016/j.futures.2017.10.002
17. Folch J, Cocero MJ, Chesné P, et al (2009) First birth of an animal from an extinct subspecies (*Capra pyrenaica pyrenaica*) by cloning. Theriogenology 71: 1026–1034. https://doi.org/10.1016/j.theriogenology.2008.11.005
18. Crichton M (1991) Dinopark. Droemer Knaur Verlag, München
19. Griffin DK, Larkin DM, O'Connor RE (2019) Time lapse: A glimpse into prehistoric genomics. Eur J Med Genet. https://doi.org/10.1016/j.ejmg.2019.03.004
20. Ro D, Paradise E, Ouellet M, et al (2006) Production of the antimalarial drug precursor artemisinic acid in engineered yeast. Nature 440: 940–943. https://doi.org/10.1038/nature04640
21. Hommel M (2008) The future of artemisinins: natural, synthetic or recombinant? J Biol 7: 38. https://doi.org/10.1186/jbiol101

22. Peplow M (2016) Synthetic biology's first malaria drug meets market resistance. Nature 530: 389–390. https://doi.org/10.1038/530390a
23. Westfall PJ, Pitera DJ, Lenihan JR, et al (2012) Production of amorphadiene in yeast, and its conversion to dihydroartemisinic acid, precursor to the antimalarial agent artemisinin. Proc Natl Acad Sci USA 109: E111–8. https://doi.org/10.1073/pnas.1110740109
24. Paddon CJ, Westfall PJ, Pitera DJ, et al (2013) High-level semi-synthetic production of the potent antimalarial artemisinin. Nature 496: 528–532. https://doi.org/10.1038/nature12051
25. Hutchison CA, Chuang R-Y, Noskov VN, et al (2016) Design and synthesis of a minimal bacterial genome. Science 351: aad6253. https://doi.org/10.1126/science.aad6253
26. Elowitz MB, Leibler S (2000) A synthetic oscillatory network of transcriptional regulators. Nature 403: 335–338. https://doi.org/10.1038/35002125
27. Pedersen M, Phillips A (2009) Towards programming languages for genetic engineering of living cells. J R Soc, Interface 6: S437–S450. https://doi.org/10.1098/rsif.2008.0516.focus
28. Sturtevant AH (1923) Inheritence of direction of coilling in *Limnaea*. Science 58: 269–270. https://doi.org/10.1126/science.58.1501.269
29. Tumpey TM (2005) Characterization of the Reconstructed 1918 Spanish Influenza Pandemic Virus. 310: 77–80. https://doi.org/10.1126/science.1119392

Weiterführende Literatur

Sleator RD (2016) Synthetic biology: from mainstream to counterculture. Arch Microbiol 198: 711–713. https://doi.org/10.1007/s00203-016-1257-x

Kuldell N (2015) Biobuilder. O'Reilly Media, Sebastopol, California/USA

Buddingh BC, van Hest JCM (2017) Artificial Cells: Synthetic Compartments with Life-like Functionality and Adaptivity. Acc Chem Res 50: 769–777. https://doi.org/10.1021/acs.accounts.6b00512

Hacker J, Hecker M (eds) (2012) Was ist Leben? Nationale Akademie der Wissenschaften, Halle

Church GM (2012) Regenesis. Basic Books, New York/USA

7

Gene und Gesellschaft

Eine große Überraschung erlebte ich im Februar 2010, als ich in Weimar auf einen Kiosk der besonderen Art stieß (Abb. 7.1). Nicht nur, dass er sich mit einem „Y" schrieb, nein, er reklamierte auch mit einem von dem Pharmakonzern *Bayer* abgewandelten Motto: Statt „*Science for a better Life*" (dt. Wissenschaft für ein besseres Leben) stand an dem Kiosk „*DNA for a better life*". Aha?

Wer absehen konnte, dass er bei einem Vaterschaftstest oder einer Rasterfahndung per genetischem Fingerabdruck Probleme bekommen würde, der konnte sich dort gegen einen entsprechenden Obolus eine neue Identität zulegen – indem er DNA von einem „sauberen" Spender erwarb. Die Spender-DNA stammte von gesetzestreuen Menschen ohne Einträge im Strafregister, bei der Schufa oder im Interpolregister. Bei genauerem Hinsehen entpuppte sich das

R. Wünschiers, *Generation Gen-Schere*,
https://doi.org/10.1007/978-3-662-59048-5_7

Abb. 7.1 Ein Kiosk in Weimar, bei dem man DNA für ein besseres Leben erhält?

Projekt als eine Installation der Aktionskünstler Oleg Mavromatti aus Moskau und Bionihil aus Weimar. Der DNA-Kiosk sollte dazu einladen, über die Verknüpfung von Wissenschaft und Kunst einerseits und Wissenschaft und Gesellschaft andererseits nachzudenken. Die Anwendung der Genanalyse und Gentechnik als Bürgerwissenschaften sind heute weitgehend etabliert, sei es im Rahmen des *quantified-self-movement,* also der Selbstvermesser, oder als Versuch, einen Gegenpol zur kommerziellen Nutzung der Gentechnik zu setzen. Auch soll uns interessieren, auf welche Weise wir die Gesamtheit aller genetischen Informationen auf Mutter Erde schützen und vielleicht sogar archivieren können.

7.1 Bürgerwissenschaften

Für lange Zeit war Wissenschaft etwas für Menschen, die sich spezielle Kenntnisse angeeignet und diese auf die Beantwortung der unterschiedlichsten Fragestellungen angewendet haben. Nicht-Wissenschaftlerinnen und -Wissenschaftler konnten allenfalls passiv teilnehmen, beispielsweise über das Bereitstellen von Rechenleistung des privaten Computers für Projekte wie SETI@home (engl. *search for extra-terrestrial intelligence at home,* Suche nach außerirdischer Intelligenz von zu Hause) oder der Suche nach einem Impfstoff gegen Ebola-Viren. Letzterem Projekt wurden auf diese Weise seit Dezember 2014 bereits über 72.000 Jahre Rechenleistung gespendet. Viele Bürger leisten aber auch indirekt und oft unwissend einen Beitrag zur Wissenschaft. So helfen beispielsweise Mobiltelefone bei der Analyse und Vorhersage von Verkehrsströmen. Und die berühmte CAPTCHA-Technologie hilft Firmen wie *Google,* ihre Software für die Text- oder Bilderkennung zu verbessern (Abb. 7.2). Dies soll wiederum dazu beitragen, dass die digitale Archivierung von Schriftstücken oder Erkennungssoftware für autonomes Fahren stetig optimiert wird (Abschn. 8.2). **CAPTCHA** steht dabei für *completely automated public turing test to tell computers and humans part,* also einen automatisierten Test, um Menschen von Computern zu unterscheiden und somit zu verhindern, das sogenannte *bots* (kurz für Roboter) automatisch Formulare im Internet ausfüllen.

Es besteht aber auch die Möglichkeit, privat eigenhändig wissenschaftlich aktiv zu werden. Dieses Engagement ist unter dem internationalen Begriff ***citizen science*** bekannt. So hat der argentinische Hobbyastronom Victor Buso im September 2016 eine Supernova beobachtet und

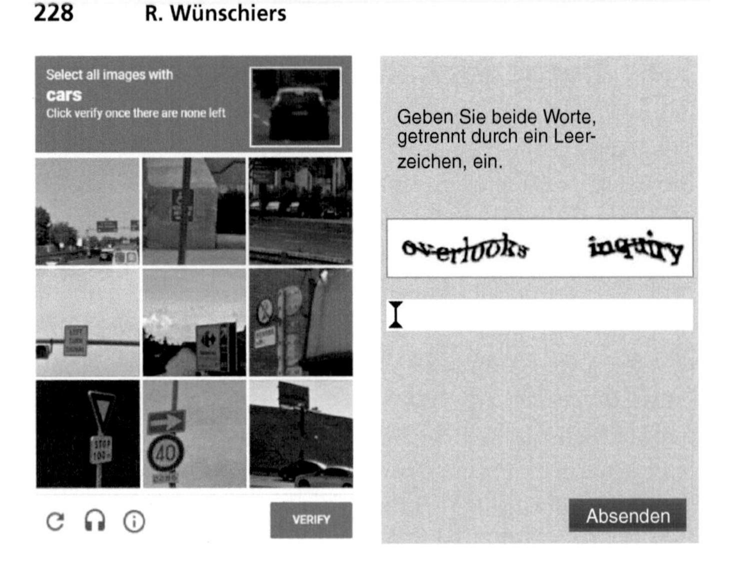

Abb. 7.2 Diese CAPTCHA-Abfragen, die Menschen von Automaten unterscheiden sollen, beteiligen die Nutzerinnen und Nutzer oft ungefragt an der Lösung wissenschaftlicher Probleme, hier, der Optimierung von Bilderkennungssoftware

ist damit zum Mitautor in dem renommierten Wissenschaftsmagazin *Nature* geworden [1]. Zurzeit blühen beispielsweise Projekte auf, die auf eine Erfassung der **Biodiversität** in Deutschland abzielen. Zahlreiche Naturschutzverbände und -vereine haben Aufrufe gestartet, um Tiere, Insekten oder Pflanzen bei einer Zentrale zu melden. Hier werden die Daten geprüft, zusammengefasst und zur Unterstützung wissenschaftlicher Projekte an Universitäten und Forschungseinrichtungen zur Verfügung gestellt. Hobbyornithologen liefern schon seit Jahrzehnten ihre Beobachtungen an Verbände und **Vogelwarten.** Auch der *Deutsche Wetterdienst* sucht ständig Ehrenamtliche, die das Wetter beobachten, und stellt dafür auch die Messgeräte zur Verfügung.

Auf ähnliche Weise trugen Halterinnen und Halter von über 3000 **Hunden** zur Identifizierung der genetischen Basis für strahlend blaue Augen von Sibirischen Schlittenhunden (Huskys) bei [2]. Auch bei meiner eigenen Forschung setze ich auf die Bereitschaft von Besitzerinnen und Besitzer von Schafpudeln, die mir über ihren Tierarzt freiwillig eine Blutprobe ihrer Hunde zusenden. In meiner Arbeitsgruppe nutzen wir die Proben, um Gentests für bestimmte Erkrankungen zu entwickeln.

Eine beliebte Aktivität vieler Menschen ist es, ihrer eigenen **Abstammung** nachzugehen. Hierfür stehen zahlreiche kostenlose Portale im Internet zur Verfügung. Der erste und einfachste Schritt ist das Eintragen der eigenen Verwandten, um einen anschaulichen Stammbaum zu erhalten. Die Daten können aber auch um genetische Komponenten erweitert werden. Computerprogramme suchen im Hintergrund nach Ähnlichkeiten (beispielsweise bei Geburts- und Sterbedaten der Vorfahren) in unterschiedlichen Profilen und schlagen auf diese Weise neue potenziell Verwandte vor. Im Jahr 2018 hat eine Forschergruppe um den US-amerikanischen Computerwissenschaftler Yaniv Erlich von der Columbia Universität mit einem Zehntel der Daten der Plattform https://geni.com den bislang weltgrößten Familienstammbaum erstellt und die Daten anonymisiert auf https://familinx.org zur Verfügung gestellt [3]. Er umspannt alle Kontinente und einen Zeitraum von 500 Jahren oder elf Generationen. Alle Daten wurden in den Jahren zuvor von Hobbyahnenforscherinnen und -forschern in die Plattform eingespeist. Daraus konnten interessante Fakten herausgelesen werden. Anhand der Lebensalter der Personen konnten beispielsweise die beiden Weltkriege, aber auch der Rückgang der Kindersterblichkeit im zwanzigsten Jahrhundert rekonstruiert werden. Diese Ergebnisse waren natürlich zu erwarten und dienten denn auch mehr der Qualitätskontrolle des Datensatzes. Es ist dabei anzumerken, dass 85 % der Daten aus Europa und Nordamerika stammen. Neues brachte der Datensatz in Bezug auf die Vererbung der **Lebenserwartung.** So konnten die Wissenschaftlerinnen und Wissenschaftler schlussfolgern, dass der genetische Beitrag zur Lebenserwartung bei etwa 16 % und damit erheblich unter den zuvor angenommen 25 % liegt. Es überwiegt somit der Beitrag der Umwelt beziehungsweise der Lebensweise laut dieser Studie stärker als bislang angenommen. Ebenso wurden interessante Daten zur Migration gefunden: Demnach waren es in den vergangenen 300 Jahren vor allem die Männer, die in Nordamerika und Europa über weite Distanzen umzogen und deren Geburtsland sich von denen ihrer Kinder unterscheidet. Ebenso hat die Distanz der Geburtsorte von Ehepartnerinnen und Ehepartnern von rund zehn Kilometern zum Beginn des neunzehnten Jahrhunderts auf nunmehr 100 km zugenommen.

Durch das zunehmende Interesse der Bürgerinnen und Bürger an genetischer Diagnostik, sowohl in Bezug auf die Ahnenforschung als auch in medizinischer Hinsicht (Abschn. 7.3), füllen sich öffentliche Datenbanken mehr und mehr mit genetischen Daten. Allein 2017 wurden in den USA rund sieben Million DNA-Analyse-Kits an private Haushalte verkauft [4]. Die Kosten pro Kit gehen bei etwa 60 EUR los. Nach einem Wangenabstrich mit einem Wattestäbchen und der Rücksendung der Probe haben Sie nach rund vier Wochen Ihr eigenes genetisches Profil. Die drei größten US-amerikanischen **Genanalyseanbieter** *23andMe, Family Tree DNA* und *Ancestry* haben mittlerweile mehr als 15 Mio. Nutzerinnen und Nutzer. Die Daten umfassen (noch) nicht das komplette Erbgut, sondern rund 720.000 ausgewählte Marker, die mit bestimmten Merkmalen oder Erkrankungen in Verbindung stehen und diagnostisch genutzt werden (Abschn. 4.2). Aus diesen Daten lassen sich aber ebenfalls Verwandtschaften ableiten, weshalb viele Nutzerinnen und Nutzer ihre genetischen Daten zusätzlich dem im Florida ansässigen Onlinedienst *GEDmatch* zur Verfügung stellen. Über 600.000 Interessierte haben dies bereits getan. Obwohl die Nutzerkonten nicht öffentlich sind, können beispielsweise **Strafverfolgungsbehörden** diese verwenden – Nutzerinnen und Nutzer stimmen dem in den Nutzungsbedingungen zu [5]. Darunter war auch ein Verwandter des sogenannten Golden State Killers Joseph DeAngelo aus Kalifornien. Zwischen 1974 und 1986 wurde er für 13 Morde und über 50 Vergewaltigungen verantwortlich gemacht, aber nie gefasst. Anfang 2018 haben Kriminalbeamte das DNA-Profil einer 37 Jahre alten DNA-Probe von einem der Tatorte bei *GEDmatch* hochgeladen [4]. Dieser identifizierte knapp 20 potenzielle Verwandte, die ebenfalls in der Datenbank registriert waren, darunter auch Cousins und Cousinen dritten Grades von DeAngelo (Abb. 4.12). Recherchen im Umfeld dieser möglichen Verwandten führten die Fährte schließlich zu DeAngelo, der anschließend anhand eines DNA-Tests überführt wurde. Einen wesentlichen Beitrag zur Identifizierung des Täters leistete die US-amerikanische Biologin und Ahnenforscherin Barbara Rae-Venter, die das Wissenschaftsmagazin *Nature* zu den zehn einflussreichsten Wissenschaftlerinnen und Wissenschaftlern des Jahres 2018 gekürt hatte (wie auch Jiankui He, Abschn. 3.2) und die die erste Ehefrau des weltberühmten Gentechnologen Craig Venter war (siehe auch Kap. 4 und Abschn. 7.2).

Die Fülle der Daten in den Datenbanken der Abstammungs- und Genanalyseanbieter ist bereits so groß, dass mit 60-prozentiger Wahrscheinlichkeit zu allen Nordamerikanerinnen und Nordamerikanern oder Europäerinnen und Europäern mindestens ein Verwandter achten

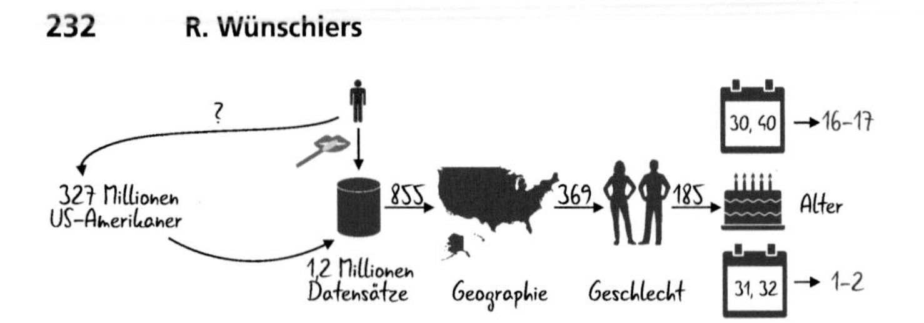

Abb. 7.3 Über ein DNA-Profilabgleich mit öffentlichen Datensätzen können zu einer Person 855 Verwandte zugeordnet werden. Mit zusätzlichen Informationen wie dem Wohnort, Geschlecht und dem Alter (hier in unterschiedlicher Genauigkeit dargestellt) kann eine Person in den USA derzeit nahezu eindeutig identifiziert werden. Bei den genetischen Daten handelt es sich nicht um den forensischen genetischen Fingerabdruck, der öffentlich nicht zugänglich ist

Grades (Abb. 4.12) über ein DNA-Profil gefunden werden kann. Unter Hinzunahme weiterer Informationen wie dem Wohnort, Geschlecht und dem Alter kann zumindest in den USA eine Person derzeit nahezu direkt zugeordnet werden (Abb. 7.3).

Gendiagnostik als Bürgerwissenschaft, mit oder ohne Beteiligung von Wissenschaftlerinnen und Wissenschaftlern, ist eine interessante und sicher weitgehend „ungefährliche" Entwicklung. Aber wie sieht es mit der Gentechnik aus, dem aktiven Eingriff in das Erbgut von Mikroorganismen, Pflanzen, Tieren oder des Menschen? Im Bereich der Gentechnik entwickelt sich seit einigen Jahren eine Gemeinschaft von Interessierten, die sich als *do-it-yourself*-Biologen oder **Biohacker** bezeichnen. In sogenannten *live hack spaces* (Laboren) versuchen die **DIY-Biologen** mehr oder weniger alltäglichen Fragestellungen nachzugehen. Dies beinhaltet auch gentechnische Experimente. In den USA können dafür von einigen Institutionen oder Interessengemeinschaften Labore mit voller Ausstattung günstig angemietet werden. Andere arbeiten im Hobbykeller oder der zum privaten

Labor umfunktionierten Garage, weshalb auch gerne von **Garagenlaboren** gesprochen wird. Damit wird auch auf die Zeit der 1970er Jahre verwiesen, als Pioniere wie Bill Gates mit Steve Ballmer Microsoft und Steve Jobs mit Steve Wozniak Apple gründeten und den Computer in einen Personal Computer verwandelten.

Der Nimbus der innovativen Garagenwissenschaften hat immer auch etwas Verborgenes. Und hier liegt das Problem, wenn es um Gentechnologie geht. Auf der einen Seite ist es zu begrüßen, dass sich Interessierte finden, die sich mit der Gentechnologie beschäftigen möchten. Die Schwierigkeit liegt darin, dass man das Herunterladen einer Anleitung zur gentechnischen Veränderung eines Organismus nicht mit einem Backrezept vergleichen kann. Ein missratenes Essen mag die Gäste schrecken, ein misslungenes gentechnisches Experiment und das Weggießen der Reste in den Ausguss können ungeahnte Folgen haben. Es geht im Mindesten um die Abschätzung des Risikos und dem entsprechend verantwortungsvollen Vorgehen. Im Jahr 2017 sorgte in Deutschland ein **Experimentierkasten** der Firma *ODIN* aus den USA für Aufsehen (Abb. 7.4).

Der Kasten kostete 159 US$ und enthält alle Komponenten, um mit der CRISPR/Cas-Genschere (Abschn. 5.1) ein Bakterium genetisch zu verändern. In den zehn Experimentierstunden, die wegen der Bakterienanzucht über zwei Tage verteilt liegen, wird ein Bakterium (das seit Jahrzehnten sehr gut untersuchte Darmbakterium *Escherichia coli*) gegen das Antibiotikum Streptomycin resistent gemacht. Bei den verwendeten Bakterien handelt es sich um einen Sicherheitsstamm, der weder den menschlichen Darm besiedeln kann, noch außerhalb des Labors lebensfähig ist. Das Experiment selbst basiert auf Forschungsergebnissen aus dem Jahr 2013 [6]. In den USA ist das Experiment nicht reguliert und es gibt Videos auf *YouTube,* wo der Versuch

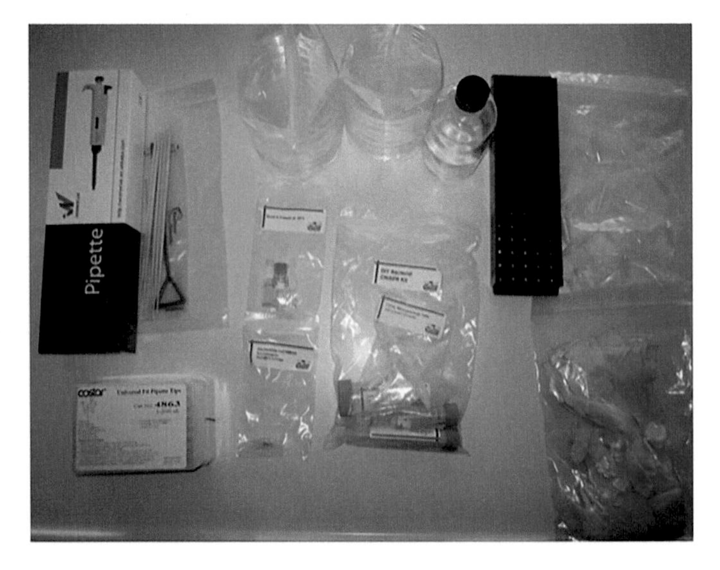

Abb. 7.4 Der Experimentierkasten der Firma *ODIN* aus den USA in meinem Labor. Mehr braucht es nicht, um Zellen mit der CRISPR/Cas-Genschere genetisch zu verändern. (Foto: Robert Leidenfrost)

beispielsweise in der Küche durchgeführt wird, die Küche also zu einem ***biohack-space*** wird. In Deutschland ist dies nicht erlaubt, sondern es bedarf eines gentechnischen Sicherheitslabors der Stufe 1 und sachkundiger Wissenschaftlerinnen und Wissenschaftler. Sonst kann eine Geldbuße von bis zu 50.000 EUR, bei Freisetzung eines GVO sogar eine **Freiheitsstrafe** von drei Jahren verhängt werden. Dass dies auch gut so ist, zeigte sich Ende 2016, als das Bayerische Landesamt für Umwelt und Verbraucherschutz feststellte, dass neben den erwarteten *Escherichia-coli*-Bakterien auch krankheitserregende Vertreter wuchsen [7]. Offensichtlich waren die gelieferten Bakterien **verunreinigt.** Daraufhin wurde der Import des Experimentierkastens reglementiert. Das *Europäische Zentrum für die Prävention und Kontrolle* *von Krankheiten* (*European Centre for Disease Prevention and Control,* ECDC) hat im Mai 2017 eine Risikobewertung durchgeführt und ist zu dem Schluss gekommen:

> „[…] der potenzielle Beitrag des kontaminierten Kits zur zunehmenden Belastung durch Antibiotikaresistenzen in der EU […] ist gering und das damit verbundene Risiko für die öffentliche Gesundheit wird als sehr gering eingeschätzt."

Es ist also Vorsicht geboten, es besteht aber keine Gefahr. Der Vorfall hat aber auch etwas anderes gezeigt: Das Bayerische Landesamt hat deutschen DIY-Biologinnen und -Biologen Zugang zu den detaillierten Ergebnissen verwehrt. Daraufhin haben sie sich an das renommierte *Europäische Molekularbiologie Labor* (EMBL) in Heidelberg gewandt und konnten dort in Sicherheitslaboren und mit sachkundigen Wissenschaftlerinnen und Wissenschaftlern die Verunreinigungen durch DNA-Sequenzierung beschreiben. Es ist dieser **offene Dialog** zwischen Forschenden und DIY-Biologinen und -Biologenn, der erfreulicherweise frischen Wind in die Gentechnologiedebatte im Speziellen und die Offenheit von Wissenschaft im Allgemeinen bläst.

Es muss aber bei aller Offenheit im Umgang mit Gentechnik klar definiert sein, wo die Grenzen sind. So hat sich der 28-jährige, HIV-positiv getestete Tristan Roberts aus den USA am 18. Oktober 2017 in einem *Facebook*-Livestream selbst gentherapiert (Abb. 7.5). Er hat sich vor laufender Kamera – die Behandlung wurde auf *Facebook live* gestreamt – ein nicht zugelassenes Therapeutikum der Firma *Ascendance Biomedical* aus Singapur gespritzt, das ein DNA-Fragment in seine Körperzellen einbaut, woraufhin diese einen Antikörper als Wirkstoff bilden.

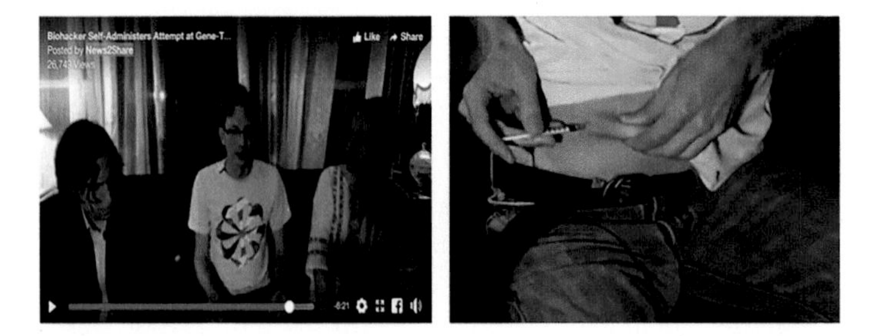

Abb. 7.5 Öffentlicher Livestream auf *Facebook* am 18. Oktober 2017: Tristan Roberts spitzt sich ein nicht zugelassenes Gentherapeutikum gegen AIDS

Studien von Wissenschaftlerinnen und Wissenschaftlern des *US-amerikanischen Gesundheitsinstituts* (NIH) konnten im Jahr 2016 zeigen, dass dieser Antikörper namens N6 eine potenzielle Eintrittsstelle für den HI-Virus, das sogenannte **CD4-Antigen** (ein Glykoprotein, das aus einer Zucker- (Glyko) und einer Proteinkomponente besteht), blockiert und damit für den Virus unsichtbar macht [8]. Es sei an dieser Stelle angemerkt, dass das CD4-Antigen gemeinsam mit dem CCR5-Rezeptor auf den weißen Blutzellen (T-Zellen) des Immunsystems dem HI-Virus als Eintrittsstelle dient (Abschn. 5.1 und Abb. 5.3) [9]. Seitdem wird in klinischen Studien an der Entwicklung eines geeigneten Medikaments geforscht. Auf dessen Fertigstellung wollten die DIY-Forscherinnen und -Forscher nicht warten. Nach der Injektion hat sich die Einspritzstelle am Bauch von Tristan Roberts entzündet – gewirkt hat die Therapie nicht. Seit Mai 2018 wird Roberts wieder konventionell durch eine hochaktive antiretrovirale Therapie (engl. *highly active anti-retroviral therapy,* HAART) behandelt. Bei dieser bereits 1996 eingeführten Kombinationstherapie werden bis zu vier antiretrovirale Wirkstoffe eingesetzt. Roberts hat die Hoffnungnach einem Biohack zur

Bekämpfung von AIDS noch nicht aufgegeben. Im Internet wendet er sich direkt an Biohackerinnen und Biohacker mit Erfahrungen im Umgang mit der CRISPR/Cas-Genschere – sie mögen Kontakt mit ihm aufnehmen.

Es gibt zahlreiche ähnliche Fälle und die Motivation reicht von einer (möglicherweise nachvollziehbaren) **DIY-AIDS-Therapie** bis hin zur Hoffnung auf die ewige Jugend durch das Einbringen von Genkonstrukten, die Zellen zur Bildung entsprechender Hormone veranlassen. Die US-amerikanische Behörde für Lebens- und Arzneimittel (FDA, *Food and Drug Agency*) hat 2018 ganz offiziell vor solchen „privaten Genmanipulationen" gewarnt [10].

Das hält Biohackerinnen und Biohacker sowie Transhumanisten nicht davon ab, im Privaten zu forschen und große Pläne zu schmieden. **Transhumanisten** haben das Ziel, die Möglichkeiten des menschlichen Körpers und Geistes mit Technik zu erweitern. Auf Onlineplattformen tauschen sich die zivilen Forscherinnen und Forscher aus. Eine bekannte Plattform, das **DIYhplus Wiki,** vereint 62 Gruppen verteilt über den ganzen Globus, auch aus Berlin und München. Es ist eine Quelle für frei verfügbare (engl. *open source)* Informationen von Biohackern für ebensolche. In dem Wiki finden sich auch Anleitungen für die DNA-Synthese und das Editieren von Genen, inklusive Methodenoptimierung. Ausgehend von dem Motto *„biology is technology"*, werden ethische Fragen gar nicht erst gestellt. Im Gegenteil. Im Gegensatz zu dem Vorsorgeprinzip (Abschn. 3.7) fordern die Betreiberinnen und Betreiber des Wikis dazu auf, **proaktiv zu handeln:**

> „Die Freiheit der Menschen, technologisch innovativ zu sein, ist für die Menschheit äußerst wertvoll oder sogar kritisch. Dies beinhaltet eine Reihe von Verantwortlichkeiten für diejenigen, die überlegen, ob und wie neue Technologien eingeschränkt werden sollen."

Nicht die Nutzer der Gentechnik sollen sich demnach rechtfertigen, sondern die Regulierungsbehörden.

Ein Ziel der Transhumanisten ist die Steigerung der **Gedächtnisleistung.** Wäre es nicht großartig, nichts mehr zu vergessen? Aber wie funktioniert eigentlich unser Speicher im Gehirn? Wo in unseren 85 Mrd. Nervenzellen (je nach Quelle schwankt die Zahl – es sind viele) liegt das Gedächtnis? Der deutsche Psychologe Hermann Ebinghaus begründete mit seinen Arbeiten zum Lernen und Vergessen am Ende des neunzehnten Jahrhunderts die experimentelle Gedächtnisforschung [11]. Ein scheinbar selbstverständliches, zuvor aber nicht quantifiziertes Ergebnis seiner Experimente war die Bedeutung der Wiederholung beim Lernen. Der kanadische Psychologe Donald Hebb klärte 1949 die neuronale Grundlage für das von Ebinghaus beschriebene Phänomen auf, die sogenannte Hebb'sche Regel:

> „Wenn ein Axon der Zelle A die naheliegende Zelle B erregt und wiederholt und dauerhaft zur Erzeugung von Aktionspotenzialen in Zelle B beiträgt, so resultiert dies in Wachstumsprozessen oder metabolischen Veränderungen in einer oder in beiden Zellen, die bewirken, dass die Effizienz von Zelle A in Bezug auf die Erzeugung eines Aktionspotenzials in B größer wird.“ [12]

Lernen bewirkt also letztlich eine molekulare Veränderung. Eine wichtige Rolle spielt dabei ein Protein, das in der Membran von Neuronen neuronale Reize aufnimmt, der N-Methyl-D-Aspartat (NMDA) Rezeptor. Eine von Wissenschaftlerinnen und Wissenschaftlern verfolgte These lautete: Je mehr NMDA-Rezeptoren in einer Zelle vorliegen, desto besser sollte das Neuron beziehungsweise sein Besitzer lernen können. Dass dies tatsächlich der Fall ist, konnte 1999 bei Mäusen nachgewiesen werden [13]. Erstaunlicherweise lernen die genetisch veränderten Mäuse mit mehr neuronalen NMDA-Rezeptoren nicht nur besser, sondern sie haben auch ein besseres Gedächtnis. Allerdings hat dies auch einen Preis: Die Mäuse vergessen einmal Gelerntes nicht mehr. Das hat zur Folge, dass nach einer gewissen Zeit der Speicher, das Gedächtnis, voll ist und nichts Neues mehr gelernt werden kann. Gut, dass die Transhumanisten diesen genetischen Eingriff noch nicht an sich vorgenommen haben. Wir sehen also, dass sich das Gedächtnis zwar erweitern lässt, damit aber seine Dynamik verloren geht. Die Forschung in dieser Richtung steht nicht still. Die US-amerikanische militärische Forschungseinrichtung DARPA (engl. *Defense Advanced Research Projects Agency*) hat ein großes Interesse – nicht an der Erweiterung, aber – an der Wiederherstellung von geschädigten Gehirnen und deren Gedächtnis bei Soldatinnen und Soldaten. Entsprechende Forschungsprojekte werden zurzeit vom US-Verteidigungsministerium gefördert.

Der US-amerikanische Biohacker Gabriel Licina hat die Idee, das Wachstum von Bäumen zu beschleunigen, indem er die Aktivität zweier Gene, *PXY und CLE41,* verstärkt. Ein Projekt, das er *aggressive reforestation* (dt. **aggressive Aufforstung**) oder *engineered tree systems* (dt. designte Baumsysteme) nennt. Bei Birken konnte gezeigt werden, dass die Aktivität der Gene dazu führt, dass sie doppelt so schnell wachsen. Licinas Ziel ist, die Technologie jedermann zur Verfügung zu stellen. Was treibt ihn an? Er sagt:

> „Es gibt den Kram, mit dem man seine Rechnungen bezahlt […] und dann das, was einem wirklich wichtig ist."

Wer einen Eindruck von den Ideen und Entwicklungen der Biohackerinnen und Biohacker und Transhumanisten bekommen möchte, der sollte sich einfach einmal sechs

Stunden Zeit nehmen und die Aufzeichnung der letzten „*BioHack-the-Planet*"-Konferenz 2018 aus Oakland/USA auf *YouTube* ansehen [14].

7.2 Erbinformation vermarkten

Wie aus den vorangegangen Abschnitten deutlich geworden sein sollte, rollt der Rubel im Bereich der Vermarktung genetischer Information und genetischer Methoden bereits auf Hochtouren [15]. Es ist vermutlich wenigen aufgefallen, dass, als im Jahr 2000 der erste Entwurf der DNA-Sequenz des menschlichen Erbgutes bekannt gegeben wurde, in Wirklichkeit zwei Versionen präsentiert wurden. Die Vertreterinnen und Vertreter dieser beiden Versionen standen am 26. Juni im Weißen Haus neben dem damaligen US-amerikanischen Präsidenten Bill Clinton: Auf der einen Seite der Genetiker und Unternehmer Craig Venter (Firma *Celera*), auf der anderen Seite der Genetiker Francis Collins als Vertreter der internationalen, aus öffentlichen Geldern finanzierten humanen Genomorganisation (HUGO). HUGO war das bis dahin größte Forschungsprojekt weltweit. Es handelte sich um einen öffentlich finanzierten Bund von über 1000 Forscherinnen und Forschern aus 40 Ländern mit dem erklärten Ziel, bis zum Jahr 2015 die 3,2 Mrd. Nukleotide des menschlichen Genoms zu entziffern und öffentlich verfügbar zu machen. Venter verließ HUGO bereits 1992, gründete ein Forschungsinstitut und verfolgte parallel zum öffentlichen Projekt eigene Sequenzierungsaktivitäten. Deutschland ist HUGO im Jahr 1995 beigetreten und steuerte über die beteiligten Forschungseinrichtungen in Berlin, Braunschweig, Heidelberg und Jena knapp 60 Mio. Basen zum humanen Genom bei.

Während die DNA-Sequenzen von HUGO frei verfügbar sind, mussten Kunden für den *Celera*-Datensatz Geld bezahlt. Craig Venter hat auch später zahlreiche genomische Datensätze zum Verkauf angeboten, zum Beispiel komplett sequenzierte **Ökosysteme.** Von großer Bedeutung war allerdings Clintons Ankündigung aus dem Jahr 2000, dass das Humangenom nicht patentierbar sei: Es ließ die Biotechnologie-Aktien abstürzen.

Brisant wird es beim Thema Patentierung. Dürfen DNA-Sequenzen patentiert werden? Eine große Kontroverse entspann sich zu diesem Thema, als im Jahr 2001 der Biotechnologiefirma *Myriad Genetics* das europäische Patent Nummer EP699754 auf die DNA-Sequenz des *BRCA1*-Gens und einen Gentest erteilt wurde. Etwa zehn bis 15 % aller **Brustkrebskarzinome** werden durch Mutationen in den Genen *BRCA1* und *BRCA2* ausgelöst. *Myriad Genetics* hatte durch die Patentierung, auch in vielen anderen Ländern, ein Monopol auf die Diagnose der Genvarianten und verlangte dafür zeitweise über 4000 US$. Das **Europäische Patentamt** hat 2004 entschieden, dass der ursprüngliche Antrag des Unternehmens sich nicht auf eine Neuheit, sondern lediglich auf eine DNA-Sequenz bezog, und hob das Patent auf. *Myriad Genetics* legte jedoch Berufung ein und erhielt 2008 ein modifiziertes Patent, das die Tests auf bestimmte Mutationen abdeckt, aber nicht das Gen selbst. Im Jahr 2013 wurde das US-Patent ebenfalls mit der Begründung abgewiesen, dass es nicht reicht, Sequenzen zu isolieren, um sie zu patentieren. Vor dem Hintergrund, dass ***Big Data*** auch die Lebenswissenschaften erreicht hat und im unvorstellbarem Ausmaß DNA-Sequenzdaten von Patientinnen und Patienten erzeugt werden (zum Beispiel beim englischen BioBank-Projekt), wird allerdings deutlich, dass Wissen Macht ist (Abschn. 8.2) [16].

Wenn Assoziationsstudien den Zusammenhang zwischen Krankheiten und Genen, Varianten dieser Gene (Allele) und epigenetischen Veränderungen (Abschn. 8.1) zu Tage fördern, dann können mithilfe dieser Information lukrative Gentests entwickelt und als Dienstleistung vermarktet werden. Es müssen immer die Patientinnen und Patienten und nicht das Patent im Vordergrund stehen. Es ist daher unumgänglich, dass sich die Wirtschaft mit der dem Gemeinwohl dienenden Politik auf klare Regeln einigt, sodass auch in der Wirtschaft erlangtes Wissen der Allgemeinheit zugutekommt.

Dass allerdings auch das nicht leicht ist, zeigt das Beispiel des **Golden Rice**, einer Reissorte, die durch gentechnische Verfahren erhöhte Mengen des Provitamins A (Beta-Carotin) enthält. Die Entwicklung wurde 1992 von dem deutschen Biologen Ingo Potrykus und dem Zellbiologen Peter Beyer gestartet und im Jahr 2000 publiziert [17]. Das erklärte Ziel ist die Bekämpfung des in vielen Entwicklungs- und Schwellenländern vorherrschenden Vitamin-A-Mangels. Der Golden Rice, benannt nach der goldenen Farbe der Reissamen infolge des hohen Vitamin A Gehalts, gilt den einen als Vorzeigeprojekt, anderen dagegen als Art Trojanisches Pferd der Pflanzengentechnik. Obwohl sich der Reis vornehmlich aus politischen und ideologischen Gründen noch nicht etablieren konnte, hat ihn das US-Patentamt 2015 mit dem *Patents for Humanity Award* ausgezeichnet. Damit wird die Freigabe von patentierten Technologien für globale humanitäre Anwendungen geehrt. Diese Auszeichnung verweist auf eine Besonderheit des Golden-Rice-Projects: Es soll dem Gemeinwohl dienen und das Saatgut ohne Lizenzgebühren abgegeben werden. Es klingt wie ein Traum, der aber im Streit um die Gentechnik allgemein und die Form von zu leistender Entwicklungshilfe im Besonderen für Potrykus und Beyer zum Alptraum wurde. Die Forschung geht dennoch voran und es finden, finanziert auch von der privaten Bill-und-Melinda-Gates-Stiftung, unter anderem in den USA, Vietnam und den Philippinen Feldversuche statt. In Australien und Neuseeland ist die Einfuhr des Golden Rice seit einiger Zeit genehmigt. Ebenso haben Kanada und die USA seit Anfang 2018 den Import genehmigt und weitere Länder wollen folgen. Zudem wird der Golden Rice weiterentwickelt. So hat im Jahr 2018 ein chinesisches Forscherteam aSTA-Rice präsentiert, eine Weiterentwicklung, die zusätzlich zum Provitamins A noch weitere Antioxidantien bildet (Abb. 7.6) [18].

Generell ist der Weg von der Idee der Generierung eines gentechnisch veränderten Organismus bis hin zu einer zugelassenen Handelsware ein sehr langer und kostspieliger. Aus diesem Grund ist es nicht verwunderlich, dass beispielsweise das Saatgutgeschäft mit GVO-Pflanzen von wenigen **Großkonzernen** wie *Bayer* (der *Monsanto* geschluckt hat), *Syngenta, DuPont Pioneer, BASF* oder *Dow* dominiert wird. Ein **Zulassungsverfahren**

Abb. 7.6 Reiskörner verschiedener Sorten. Von links nach rechts: Wilder Reis, Golden Rice, Canthaxanthin-Reis und Astaxanthin-Reis (aSTARice). In der oberen Reihe sind die ganzen, in der unteren Reihe die gebrochenen Körner zu sehen. Aus Zhu et al. [18]

mit den notwendigen und nachzuweisenden Vorversuchen und beizubringenden Studien muss man sich leisten können. So muss beispielsweise im Antrag nachgewiesen werden, dass der GVO keine nachteiligen Auswirkungen auf Menschen, Tier oder die Umwelt hat. Bei Lebens- oder Futtermitteln müssen Analysen zeigen, dass das GVO-Lebensmittel sich nicht wesentlich von konventionellen Vergleichsprodukten unterscheidet und keine Allergene enthält – eine handelsübliche Kiwi würde diesen Test nicht bestehen. Zudem müssen Verfahren für die **marktbegleitende Beobachtung** vorgelegt werden, mit denen sich der Organismus identifizieren lässt. Der Antrag wird dann an die *Europäische Behörde für Lebensmittelsicherheit* (EFSA) zur Prüfung geleitet. Diese kann von der antragstellenden Einrichtung weitere Untersuchungen einfordern, die oft wiederum kostspielig und langwierig sind. Die nationalen Behörden der Mitgliedsstaaten sind in das Verfahren einbezogen und können ihrerseits Daten nachfordern. Das Referenzlabor der EU validiert die vom Antragsteller vorgeschlagenen Methoden zum Nachweis und zur Identifizierung des jeweiligen GVO. Schließlich leitet die EFSA eine Stellungnahme an die EU-Kommission und die Mitgliedstaaten weiter und macht sie der Öffentlichkeit zugänglich. Die Kommission unterbreitet den Mitgliedstaaten dann einen Entscheidungsvorschlag. Zur Annahme ist eine qualifizierte Mehrheit erforderlich. Diese liegt vor, wenn 55 % der Mitgliedstaaten (derzeit 15 von 28) zustimmen und zugleich 65 % der EU-Bevölkerung repräsentiert sind. Bestenfalls dauert das Verfahren neun Monate, meist aber mehrere Jahre. Da bedarf es auf Seite der Antragsteller Kapitalpuffer, um die Laufzeit des Zulassungsverfahrens zu überstehen. Dass sich Konzerne diese Investition in Form von Lizenzgebühren von den landwirtschaftlichen Betrieben zurückholen, ist nachvollziehbar. Ähnlich ist es bei gentechnikfreiem, **konventionellem Saatgut.** Auch hier steckt lange Züchtungsarbeit im Saatgut und ein Zulassungsverfahren beim *Bundessortenamt* und gegebenenfalls beim *Europäischen Sortenschutzamt.* Auch hier fallen für die Landwirtinnen und Landwirte Lizenz- und **Nachbaugebühren** an, insbesondere bei Hybriden.

Wie bereits beschrieben, werden bei der Hybridzüchtung geeignete, gesondert gezüchtete Inzuchtlinien einmalig miteinander gekreuzt (Abschn. 3.2). Die Nachkommen (erste Generation) einer solchen Kreuzung haben gegenüber der Elterngeneration oftmals agronomisch wertvolle Eigenschaften, wie ein stärkeres Wachstum oder größere Früchte (Heterosiseffekt). Eine Weiterzucht der **Hybridsorte** ist jedoch nicht ökonomisch, da eine Aussaat der Samen der ersten Generation in der zweiten Generation wieder die Elternmerkmale hervorbringt – der gewinnbringende **Heterosiseffekt** geht verloren. Stattdessen muss der landwirtschaftliche Betrieb wiederum neues Saatgut kaufen. Um der wachsenden Privatisierung im Saatgutsektor entgegenzuwirken, hat eine Allianz aus Züchterinnen und Züchtern sowie Juristinnen und Juristen ein **offenes Lizenzmodell** *(open source)* für Saatgut entwickelt. Dies lehnt sich an vergleichbare Modelle im Software-Sektor an und gibt die Nutzung nur unter der Bedingung frei, wenn sich die Anwenderinnen und Anwender und Züchterinnen und Züchter verpflichten, Weiterentwicklungen ebenfalls unter dasselbe Lizenzmodell zu stellen und nicht patentieren zu lassen. Aktuell sind in Deutschland sieben freie Sorten verfügbar: drei Tomaten-, drei Weizen- und eine Mais-Sorte. Ob sich das Konzept durchsetzt, bleibt abzuwarten, da sich die Entwicklungskosten für neue Sorten oder Rassen zumindest tragen müssen.

Im Rahmen der Diskussionen um die Ausbeutung von Landwirtinnen und Landwirten mit patentiertem, gentechnisch verändertem Erbgut muss klar unterschieden werden zwischen der Technologie auf der einen und der wirtschaftlichen Verwertung auf der anderen Seite. Die Wissenschaft muss das Risiko einer Technologie abschätzen und minimieren. Ebenso ist es eine Frage der **Wirtschaftsethik,** die Folgen von Geschäftsmodellen für Menschen und Umwelt zu bewerten und gangbare Wege aufzuzeigen. Dies ist auch das Ergebnis des sogenannten **Monsanto Tribunals,** das 2016/17 in Den Haag stattfand. Fünf Richter legten in einem Rechtsgutachten dar, wie *Monsantos* (jetzt *Bayer*) Praktiken unter anderem gegen Menschenrechte verstoßen und zum Ökozid führen. Das Tribunal war kein offiziell anerkanntes Gericht, da es zurzeit kein Rechtsinstrument gibt, das die strafrechtliche Verfolgung von Unternehmen und seiner Geschäftsführerinnen und Geschäftsführer als Verantwortliche für Verbrechen gegen die menschliche Gesundheit oder gegen die Integrität der Umwelt ermöglicht.

In Hinblick auf die Patentierung ist aber auch wichtig zu wissen, dass es ein **Territorialitätsprinzip** gibt. Das bedeutet, dass Patente nur in dem Land gelten, für das sie erteilt wurden. Länder können sich somit gegen Patente wehren, indem sie diese gar nicht erst zulassen. So sind in den Entwicklungsländern die meisten Sorten nicht patentiert. Das führt natürlich in der Regel dazu, dass die Firmen versuchen, den entsprechenden Markt nicht zu bedienen – sofern sie sich das leisten können. Auf der anderen Seite herrschen Abhängigkeiten. So hat Indien erst im Januar 2019 ein Patent auf BT-Baumwolle bestätigt, um einen ordentlichen Handel zuzulassen [19]. Als Mitglied der **Welthandelsorganisation** (WTO) muss Indien das TRIPS-Abkommen *(Trade-Related Aspects of Intellectual Property Rights)* über handelsbezogene Aspekte bei den Rechten geistigen Eigentums einhalten [20]. Auf diese Weise wird natürlich Druck auf Staaten ausgeübt. Es ist vielleicht *die* große Frage in Bezug auf unsere Nahrungsgrundlage, wie wir zukünftig die internationalen Märkte regulieren beziehungsweise deregulieren oder neu regulieren.

Ein weiterer Aspekt ist die Vermarktung meiner ureigenen genetischen Information. Große Konzerne wie *Google, Facebook, Apple* oder *Amazon* aber auch kleine wie *FitBit, Garmin* oder *Suunto* sammeln ununterbrochen die Daten ihrer Nutzerinnen und Nutzer. Schon jetzt wird damit viel Geld verdient. Wie wäre es, wenn das Internet-, Kommunikation-, Einkaufs-, Bewegungs- und **Sportverhalten** mit Erbinformationen verknüpft wäre (Abschn. 8.2)? Die genetischen Daten können dann Plattformen wie *23andMe* oder *Ancestry* liefern (Abschn. 4.3 und 7.1), das Einkaufsverhalten *Amazon* und *eBay,* die Fitnessdaten *Garmin, Strava* oder *Apple.* Personalisierte genetische Daten sind in der Regel nicht frei verfügbar, aber wir haben im Abschn. 7.1 (siehe auch Abb. 7.3) gesehen, wie vergleichsweise leicht sich eine Person dann doch zuordnen lässt. Im Bereich der Medizin ist das ja bereits Praxis. So wurde die Firma *deCODE Genetics* aus Reykjavík in Island im Jahr 1998 von der isländischen Regierung damit beauftragt, eine flächendeckende Erfassung und Speicherung sämtlicher Gesundheitsdaten der Bevölkerung durchzuführen [21]. Die Genomdaten von mehr als 2600 Isländerinnen und Isländern gehören der Firma und werden ausschließlich verkauft. Ähnlich wird es wohl auch bei dem bislang größten Sequenzierprojekt laufen: Das *National Health and Medicine Big Data Nanjing Center* der chinesischen Provinz Jiangsu hat im Oktober 2017 angekündigt, dass es das Genom von einer Millionen Chinesen sequenzieren möchte [22]. Die meisten Projekte sind aber aus öffentlichen Mitteln finanziert. Eine

Reihe von Wissenschaftlerinnen und Wissenschaftlern haben daher in einem gemeinsamen Brief gefordert, genomische Daten, vom Bakterium bis zum Menschen, auf geeigneten Plattformen öffentlich zugänglich zu machen [23]. Dies ist bislang nur teilweise der Fall und oft sind die Rohdaten schlecht beschrieben, sodass sie sich kaum für weitere Studien nutzen lassen (Abschn. 8.2).

7.3 Meine Gene und ich

Ich bin ein Teil der Gesellschaft und meine Gene sind ein Teil von mir und – ich bin mehr als meine Gene. Das sollten wir uns vor Augen führen, bevor wir mit diesem Abschnitt starten. Fast jeder von uns trägt täglich ein Smartphone mit sich das mit vielerlei Sensoren ausgestattet ist. Hinzu kommen Smartwatches und *fitness tracker* aller Art, die heute in keinem Einkaufsprospekt mehr fehlen. Bedient wird damit ein mehr oder weniger selbstreflektiertes ***quantified-self-movement,*** also eine Bewegung, die sich gerne selbst vermisst. Vergessen wird dabei häufig, dass Korrelation keine Kausalität bedingt. Das bedeutet, nicht jede Messung macht Sinn. Zunehmend bedient sich das *quantified-self-movement* auch bei den Möglichkeiten der Gendiagnostik oder, wie wir in Abschn. 7.1 gesehen haben, sogar der Gentherapie.

Im Bereich der personalisierten Medizin können die persönlichen Daten sogar sehr hilfreich sein und werden zukünftig mit Sicherheit an Bedeutung gewinnen. Möglicherweise nehmen wir sie dann mit unserer Krankenkarte gleich mit zum Arztbesuch. Der US-amerikanische Biologe Leroy Hood prägte nicht nur den Begriff der Systembiologie als der umfassenden Betrachtung eines biologischen Systems, sondern auch den der **P4-Medizin** [24]. Diese Form der medizinischen Vorsorge und Therapie soll *predictive, personalized, preventive* und *participatory,* also vorausschauend, personalisiert, vorbeugend und teilhabend sein. Die Patientinnen und Patienten und ihre Daten spielen also eine große Rolle. Aber wo stehen wir aktuell mit dem *quantified-self?*

Lifelogging und *quantified-self-tracking* sind die Zauberwörter eines Teils der Generation Genschere. Das unmittelbare Ziel ist die Optimierung des Menschenseins – durch die Optimierung der eigenen Lebensumstände, also eine Art *do-it-yourself-enhancement.* Dies geschieht jedoch nicht mittels einer durchdachten Organisation der täglichen Termine und einer ausgewogenen Ernährung, sondern durch die Aufnahme von möglichst vielen Daten über die eigene Aktivität mit mobilen Geräten, den *activity trackern.* Als Armband getragen, zeichnen sie mittels Beschleunigungssensoren mindestens die Körperbewegung (in der Regel auch im Schlaf), teilweise aber auch die geografische Position und Höhe, die Temperatur, den Luftdruck und die Herzschlagfrequenz auf und übertragen die Daten per Funk an ein Smartphone. Sie können um getrunkene Kaffees, Gemüsesuppen oder anderes ergänzt werden. Dann übernimmt eine App die Datenanalyse. Einige Armbänder ermöglichen die Rückgabe von Informationen, etwa per Vibration oder optischer Signale an den Träger. So können Anwenderinnen und Anwendner über eine absolvierte Distanz informiert oder auf Hinweise vom Smartphone-Programm aufmerksam gemacht werden. Dieses wertet unentwegt die Daten aus; nicht autark, sondern meist über das Internet mit einem zentralen Server. Hat die App die Nutzerinnen und Nutzer und ihr Verhalten einige Tage lang analysiert – man möchte sagen: kennengelernt – dann werden Auswertungen und Handlungsregeln angezeigt, etwa von dieser Art: Sie verbringen zu viel Zeit mit Lesen im Bett; gehen sie ausgiebiger spazieren usw. Natürlich verlässt man sich auf die Programmierer der App und deren Definition von zu viel und zu wenig von etwas. Aus der Verbindung von persönlichen medizinischen Daten mit Daten der App und dem eigenen Wohlempfinden entsteht schnell eine amateurhafte Anamnese mit einer cybermedizinischen Behandlung à la *Google*. Die Medikation erfolgt per Mausklick aus dem Internetversand. Ärztinnen oder Ärzte werden dann eigentlich nur noch für die Krankschreibung benötigt. Bei allem Nutzen scheint hier doch das Risiko einer Fehlbehandlung zu überwiegen.

Als soziales Wesen teilt sich der Mensch in aller Regel gern mit und motiviert sich damit auch. Eine typische Anwendung des *lifeloggings* ist daher die Mitteilung (engl. *posting*) sportlicher Aktivitäten und leckerer Mahlzeiten in sozialen Netzwerken im Internet. Und obwohl die durch mediale Technik massenhafte Zugänglichkeit dieses persönlichen *enhancement* mittels Selbstdarstellung neuartig ist, ist sie nicht neu. Sensationell war bereits im Jahr 1923 die öffentlich zelebrierte Schönheitsoperation der US-amerikanischen Schauspielerin Fanny Brice. Neu ist, dass massenhaft Daten parallel aufgezeichnet und miteinander in Beziehung gesetzt werden können. Doch stellt das *lifelogging* bei Weitem nicht die Grenze des bereits möglichen dar. Zunehmend werden ***fitness-scores*** durch ***genomic-scores*** erweitert [25]. Auch das eigene Erbgut ist dank moderner und kostengünstiger Sequenziermethoden für jeden verfügbar geworden (Kap. 4). Die 2006 gegründete amerikanische Firma *23andMe* bietet jedermann für aktuell 169 EUR eine genetische Erbgutanalyse auf Basis einer Speichelprobe an [26]. Anhand dieser Daten erhalten die Kundinnen und Kunden …

- … einen **Abstammungsbericht** inklusive seiner Verwandtschaftsnähe zum Neandertaler.
- … einen **Gesundheitsbericht** über Gesundheitsrisiken wie beispielsweise für Brustkrebs und Parkinson.

- … einen **Wellnessbericht,** unter anderem mit einem genetisch vorhergesagtem Optimalgewicht (das sogenannte genetische Gewicht) oder dem Vorliegen einer Laktoseintoleranz.
- … einen **Zustandsbericht** zu 30 unterschiedlichen phänotypischen Eigenschaften wie der Beschaffenheit des Ohrenschmalzes, der Augenfarbe oder der Tendenz zum Früh- oder Spätaufstehen.
- … einen **Erbkrankheitsträgerstatus** bezüglich 43 Krankheiten wie der Sichelzellanämie.

Das wirklich Brisante an der privaten Genomanalyse ist, dass die Kundinnen und Kunden mit den Daten, die sie auf ihren persönlichen Webseiten abrufen, alleine gelassen sind. Dies verstößt gegen das deutsche **Gendiagnostikgesetz,** wonach nur Ärztinnen oder Ärzte mit nachgewiesener Sachkunde den Patientinnen und Patienten die Befunde eröffnen dürfen und erklären müssen. Und dies hat seinen Grund: So hat beispielsweise der genetische Nachweis von Chorea Huntington (einer erblichen Erkrankung des Gehirns) eine hohe Vorhersagekraft, während eine nachgewiesene Mutation im mit Brustkrebs in Verbindung stehenden *BRCA-1*-Gen nur eine geringe Vorhersagekraft in Bezug auf das Ausbrechen der Krankheit hat. Dies liegt daran, dass häufig nicht nur eine genetische, sondern oft mehrere genetische Komponenten oder sogar epigenetische und Umweltfaktoren (Abschn. 8.1) eine Rolle spielen.

Der nächste Schritt besteht darin, nicht nur uns, sondern auch unsere Mitbewohner zu sequenzieren. Damit meine ich nicht die humanen, sondern die Mikroorganismen auf unserer Haut und insbesondere in unserem Verdauungstrakt. Wir haben mehr bakterielle Zellen in unserem Gedärm, als wir eigene Zellen haben. Warum sollten wir die sogenannte **Darmflora,** richtiger wäre eigentlich Darmfauna, analysieren? Liebe geht bekanntlich durch den Magen. Sie kann aber auch auf den Magen schlagen oder, um ein positiveres Bild zu zeichnen, Schmetterlinge im Bauch flattern lassen.

Für Letzteres ist ein als Sonnengeflecht (lat. *Plexus solaris*) bezeichnetes Nervenfaserbündel zwischen Brustbein und Bauchnabel verantwortlich. Es ist direkt mit dem ältesten und am tiefsten gelegensten Teil des Gehirns verbunden, dem sogenannten Hirnstamm oder Repitiliengehirn, und reguliert lebenswichtige Funktionen wie die Atmung, die Regulation des Herzschlages und die Darmtätigkeit. Mindestens so weitreichend ist aber die indirekte Verbindung zwischen dem Magen, genauer dem Darm, und dem Hirn über die sogenannte **Mikrobiom-Darm-Hirn-Achse** (engl. *microbiota-gut-brain axis*). Als **Mikrobiom** bezeichnen wir die Gesamtheit aller Mikroorganismen, in diesem Fall im Darm [27]. Diese ist weder in Bezug auf die bis zu 1000 beteiligten Mikroorganismen, noch auf deren Mengenverhältnis zueinander stabil [28]. Dass eine Verbindung zwischen den Bakterien im Darm und dem Gehirn existieren, demonstrierten die US-amerikanischen Mikrobiologinnen Linda Hegstrand und Roberta Jean Hine schon 1986 mit steril aufgezogenen Ratten [29]. Heute wissen wir, dass in der Darmflora neuroaktive Substanzen wie die Neurotransmitter Histamin und GABA (Gamma-Aminobuttersäure) gebildet werden. Diese können nicht nur die Reaktion auf Stress, sondern auch die kognitiven Fähigkeiten und wahrscheinlich sogar die psychische Gesundheit beeinträchtigen. Erkrankungen des zentralen Nervensystems wie Multiple Sklerose, Alzheimer, Schizophrenie, Autismus und Depression stehen im Verdacht, von der Darmflora beeinflusst zu werden [30]. Wie komplex die Zusammenhänge sind, lässt sich erahnen, wenn man bedenkt, dass die Datenbank zur

Erfassung der Stoffwechselzwischenprodukte des Menschen (engl. *human metabolom database,* HMDB) in ihrer Version 4.0 von 2018 bereits 114.100 Substanzen listet [31].

Längst bieten Firmen wie *for me do* genetische Analysen an, um sich optimal zu ernähren und damit die eigene **Fitness** sowie das Training zu unterstützen. Hierfür werden zahlreiche Gene auf die vorliegenden Varianten hin untersucht (Abb. 2.3). Diese Gene wurden ausgewählt, da sie für Proteine und Enzyme codieren, die mit bestimmten Stoffwechselerkrankungen in Beziehung stehen. Nach dieser *MetaCheck-fitness*-Analyse werden die Kundinnen und Kunden in eine von vier verschiedenen **Meta-Typen** eingeteilt (Alpha, Beta, Gamma und Delta). Weitere Unterteilungen erfolgen danach, ob man eher Ausdauer- oder Schnellkraftsportlerin beziehungsweise -sportler ist. Tatsächlich gibt es insbesondere bei zwei Genen einen nachgewiesenen Zusammenhang zwischen bestimmten Genvarianten und dem sportlichen Leistungsvermögen – zumindest bei Leistungssportlerinnen und Leistungssportlern [32]. So gibt es zum Beispiel vom Angiotensin-konvertierenden Enzym ACE zwei mit der Leistungsfähigkeit korrelierte Varianten. Das Enzym spielt bei der Aufrechterhaltung des Blutdruckes und der Regelung des Wasser- und Elektrolyt-Haushalts eine große Rolle. Das andere ist das *ACTN3*-Gen, dessen Produkt am Aufbau der Muskulatur beteiligt ist (Abb. 2.3). Welche Auswirkungen wird es aber haben, wenn unsere Ernährung nicht mehr von der **Intuition,** sondern von genetischen Analysenergebnissen abhängt?

Ein aktuelles Beispiel, wiederum aus dem Ernährungssektor, soll die Bedeutung der Thematik verdeutlichen. Wir leben in einer Zeit, in der das Bewusstsein für gesunde Nahrung weit verbreitet ist. Dies führt aber nicht nur dazu, dass bevorzugt vollwertige Lebensmittel konsumiert werden, sondern auch zur vermeintlichen Aufwertung von Lebensmitteln mit Zusätzen. Diese, von der Lebensmittelindustrie propagierten funktionellen Lebensmittel (engl. *functional food*) sollen vor Mangelerscheinungen schützen und den Verbraucherinnen und Verbrauchern ein gesundes Lebensgefühl vermitteln. In einigen Ländern ist der künstliche Zusatz von Vitaminen und anderen Nährstoffen zu Lebensmitteln sogar gesetzlich vorgeschrieben. So wird in Europa Babynahrung mit Vitaminen und in den USA, sowie dutzenden anderen außereuropäischen Ländern, Mehl mit Folsäure versetzt [33]. Grundsätzlich ist **Folsäure** ein essenzieller Bestandteil der Nahrung und wird in Deutschland schwangeren Frauen in Form von Tabletten als Nahrungsergänzung empfohlen. Folsäuremangel konnte mit einer Reihe von Erkrankungen in Verbindung gebracht werden, unter anderem mit verschiedenen Krebsarten und Alzheimer. Besonders betroffen sind Menschen, die eine seltene Variante (Allel) eines wichtigen Enzyms, der Methylentetrahydrofolat-Reduktase (MTHFR), des Folsäurestoffwechsels tragen (Abb. 7.7). Bei diesem Allel, 677 T-MTHFR genannt, ist an Position 677 der Gensequenz ein Cytosin durch ein Thymin ausgetauscht. Dieser Austausch betrifft die zweite Position des für Alanin kodierenden Tripletts GCT, das infolge dieses Basenaustausches nun für Valin kodiert.

Trägerinnen und Träger dieser Genvariante (etwa 0,2 % der US-amerikanischen Bevölkerung) leiden erheblich häufiger an Erkrankungen, die sonst durch Folsäuremangel verursacht werden. Daher wird der Erkrankung dieser Menschen durch die Verabreichung erhöhter Folsäuredosierungen mit der Nahrung vorgebeugt. Eine Studie aus dem Jahr 2005 konnte allerdings belegen, dass eine konstant erhöhte Zufuhr von

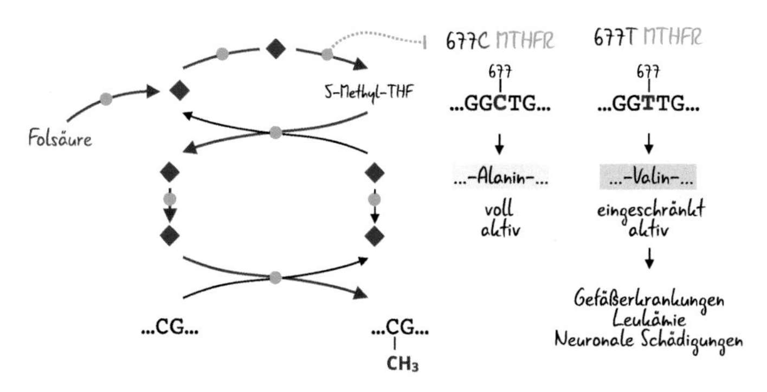

Abb. 7.7 Folsäure ist eine von mehreren Quellen für die Methylierung der DNA. Es wirkt eine Art Reaktionsgleichgewicht: Je mehr Folsäure in der Nahrung enthalten ist, desto mehr DNA kann methyliert werden. Beteiligt an der Reaktionskette ist ein Enzym namens Methylentetrahydrofolat-Reduktase (MTHFR). Ein SNP (Abschn. 4.1) an Position 677 in dem codierenden Gen kann zu einer veränderten Aminosäure im Enzym und damit zu einer eingeschränkten Aktivität und Erkrankungen führen. Grüne Kreise: Enzyme; blaue Rauten: Stoffwechselzwischenprodukte

Folsäure zu einer bevorzugten Selektion der defekten Genvariante in der Bevölkerung führt, da Träger des defekten Allels keine Symptome mehr zeigen [34]. Das bedeutet, dass Einzelindividuen, die Trägerinnen und Träger der defekten Genvariante sind, mit erhöhten Folsäuregaben geholfen ist. Für die gesamte Bevölkerung (Population) aber wirkt sich eine erhöhte Folsäureverabreichung negativ aus – ein Effekt der nicht kurzfristig, sondern nur über mehrere Generationen hinweg zu beobachten sein wird.

Wir befinden uns also in einem Spannungsfeld zwischen Individual- und Volksmedizin, basierend auf der statistischen Analyse einer unüberschaubaren Datenmenge durch teilweise undurchsichtige Rechenprozesse (Algorithmen, Abschn. 8.2).

7.4 Genbanken

Seit seinem Inkrafttreten im Jahr 1993 bildet das inzwischen von 196 Ländern unterzeichnete *„Übereinkommen der Vereinten Nationen über die Biologische Vielfalt“* (kurz: **Biodiversitätskonvention**) auf internationaler Ebene einen verbindlichen rechtlichen Rahmen für den Schutz der biologischen Vielfalt (Abb. 7.8). Sie umfasst den Schutz der genetischen, der Arten- und der Ökosystemvielfalt. Das Protokoll weist auch auf Risiken bei der gewollten und ungewollten **Freisetzung** gentechnisch veränderter Lebewesen hin, weshalb jeder Partner

> Mittel zur Regelung, Bewältigung oder Kontrolle der Risiken einführen oder beibehalten [soll], die mit der Nutzung und Freisetzung der durch Biotechnologie hervorgebrachten

Abb. 7.8 Biodiversität ist nicht nur schön, sondern auch eine wertvolle Ressource. Genetische Diversität zu erhalten, ist von einer immensen Bedeutung für die Erhaltung von Ökosystemleistungen

> lebenden modifizierten Organismen zusammenhängen, die nachteilige Umweltauswirkungen haben können, welche die Erhaltung und nachhaltige Nutzung der biologischen Vielfalt beeinträchtigen könnten, wobei auch die Risiken für die menschliche Gesundheit zu berücksichtigen sind.

In seinem Bestseller *„Earth in the Balance"* schrieb der spätere Vizepräsident der USA, Al Gore 1992:

> „Die schwerwiegendste strategische Bedrohung für das globale Nahrungsmittelsystem ist die Bedrohung durch genetische Erosion: der Verlust des Keimplasmas und die erhöhte Anfälligkeit von Nahrungspflanzen für ihre natürlichen Feinde [...]. Es ist diese Versorgung mit Genen, die jetzt so gefährdet ist." [35]

Generosion? Genbanken versuchen, die genetische Diversität zu erfassen und auf verschiedene Arten „abzuspeichern" – nicht als elektronisches Datum, sondern als biologische Probe. Denn die biologische Probe enthält mehr als nur die Abfolge der Nukleotide. Sie enthält den Kontext, in den die genetische Information gehört. So haben Wissenschaftlerinnen und Wissenschaftler aus Russland und Japan im März 2019 zwar erstmals gezeigt, dass sie dem Zellkern eines vor 28.000 Jahren gestorbenen **Mammuts,** transferiert in eine Mäusezelle, biologische Aktivität entlocken konnten, aber ein Mammut ist daraus nicht geworden [36].

Das Erbgut entwickelt sich stets in Wechselwirkung mit dem Lebewesen, das es kodiert. Beides ist ohne das Andere nichts. So gesehen hilft die Sequenzierung des Erbgutes aller Lebewesen auf der Erde sicherlich dabei, ein Verständnis für die Diversität zu bekommen und vielleicht auch interessante oder nützliche neue Gene zu entdecken. Tatsächlich hat Craig Venter Anfang der 2000er

Jahre DNA-Sequenzen von Mikroorganismen aus der **Sargassosee,** einem atlantischen Meeresgebiet östlich von Florida, entziffert und die Daten verkauft [37]. Biotechnologie-Unternehmen hofften darauf, in dieser „Wundertüte" neue Katalysemechanismen zu entdecken, was teilweise auch gelang [38]. Aber dem Erhalt der genetischen Diversität ist damit nicht geholfen. Es erinnert eher an Zeiten, als große Pharmakonzerne noch im großen Maßstab im Regenwald nach Wirkstoffen für neue Medikamente suchten.

Das internationale *Earth BioGenome Project* zielt in der Tat darauf ab, das Erbgut je eines Vertreters aller Höheren Lebewesen (Eukaryonten) zu sequenzieren [39]. Aber auch hier kann nicht von einem besseren Verständnis oder gar Erhalt von genetischer Biodiversität gesprochen werden. Schauen wir uns ein einfaches Bakterium an. Das Darmbakterium der Art *Escherichia coli* codiert rund 2000 bis 4000 Gene. Schon hierin unterscheiden sich die Stämme. Die Gesamtheit aller Genvarianten in allen bekannten *Escherichia-coli*-Genomen weltweit, das sogenannten **Pangenom,** beträgt aber rund 18.000 Gene [40]. Die Tragik zeigt sich bei nahezu ausgestorbenen Tieren, wie dem Nördlichen **Breitmaulnashorn.** Von ihm gibt es nur noch zwei weibliche Tiere, die zudem unfruchtbar zu sein scheinen [41]. Nun wird versucht, über künstliche Befruchtung die Art zu erhalten. Aber der Genpool ist auf zwei Tiere eingeengt. Das bedeutet, dass die meisten Allele, also die genetische Diversität und damit Anpassungsfähigkeit, verloren gegangen sind.

Während die Nashörner aufgrund von Wilderei dem Aussterben nahe sind, können auch ganz natürliche Prozesse zur Dezimierung einer Art beitragen. So wird ein Pilz, der **Amphibien** befällt, für einen Rückgang von 500 Arten in den vergangenen 50 Jahren verantwortlich gemacht [42]. Davon gelten 90 Arten als ausgestorben, bei 124

Arten ist der Bestand um mehr als 90 % geschrumpft. Das ist der bislang größte dokumentierte Rückgang der Biodiversität durch einen einzelnen Erreger. Dafür, dass sich der Pilz verbreiten konnte, ist allerdings auch der weltweite Amphibienhandel mitverantwortlich. Nicht nur aufgrund der Tatsache, dass wir möglicherweise dem größten Artensterben seit dem Zeitalter der Dinosaurier vor rund 65 Mio. Jahren entgegensehen (Abb. 7.9), versuchen Wissenschaftlerinnen und Wissenschaftler, ausgestorbene Arten zu züchten (Abschn. 6.2 und Abb. 6.5) [43, 44].

Dass genetisches Material eine wertvolle Ressource eines Landes darstellt und nicht einfach exportiert werden darf, ist seit 2010 in dem sogenannten **Nagoya-Protokoll** geregelt, das die erwähnte Biodiversitätskonvention erweitert. Sie soll vor allem sicherstellen, dass bei der Nutzung genetischer Ressourcen, wie zum Beispiel bestimmten Pflanzensorten, auch die Ursprungsländer

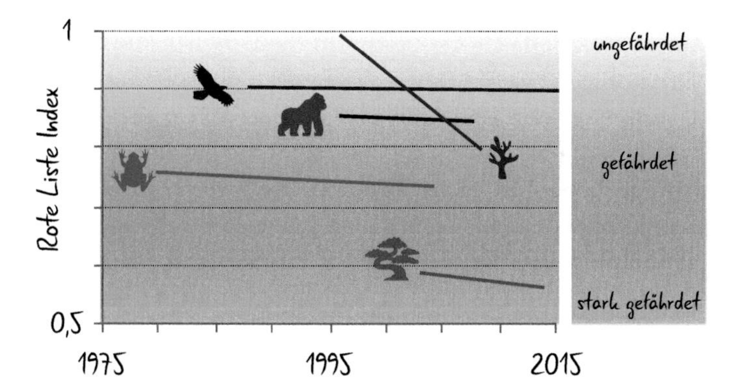

Abb. 7.9 Der Rote-Liste-Index [45] basiert auf der von der *Weltnaturschutzunion* (engl. *International Union for Conservation of Nature and Natural Resources,* IUCN) erhobenen Liste gefährdeter Arten. Der Index misst die Veränderung der Gefährdung über die Zeit. Gezeigt ist die Änderung für Korallen, Vögel, Säugetiere, Amphibien und Pflanzen. (Nach WWF [43], Daten aus Butchart et al. [46] und Visconti et al. [47])

profitieren und gegebenenfalls am Gewinn beteiligt werden. Expeditionen wie zu Kolonialzeiten, in denen die Naturkundemuseen, Botanischen Gärten, Tiergärten und Genbanken prall gefüllt wurden, gehören damit der Vergangenheit an. Im Gegenteil, es wird aktiv darüber verhandelt, ob Material zurückgegeben werden muss.

Die gesamte **Genosphäre,** also die Gesamtheit aller genetischen Systeme welche die Existenz, Regeneration und Reproduktion der Biosphäre sicherstellen, zu archivieren ist aus heutiger Sicht unmöglich. Schon alleine deshalb, weil sie sich im steten Wandel befindet. Aber wir haben bereits und können weiterhin kleine „Schnappschüsse" in Genbanken hinterlegen und möglicherweise in Zukunft mit ganz neuen Methoden untersuchen, etwa der epigenetischen Diagnostik (Abschn. 8.1).

Zunehmend entwickeln Firmen Geschäftsmodelle für **Biobanken,** um lebendes biologisches Körpermaterial von Patientinnen und Patienten zu sammeln, zu erhalten und zu vertreiben. Dieses kann in Laboren vermehrt, in Kühllagern aufbewahrt und dazu genutzt werden Erkrankungen zu untersuchen oder Medikamente zu testen. Diese Methodik soll Tierversuche ersetzen und stattdessen die Forschung am echten Krankheitsmodell ermöglichen. Mit dem **Biobank-Netzwerk** (engl. *German Biobank Node,* GBN) fördert das *Bundesministerium für Bildung und Forschung* (BMBF) den Aufbau und die Vernetzung von Biobanken. Biobanken sind letztlich auch Genbanken, da die archivierten Gewebe Erbinformation enthalten. Der Wert derart gesammelter Gewebe hat sich erst jüngst gezeigt, als Gewebeproben von Bauchspeicheldrüsenkrebspatientinnen und -patienten, einer der aggressivsten Tumortypen, genetisch verglichen wurde. Heraus kam ein **genetischer Atlas** des Bauchspeicheldrüsenkrebs, der die Entwicklung von Therapiemethoden vorantreiben soll [48]. Der Chemiker und Unternehmer Jörg Hollidt aus Berlin hat die Vision einer Art *Amazon*-Plattform für menschliches Zellmaterial. Er erklärt, wie problematisch das Vorhaben ist. Abgesehen von der juristischen Klärung in Bezug auf die Herkunft und den Besitz des Biomaterials sind es scheinbar triviale Dinge, wie die ganz unterschiedlichen Ansprüche der zellulären Gewebe an Nährmedien und Wachstumsbedingungen. Wie so oft ist das Potenzial groß, aber die Umsetzung schwer. Wenn wir uns erinnern (Abschn. 5.1), dass wir es in Geweben häufig mit einem **somatischen Mosaik** zu tun haben und beispielsweise Nervenzellen ihr Erbgut sogar aktiv umsortieren, dann ist es vielleicht sogar unmöglich und unser statischer Blick auf das Genom komplett falsch (Abschn. 8.3).

Literatur

1. Bersten MC, Folatelli G, García F, et al (2018) A surge of light at the birth of a supernova. Nature 554: 497–499. https://doi.org/10.1038/nature25151
2. Deane-Coe PE, Chu ET, Slavney A, et al (2018) Direct-to-consumer DNA testing of 6,000 dogs reveals 98.6-kb duplication associated with blue eyes and heterochromia in Siberian Huskies. PLoS Genet 14: e1007648. https://doi.org/10.1371/journal.pgen.1007648
3. Kaplanis J, Gordon A, Shor T, et al (2018) Quantitative analysis of population-scale family trees with millions of relatives. Science 360: 171–175. https://doi.org/10.1126/science.aam9309
4. Erlich Y, Shor T, Pe'er I, Carmi S (2018) Identity inference of genomic data using long-range familial searches. Science 362: 690–694. https://doi.org/10.1126/science.aau4832

5. Kaiser J (2018) We will find you: DNA search used to nab Golden State Killer can home in on about 60% of white Americans. In: Science Magazine. Aufgerufen am 30.03.2019: https://sciencemag.org/news/2018/10/we-will-find-you-dna-search-used-nab-golden-state-killer-can-home-about-60-white
6. Jiang W, Bikard D, Cox D, et al (2013) RNA-guided editing of bacterial genomes using CRISPR-Cas systems. Nat Biotechnol 31: 233–239. https://doi.org/10.1038/nbt.2508
7. Editorial (2017) Biohackers can boost trust in biology. Nature 552: 291–291. https://doi.org/10.1038/d41586-017-08807-z
8. Huang J, Kang BH, Ishida E, et al (2016) Identification of a CD4-Binding-Site Antibody to HIV that Evolved Near-Pan Neutralization Breadth. Immunity 45: 1108–1121. https://doi.org/10.1016/j.immuni.2016.10.027
9. Lopalco L (2010) CCR5: From Natural Resistance to a New Anti-HIV Strategy. Viruses 2: 574–600. https://doi.org/10.3390/v2020574
10. Smalley E (2018) FDA warns public of dangers of DIY gene therapy. Nat Biotechnol 36: 119–120. https://doi.org/10.1038/nbt0218-119
11. Ebbinghaus, H. (1885). Über das Gedächtnis. Duncker & Humblot, Leipzig
12. Hebb DO (1949) The organization of behavior. Wiley & Sons, New York/USA
13. Tang Y-P, Shimizu E, Dube GR, et al (1999). Genetic enhancement of learning and memory in mice. Nature 401: 63–69. https://doi.org/10.1038/43432
14. Zayner J (2018) BioHack the Planet 2018. In: YouTube. Aufgerufen am 31.09.2018: youtu.be/2WboOubuI2M und youtu.be/fjGDpEsM13k und youtu.be/CHQleUE-Iwk und youtu.be/ykwR-9MkTZM
15. Clausen R, Longo SB (2012) The Tragedy of the Commodity and the Farce of AquAdvantage Salmon®. Dev Chang 43: 229–251. https://doi.org/10.1111/j.1467-7660.2011.01747.x

16. Canela-Xandri O, Rawlik K, Tenesa A (2018) An atlas of genetic associations in UK Biobank. Nat Genet 50: 1593–1599. https://doi.org/10.1038/s41588-018-0248-z
17. Ye X, Al-Babili S, Klöti A, et al (2000) Engineering the provitamin A (beta-carotene) biosynthetic pathway into (carotenoid-free) rice endosperm. Science 287: 303–305. https://doi.org/10.1126/science.287.5451.303
18. Zhu Q, Zeng D, Yu S, et al (2018) From Golden Rice to aSTARice: Bioengineering Astaxanthin Biosynthesis in Rice Endosperm. Molecular Plant 11: 1440–1448. https://doi.org/10.1016/j.molp.2018.09.007
19. Vaidyanathan G (2019) Indian court's decision to uphold GM cotton patent could boost industry research. Nature. https://doi.org/10.1038/d41586-019-00177-y
20. Van Dycke L, Van Overwalle G (2017) Genetically Modified Crops and Intellectual Property Law: Interpreting Indian Patents on Bt Cotton in View of the Socio-Political Background. JIPITEC 8: 151–165
21. Gudbjartsson DF, Helgason H, Gudjonsson SA, et al (2015) Large-scale whole-genome sequencing of the Icelandic population. Nat Genet 47: 435–444. https://doi.org/10.1038/ng.3247
22. Geib C (2019) A Chinese province is sequencing 1 million of its residents' genomes. In: NeoScope. Zugegriffen am 14.04.2019: https://futurism.com/chinese-province-sequencing-1-million-residents-genomes
23. Amann RI, Baichoo S, Blencowe BJ, et al (2019) Toward unrestricted use of public genomic data. Science 363: 350–352. https://doi.org/10.1126/science.aaw1280
24. Carlson B (2010) Medicine could transform healthcare, but payers and physicians are not yet convinced. Biotechnol Healthc 7: 7–8
25. Knowles JW, Ashley EA (2018) Cardiovascular disease: The rise of the genetic risk score. PLOS Med 15: e1002546. https://doi.org/10.1371/journal.pmed.1002546
26. Bahnsen U (2018) Genforschung: Was wird aus mir? Die Zeit, S 33–35

27. Lynch SV, Pedersen O (2016) The Human Intestinal Microbiome in Health and Disease. N Engl J Med 375: 2369–2379. https://doi.org/10.1056/nejmra1600266
28. Franzosa EA, Huang K, Meadow JF, et al (2015) Identifying personal microbiomes using metagenomic codes. Proc Natl Acad Sci USA 112: E2930-E2938. https://doi.org/10.1073/pnas.1423854112
29. Hegstrand LR, Hine RJ (1986) Variations of brain histamine levels in germ-free and nephrectomized rats. Neurochem Res 11: 185–191. https://doi.org/10.1007/bf00967967
30. Valles-Colomer M, Falony G, Darzi Y, et al (2019) The neuroactive potential of the human gut microbiota in quality of life and depression. Nat Microbiol 13: 1–13. https://doi.org/10.1038/s41564-018-0337-x
31. Wishart DS, Feunang YD, Marcu A, et al (2018) HMDB 4.0: the human metabolome database for 2018. Nucleic Acids Res 46: D608–D617. https://doi.org/10.1093/nar/gkx1089
32. Ma F, Yang Y, Li X, et al (2013) The Association of Sport Performance with ACE and ACTN3 Genetic Polymorphisms: A Systematic Review and Meta-Analysis. PLoS One 8: e54685. https://doi.org/10.1371/journal.pone.0054685
33. Crider KS, Bailey LB, Berry RJ (2011) Folic Acid Food Fortification–Its History, Effect, Concerns, and Future Directions. Nutrients 3: 370–384. https://doi.org/10.3390/nu3030370
34. Lucock M, Yates ZE (2005) Folic acid – vitamin and panacea or genetic time bomb? Nat Rev Genet 6: 235–240. https://doi.org/10.1038/nrg1558
35. Gore Al (2007) Earth in the Balance: Forging a New Common Purpose. Earthscan, New York/USA
36. Yamagata K, Nagai K, Miyamoto H, et al (2019) Signs of biological activities of 28,000-year-old mammoth nuclei in mouse oocytes visualized by live-cell imaging. Sci Rep 9: 4050. https://doi.org/10.1038/41598-019-40546-1
37. Falkowski PG (2004) Shotgun Sequencing in the Sea: A Blast from the Past? Science 304: 58–60. https://doi.org/10.1126/science.1097146

38. Xiang DF, Xu C, Kumaran D, et al (2009) Functional Annotation of Two New Carboxypeptidases from the Amidohydrolase Superfamily of Enzymes. Biochemistry 48: 4567–4576. https://doi.org/10.1021/bi900453u
39. Lewin HA, Robinson GE, Kress WJ, et al (2018) Earth BioGenome Project: Sequencing life for the future of life. Proc Natl Acad Sci USA 115: 4325–4333. https://doi.org/10.1073/pnas.1720115115
40. Touchon M, Hoede C, Tenaillon O, et al (2009) Organised Genome Dynamics in the *Escherichia coli* Species Results in Highly Diverse Adaptive Paths. PLoS Genet 5: e1000344. https://doi.org/10.1371/journal.pgen.1000344
41. Hildebrandt TB, Hermes R, Colleoni S, et al (2018) Embryos and embryonic stem cells from the white rhinoceros. Nat Commun 9: 2589. https://doi.org/10.1038/41467-018-04959-2
42. Ben C Scheele, Pasmans F, Skerratt LF, et al (2019) Amphibian fungal panzootic causes catastrophic and ongoing loss of biodiversity. Science 363: 1459–1463. https://doi.org/10.1126/science.aav0379
43. WWF (2018) Living Planet Report – 2018: Aiming Higher. WWF, Gland, Schweiz
44. Wright DWM (2018) Cloning animals for tourism in the year 2070. Futures 95: 58–75. https://doi.org/10.1016/j.futures.2017.10.002
45. Butchart SHM, Akçakaya HR, Chanson J, et al (2007) Improvements to the Red List Index. PLoS One 2: e140. https://doi.org/10.1371/journal.pone.0000140
46. Butchart SHM, Walpole M, Ben Collen, et al (2010) Global Biodiversity: Indicators of Recent Declines. Science 328: 1164–1168. https://doi.org/10.1126/science.1187512
47. Visconti P, Bakkenes M, Baisero D, et al (2015) Projecting Global Biodiversity Indicators under Future Development Scenarios. Conserv Lett 9: 5–13. https://doi.org/10.1111/conl.12159
48. Raphael BJ, Hruban RH, Aguirre AJ, et al (2017) Integrated Genomic Characterization of Pancreatic Ductal Adenocarcinoma. Cancer Cell 32: 185–203.e13. https://doi.org/10.1016/j.ccell.2017.07.007

Weiterführende Literatur

Trojok R (2016) Biohacking – Biotechnologie für alle. Franzis Verlag, Haar bei München

Dubock A (2014) The politics of Golden Rice. GM Crops Food 5: 210–222. https://doi.org/10.4161/21645698.2014.967570

Lorenz M (2018) Menschenzucht. Wallstein Verlag, Göttingen

Smith JS (1990) Patenting the sun. William Morrow & Company, New York/USA

Steiner T (ed) (2002) Genpool: Biopolitik und Körperutopien. Passagen Verlag, Wien

Karafyllis NC (ed) (2018) Theorien der Lebendsammlung. Verlag Karl Alber, Freiburg

Rifkin J (2007) Das biotechnische Zeitalter. Campus Verlag, Frankfurt

8 Genetik neu denken

Mehrere Entwicklungen und Erkenntnisse in den Lebenswissenschaften führen dazu, dass wir die Genetik vollkommen neu oder zumindest anderes denken müssen. Wir wissen besser denn je, dass unsere Umwelt und unsere Gene sich einander näher sind, als wir jemals ahnten. Das lehrt uns die **Epigenetik,** die ich in Abschn. 8.1 beleuchte. Sie ist ohne Zweifel eines der spannendsten Gebiete der Genetik und bietet, für den, der es denn braucht, eine molekularbiologische Grundlage für unsere Verantwortung für zukünftige Generationen (Abb. 8.1).

Die Methoden der **künstlichen Intelligenz** werden erst seit wenigen Jahren im großen Maßstab auf Erbinformationen losgelassen. Riesige Datensätze von Millionen von Einzelpersonen mit den entsprechenden Krankenakten bilden einen Teil der Analysegrundlage. Daten von *activity trackern* (Smartphones und Smartwatches u. s. w.) liefern einen weiteren Teil. Ohne ein Ziel vor Augen zu haben, rechnen die Algorithmen, verteilt auf

R. Wünschiers, *Generation Gen-Schere,*
https://doi.org/10.1007/978-3-662-59048-5_8

Abb. 8.1 Dass nicht nur die Gene, sondern auch die Umwelt und Kultur den Nachwuchs prägen, ist eine Binsenweisheit. Wie tiefgreifend die molekularen Mechanismen sind, wird aber erst seit wenigen Jahren deutlich. Es gibt eine Vererbung, die weit über die Gene hinauswirkt, die Epigenetik

Rechnern in der ganzen Welt, drauf los. Im Abschn. 8.2 gebe ich einen Einblick, wie weit diese Technologie vorangeschritten ist und welche Fragen die vielen Antworten auf nie gestellte Fragen aufwerfen. Letztlich läuft es aber auf die Entscheidung hinaus, ob wir unser Erbgut mit der Genschere langfristig anpassen wollen und nach welchen Kriterien.

Bei allem Fokus auf die Erbinformation und die Gene, eine Denkweise die Dorothy Nelkin und Susan Lindee in ihrem im Jahr 2004 erschienen Buch *„The DNA mystique“* als Gen-Essenzialismus bezeichnet haben, übersehen wir leicht, dass das Gen nicht alles ist [1]. Neben seiner epigenetischen Regulation spielt auch die Anordnung der Gene im Erbgut eine wichtige Rolle. Und das Erbgut unterliegt einer **strukturellen Dynamik.** Im Abschn. 8.3

zeige ich auf, dass es *das* Genom eigentlich gar nicht gibt. Auch innerhalb eines Individuums kommt es zu Lebzeiten zu Umbauten, die nichts mit den uns gut bekannten Mutationen zu tun haben. Die sind natürlich auch wichtig und eine Ursache dafür, dass es beispielsweise immer antibiotikaresistente Krankheitserreger geben wird. Der Motor der Evolution treibt jegliche menschliche Innovation vor sich her.

8.1 Epigenetik

Die Epigenetik ist ohne Zweifel eines der spannendsten Gebiete der Genetik [2]. Das Wort beschreibt einen Mechanismus der Prägung des Erbgutes, der über (griech. *epi*) der gewöhnlichen Genetik wirkt. Und daran ist die Umwelt im weitesten Sinne beteiligt. Man kann sagen, dass die Umwelt über Mechanismen der Epigenetik auf die Genetik von Lebewesen wirkt. Diese Wirkung – und das ist der eigentliche Hammer – kann an nachfolgende Generationen übertragen werden. Und wenn ich schreibe „Umwelt im weitesten Sinne", dann meine ich nicht nur physikalische Faktoren wie Licht oder Temperatur und chemische Substanzen wie Nähr- oder Giftstoffe, sondern auch beispielsweise psychische Wirkungen. Werfen wir einen Blick zurück auf die Entdeckungsgeschichte.

Im Jahr 1742 hat der junge schwedische Jurastudent Magnus Ziöberg auf einer kleinen Insel im Archipel vor Stockholm als Hobby einige Pflanzen gesammelt, getrocknet und als Herbarium archiviert. Dieses Herbarium fand seinen Weg zu Olof Celsius, Professor für Botanik an der Universität Uppsala und Neffe des Erfinders der gleichnamigen Temperaturskala. Ihm fiel eine Pflanze auf, deren Blätter, Stängel und Wurzel dem bekannten und gut beschriebenen Echten **Leinkraut,** mit lateinischen Namen

Linaria vulgaris, entsprach. Allein die Blüte verdutzte den Botaniker. Sie hatte statt einem Sporn fünf Sporne und war statt spiegelsymmetrisch wie ein Mensch (mit zwei gleichen Hälften, auch als zygomorph oder bilateralsymmetrisch bezeichnet), radiärsymmetrisch wie ein Seestern (Abb. 8.2, links). Um den Fall zu klären, brachte er einige Exemplare seinem Kollegen, dem wichtigsten Botaniker und Naturforscher seiner Zeit, Carl von Linné. Der Ausspruch *„Gott schuf die Welt, Linné ordnete sie"* zeigt dessen bedeutende Funktion als Begründer der Systematik von Lebewesen. Linné dachte erst, dass ein Scherzbold eine fremde Blüte an das Leinkraut geklebt hatte, um ihn zu foppen. Als sich herausstellte, dass die Pflanze intakt war, ordnete er sie der neuen Gattung *Peloria* (griech. für Monster) zu, da er schlussfolgerte, dass das Leinkraut ein Monster hervorgebracht hat [3]. Auch besorgte er sich über Ziöberg lebende Pflanzen, die aber in seinem botanischen Garten schnell eingingen.

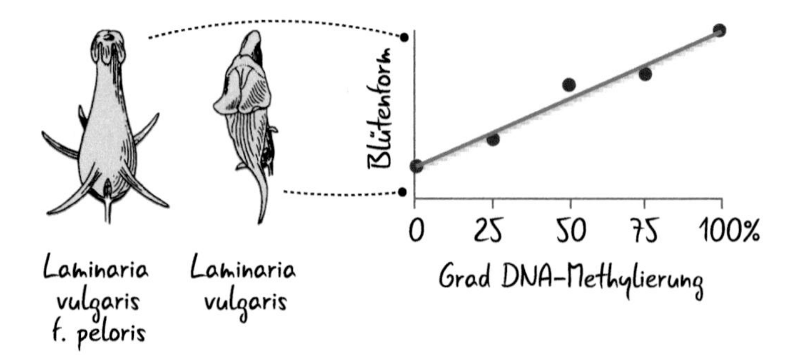

Abb. 8.2 Links) Die radiär- und bilateralsymmetrische Blütenformen des Echten Leinkrauts *(Linaria vulgaris)* und der Monsterform (*Linaria vulgaris* forma peloris); nach Goethe [4]. Rechts) Die Abhängigkeit der Blütenform vom Grad der Methylierung (Abb. 8.4) bestimmter DNA-Bereiche. (Nach Cubas [5])

Linné konnte das Rätsel um das Monster nicht lösen. Indes wurden zahlreiche ähnliche Beispiele bei anderen Pflanzen gefunden, was zu dem etablierten Fachwort **Pelorismus** führte. Der Naturforscher Charles Darwin kannte bereits rund ein Dutzend Beispiele und es wurden auch graduelle Zwischenstadien der Blütenformen gefunden. Der Botaniker Hugo de Vries (Abschn. 3.1) war der erste einer Reihe von Wissenschaftlerinnen und Wissenschaftlern, die Mutationen als Ursache für Pelorismus vermuteten. Es dauerte bis zum Jahr 1999, als man eine ganz andere Ursache fand, nämlich eine chemische Veränderung, eine Methylierung, an der Base Cytosin (Abb. 8.2, rechts). Bevor wir uns die DNA-Methylierung genauer ansehen, sei noch das Paradebeispiel erwähnt, das den Blick auf die Epigenetik beim Menschen lenkte.

Es spielt in Överkalix. Das ist ein kleiner, abgeschiedener Ort in Nordschweden. Er ist im Jahr 2001 durch eine aufsehenerregende Studie bekannt geworden die beschreibt, wie die **Ernährung** auf die Vererbung wirken kann. In der konkreten **Överkalix-Studie** haben Medizinstatistiker den Einfluss der Ernährung auf den Gesundheitszustand der Nachkommen in erster und zweiter Generation untersucht [6, 7]. Den Wissenschaftlern kam dabei zugute, dass sowohl Ernteerträge, Geburts- und Sterbeurkunden als auch Gesundheitsdaten der Probanden vorlagen (Abb. 8.3). Untersucht wurden die Lebensumstände, insbesondere des anhand der Ernteerträge vorhergesagten Ernährungszustands der Geburtsjahrgänge 1890, 1905 und 1920, sowie die Auswirkungen auf Nachfolgegenerationen. Festgestellt wurde, dass sich eine Mangelernährung männlicher Vorfahren im Alter zwischen neun und zwölf Jahren positiv auf die Lebenserwartung der Nachkommen in zweiter Generation auswirkt. Genauer: Die Wahrscheinlichkeit der Enkel, an Herzleiden oder Diabetes zu sterben, nimmt ab. Wow.

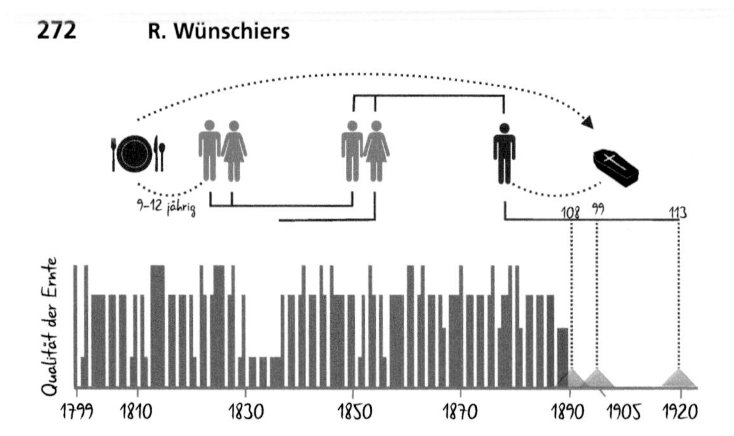

Abb. 8.3 Der Ernährungszustand des Großvaters (blau) im Alter zwischen neun und zwölf Jahren wirkt auf die Lebenserwartung des Enkels. Untersucht wurden 320 Personen die um 1890, 1905 oder 1920 geboren wurden. Der Ernährungszustand der Vorfahren wurde aus Erntequalität (eingeteilt in vier Stufen) abgeleitet

Das scheint **Lamarckismus** zu sein, also die Vererbung von zu Lebenszeiten erworbenen Eigenschaften. Und das ist es auch. Es ist sicher eine der bemerkenswertesten Entdeckungen im Feld der Genetik des zwanzigsten Jahrhunderts, dass mit der Epigenetik ein molekularer Mechanismus beschrieben wurde, der Lamarcks Sichtweise von der Vererbung stützt. Was passiert nun auf der Ebene der DNA?

Es gibt mehrere bekannte Mechanismen, wobei die **DNA-Methylierung** die prominenteste ist. Seit den 1980er [8] Jahren ist bekannt, dass bestimmte Bereiche der DNA chemisch durch das Anhängen einer sogenannten Methylgruppe verändert werden können (Abb. 8.4). Es hat sich gezeigt, dass nur Cytosine methyliert werden, die auf demselben DNA-Strang von einem Guanin gefolgt werden. Man spricht und schreibt dann von **CpG-Dinukleotiden** oder CpG-Paaren, um sie von

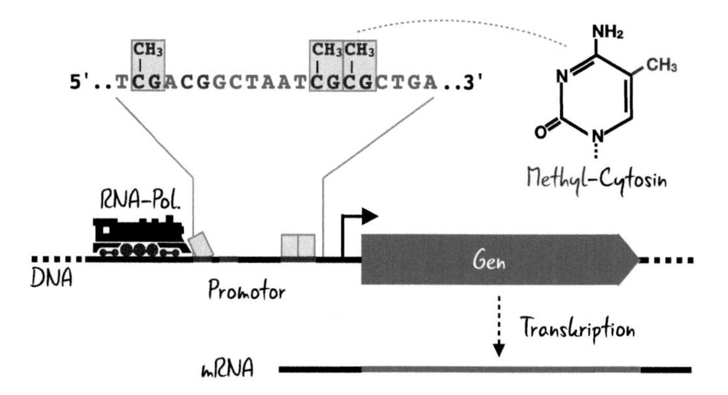

Abb. 8.4 Ein Mechanismus der Epigenetik basiert auf der Methylierung (-CH_3) von Cytosinen (C) in CG-Paaren. Dem Enzym (RNA-Polymerase) der Transkription sind diese „im Weg", weshalb weniger Transkripte (mRNA) des Gens entstehen und die Aktivität des Genproduktes geringer ist. Methylgruppen können in Abhängigkeit von äußeren Einflüssen an- und abgehängt werden

Basenpaaren zu unterscheiden, wo das C auf dem einen Strang und das G auf dem Gegenstrang liegt, also einem CG-Basenpaar. Das P steht dabei für Phosphat. Die Methylierung hat zur Folge, dass sich die Struktur der DNA etwas ändert und regulative Proteine und Enzyme nicht oder schlechter an die DNA-Doppelhelix binden können. Das wiederum hat weitreichende Folgen für die Regulation der auf der DNA codierten Gene, da dem molekularbiologischen Apparat, der die Erbinformation abliest (Transkriptionsapparat), im wahrsten Sinne des Wortes der Zugang erschwert wird. Wie Abb. 8.4 zeigt, wird beispielsweise das Enzym RNA-Polymerase an der Übersetzung (Transkription) der Gensequenz in ein Boten-RNA-Molekül (mRNA) gehindert (Abb. 2.4). Ist die DNA vor einem Gen, dem sogenannten Promotorbereich, stark methyliert, kann die Transkription sogar ganz zum Erliegen kommen: Das Gen ist „ausgeschaltet".

Methylierte CpG-Dinukleotide bewirken also eine Veränderung der Genexpression und diese Methylierung ist dynamisch. Methylgruppen können also an die DNA angefügt und entfernt werden.

Viele Pflanzen zeigen epigenetische Reaktionen, da sie sich häufig vegetativ fortpflanzen und so Veränderungen an der DNA einfach an Nachkommen – besser: Abkömmlinge oder Stecklinge – weitergeben können. So ist es vermutlich kein Zufall, dass die Vererbung erworbener Eigenschaften zunächst von Botanikerinnen und Botanikern wie Jean-Baptiste Lamarck beschrieben wurden. – Leider kam es unter Stalin auch zu einem massiven politischen Missbrauch des epigenetischen Konzepts durch den russischen Biologen Trofim Denisovich Lyssenko: Es passte dem Diktator Stalin, dass man durch „Züchtigung" aus einem jeden einen Bauern formen konnte [9]. Wie gelangt aber die Information aus der Umwelt in die nächste Generation?

Die Weitergabe erworbener Eigenschaften über die Keimbahn erfordert zunächst eine epigenetische Veränderung der DNA in den Samen- und Eizellen und deren Weitergabe an den Embryo [10]. Dass ein Embryo während der Schwangerschaft epigenetisch geprägt wird, ist leicht vorstellbar. Im Överkalix-Fall wird die Information jedoch an die übernächste Generation weitergegeben. Und das ist bemerkenswert, weil man bislang davon ausging, dass die Keimbahn durch die sogenannte **Weismann-Barriere** (Abb. 8.5) strikt von den Körperzellen getrennt ist.

Der deutsche Evolutionsbiologe und Mediziner August Weismann schlug diese strikte Trennung bereits vor über hundert Jahren vor. Und tatsächlich hat man später gefunden, dass die epigenetische Markierung während der Keimzellbildung und nach der Befruchtung „gelöscht" wird (bekannt als **Keimbahn-Reprogrammierung**).

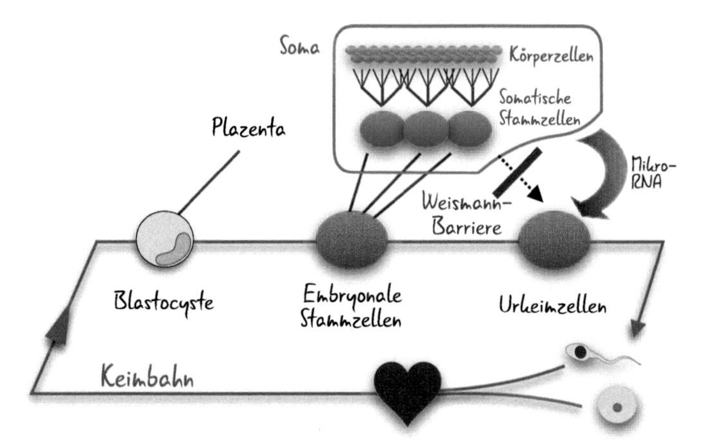

Abb. 8.5 Die sogenannte Weismannn-Barriere trennt die Keimbahn von den Körperzellen. Demnach können Einflüsse auf den Körper *(soma)* nicht auf die Urkeimzellen und damit auf die nachfolgenden Generationen wirken. Diese Hypothese aus dem Anfang des neunzehnten Jahrhunderts wurde mittlerweile widerlegt

Allerdings gibt es Ausnahmen, die wir als mütterliche oder väterliche **Prägung** kennen (engl. *imprinting*) [2]. Ein zugrundeliegender Mechanismus der Umgehung der Reprogrammierung wurde 2012 aufgeklärt [11]. Seither wurden weitere Mechanismen präsentiert, wie epigenetische Prägungen über mehrere Generationen wirken können [12, 13]. Eine Rolle spielen dabei auch kurze RNA-Moleküle, sogenannte Mikro-RNAs, die über die Eizellen und Spermien an den Embryo weitergegeben werden. Diese **Mikro-RNAs** sind zwischen 17 und 25 Nukleotiden lang und codieren nicht für Proteine, sondern regulieren die Aktivität anderer Gene. Sie können in Körperzellen gebildet, über das Blut transportiert und von Keimzellen aufgenommen werden. Dort können die Mikro-RNAs direkt oder über zum Beispiel die DNA-Methylierung wirken. So konnte bei Untersuchungen an

Ausdauersportlerinnen und -sportlern gezeigt werden, dass sich das Training sowohl auf die DNA-Methylierung als auch auf die Mikro-RNA-Zusammensetzung im Blut und in den Spermien auswirkt [14, 15]. Erstaunlicherweise scheinen insbesondere Gene betroffen zu sein, die eine wichtige Rolle im Nervensystem spielen. Tatsächlich konnten jüngste Ergebnisse aus Versuchen mit Mäusen zeigen, dass die körperliche Fitness per Epigenetik auf die Nachkommen übertragen wird und sich bei ihnen positiv auf **kognitive Fähigkeiten** auswirkt [16]. Bei der Untersuchung wurde eine Gruppe Mäuse innerhalb von sechs Wochen dazu angetrieben, regelmäßig in einem Laufrad zu laufen. Eine Kontrollgruppe dagegen blieb „untrainiert". Die Nachkommen der „Sportlerinnen und Sportler" zeigten eine veränderte Entwicklung des Nervensystems während der embryonalen Phase, hatten eine verbesserte Fähigkeit zur Mustererkennung und eine verstärkte Aktivität in den Kraftwerken der Zellen, den Mitochondrien.

Und auch für die **Sozialwissenschaften** gibt es mit der Epigenetik auf einmal ein molekulares Modell, wie im weitesten Sinn Fürsorge und Wohlfahrt nicht nur im Heute, sondern auch in die Zukunft wirken kann. Bei einem Experiment mit Ratten zeigte sich, wie mütterliches **Brutverhalten** über epigenetische DNA-Methylierungen auf die Nachkommen wirkt [17]. Bei dem Experiment war in einer Kontrollgruppe die Mutter während der 21-tägigen Aufzucht der Jungen ständig anwesend. In einer zweiten Gruppe wurde die Mutter einmal täglich für 15 min von ihren Jungen getrennt. Im Ergebnis zeigte sich, dass die Nachkommen der zweiten Gruppe viel aktiver und neugieriger waren. Molekular zeigte sich, dass bei ihnen der Promotorbereich eines Gens stark methyliert war, welches für einen Hormonrezeptor (Glucocorticoid-Rezeptor) in der Hippocampus-Region des Gehirns codiert. Dieser Rezeptor ist bei der zweiten Gruppe daher kaum vorhanden, was dazu führt, dass sich diese Ratten anders verhalten, also einen anderen **sozialen Phänotyp** aufweisen. Welchen Sinn kann das haben? Es lässt sich ausmalen, dass Rattenmütter, die außerhalb ihres Nests nach Nahrung suchen und dabei auf Feinde stoßen, mehr Zeit im Nest bei der Aufzucht verbringen. Dies bewirkt, dass die Nachkommen, wenn sie das Nest verlassen, zurückhaltender sind und nicht voller Neugierde die Umgebung erkunden – denn dort könnten ja Feinde sein. Mittels der DNA-Methylierung hat die Mutter ihren Nachkommen eine wichtige Information über die Umwelt beziehungsweise entsprechende Verhaltensweisen mit auf den Weg gegeben. Meine Darstellung ist natürlich stark vereinfacht. Sie soll aber zeigen, dass Verhaltensweisen von einer Wechselwirkung genetischer und umweltbedingter Faktoren ausgehen, die sich nicht trennscharf voneinander abgrenzen lassen.

Die Anwendungsmöglichkeiten der Epigenetik sind weitreichend. Wissenschaftlerinnen und Wissenschaftler an der Universität Halle untersuchen zurzeit, ob DNA-Methylierungsmuster genutzt werden können, um konventionelle von ökologisch angebauten Nutzpflanzen zu unterscheiden. Damit würde die Epigenetik den genetischen Fingerabdruck um eine weitere Dimension erweitern. Diese Methodik wird bereits zum Nachweis von Beimischungen in Safran erfolgreich eingesetzt [18]. Möglicherweise ist sie sogar dahingehend erweiterbar, dass der geografische Ursprung einer Nahrungsmittelprobe bestätigt oder Verunreinigungen nachgewiesen werden können. Moderne Methoden beschränken sich bislang auf die chemische Zusammensetzung, die häufig zu veränderlich ist, oder die DNA-Sequenz, die sich wiederum in vielen Fällen zu ähnlich sind [19]. Ich gehe stark davon aus, dass sich entsprechend diesem Beispiel eine **epigenetische**

Diagnostik entwickeln wird. In einer Studie mit Ratten hat sich etwa gezeigt, dass der Kontakt mit bestimmten Umweltgiften wie Dioxin, Pestiziden, Kohlenwasserstoffen wie Treibstoffen oder Plastik dazu führt, dass spezifische Regionen auf den Chromosomen methyliert werden [20]. Damit wirken die Methylierungen wie ein **molekulares Gedächtnis,** das ausgelesen werden kann [21].

Wie die Wechselwirkungen zwischen Epigenetik und Gentechnik sind, ist bislang wenig erforscht. Es wurden allerdings bereits Methoden entwickelt, um zum Beispiel mit Methoden der Genschere epigenetische Marken zu setzten oder zu löschen [22]. Diese werden etwa in der Gentherapie bei der Behandlung von Krankheiten wie Krebs eine zunehmende Rolle spielen [23]. Zudem werden von der Erforschung der Epigenetik Antworten zu Krankheitsbildern erhofft, die zurzeit genetisch nicht zu erklären sind.

8.2 Künstliche Intelligenz

„Siri, wie wird das Wetter morgen?“, hört man heutzutage so manchen fragen und *„Chantal, gibt es ein verträgliches Kopfschmerzmittel für meinen Genotyp?“* könnte eine zukünftige Frage lauten. Siri und Chantal sind natürlich „intelligente“ digitale Assistenten auf mobilen Endgeräten. Um eine Frage zu beantworten, müssen sie erst einmal verstanden werden – in zweierlei Sinne. Zunächst muss aus der Sprache Text werden. Das bewerkstelligen Computerprogramme, die dem Bereich der künstlichen Intelligenz zugeordnet werden. Wissenschaftlerinnen und Wissenschaftler, die in diesem Bereich arbeiten, mögen diesen allgemein verwendeten Begriff aber nicht – zu Recht. Was ist denn, bitteschön, Intelligenz? Sie sprechen lieber vom **maschinellem Lernen,** was ich hier auch tun möchte.

Die Computerprogramme nennen wir dann konsequenterweise **Algorithmen,** also eine Handlungsanweisung zur Lösung eines Problems [24] Die meisten Algorithmen, die man bislang angewendet hat, sind wie eine mathematische Formel festgelegt: Aus einer Eingabe wird eine Ausgabe generiert. Punkt. Ein entsprechender Algorithmus für die Spracherkennung ist nicht gerade als intelligent, eher als starsinnig zu bezeichnen. So wurde aus meinem Nachnamen gerne *„Wünsch Dir was"* gemacht und ich musste meinem digitalen Assistenten meinen Namen in einer Weise vorsprechen, wie es vollkommen unnatürlich ist: Statt *„Wünschiers"* zum Beispiel *„Wuänschis"*. Die Zeiten sind aber vorbei. Die Spracherkennung hat dazugelernt und die Basis dafür sind **lernende Algorithmen.** Die Umwandlung von Sprache in Text funktioniert also schon sehr gut. Das deutsche Unternehmen *Precire* bietet sogar einen Dienst an, der anhand einer rund viertelstündigen Sprachnachricht Emotionen und die Persönlichkeit des Sprechers einordnet. Zahlreiche renommierte Firmen wie der Frankfurter Flughafen oder Energiekonzern *RWE* nutzen diesen Dienst schon als Unterstützung für Einstellungsverfahren [25].

Was schon ziemlich lange gut geht, das ist die Umwandlung von Schrift in Text. Die Schrifterkennung in Bildern (engl. *optical character recognition,* OCR) basiert ebenfalls auf lernenden Algorithmen. Doch was leistet die Bilderkennung noch (Abb. 7.2)? Aktuelle Forschungsprojekte befassen sich mit der Erfassung von Krankheiten aus Gesichtsausdrücken [26]. Ja, Sie haben richtig gelesen. Ein Bildverarbeitungssystem namens *DeepGestalt* wurde mit 17.000 Bildern von Personen gefüttert, bei denen zuvor auf klassische Weise eine Erkrankung diagnostiziert wurde. Insgesamt wurden die Fotos 200 Krankheiten zugeordnet. Der Lernalgorithmus beruhte auf **neuronalen Netzwerken** – eine Methode, welche die Funktion von Nervenzellen nachahmt. Immer wiederkehrende Muster führen dabei zu Signalverstärkungen. Nach der Lernphase konnte *DeepGestalt* Fotos mit über 90-prozentiger Treffsicherheit Krankheiten zuordnen – allein auf Basis des Gesichtsausdrucks oder, besser gesagt, der Gesichtsform.

Das weckt in mir gewisse Gedanken an die Medizingeschichte: Der italienische Arzt und Professor für Gerichtsmedizin und Psychiatrie Cesare Lombroso hat am Ende des neunzehnten Jahrhunderts maßgeblich dazu beigetragen, dass sich Naturwissenschaftlerinnen und Naturwissenschaftler mit Kriminalistik beschäftigen. Vor allem war er davon überzeugt, dass Verbrecherinnen und Verbrecher an ihrer äußeren Gestalt zur erkennen seien. So fotografierte er straftätig gewordene, sortierte die Bilder nach Straftaten und belichtete die Fotos übereinander. Auf diese Weise entstanden Fotos der (all-)gemeinen Straftäterin beziehungsweise Straftäters, die dann zur Identifizierung herangezogen wurden. Für seine Typisierung und Klassifizierung nutzte und vermischte er Erkenntnisse aus der Physiognomik und Phrenologie sowie Denkweisen des Sozialdarwinismus. Die **Physiognomik** versucht aus dem Aussehen einer Person (Physiognomie), besonderes der Gesichtszüge, auf deren Charakterzüge zu schließen (Abb. 8.6). In der **Phrenologie** geht man davon aus, dass die äußerlich sichtbare Schädelform in feinsten Nuancen von der Form des Gehirns geprägt ist, dessen Gestalt wiederum von der Aktivität der Hirnareale abhängt. Die soll wiederum mit dem Charakter, Wissen und der Intelligenz in Verbindung stehen. Der **Sozialdarwinismus** beschreibt eine sozialwissenschaftliche Theorie, wonach alles Handeln des Menschen in seiner Biologie festgelegt ist. Die Physiognomik und Phrenologie als Verbindungsmethoden zwischen dem Erscheinungsbild (Phänotyp) und dem

Abb. 8.6 Der Psychiater Guiseppe Antonini beschrieb in seinem im Jahr 1900 erschienen Buch *„Die Vorläufer von C. Lombroso"* die Geschichte der Pathognomonik. Als pathognomonisch (heute eher pathognostisch) bezeichnet man ein Symptom, das eindeutig auf eine Erkrankung hinweist. Die Beschreibung der Symptome orientierte sich meist an Tieren mit den Symptomen ähnlichen Eigenschaften. So manches Sprichwort erinnert heute noch gut an solche Zuschreibungen. (Quelle: Antonini [27])

Charakter und die Umsetzung der Kenntnisse auf die Gesellschaft und zur „Pflege" der Gesellschaft bringen uns ganz schnell zur Eugenik. Lombrosos Klassifizierung von Straftäterinnen und Straftätern anhand äußerer Körpermerkmale diente entsprechend unter anderem den Nationalsozialisten als Vorlage für ihre rassenbiologischen Theorien – und Praktiken.

Natürlich (?) ist davon auszugehen, dass ein Computeralgorithmus keine ideologischen Ziele verfolgt. Aber die Anwendungsmöglichkeiten sind weitreichend und lassen die auf Terahertz-Strahlung basierenden Körperscanner an Sicherheitsschleusen als Kinderspielzeug erscheinen.

Emotionen aus der Stimme? Krankheiten aus Gesichtern? Wie sieht es mit der Erbinformation aus? Eine Software namens *DeepBind* wurde darauf optimiert, die Wechselwirkung zwischen der DNA beziehungsweise RNA und Proteinen zu analysieren [28]. Dies ist eine wichtige Information, um etwa Proteine zu identifizieren, die an der Regulation der Aktivität des Erbgutes beteiligt sind. Daraus können wiederum molekulare diagnostische Tests und auch Medikamente abgleitet werden. In eine ähnliche Richtung weist das Programm *ExPecto,* das auf Basis einer DNA-Sequenz Vorhersagen trifft, in welchem Gewebe das codierte Gen im Körper aktiv ist und welches Krankheitsrisiko damit verbunden ist. Erinnern wir uns, dass auf der Basis von Assoziationsstudien bereits Zusammenhänge zwischen Varianten im Erbgut (SNPs) und kognitiven Eigenschaften von Personen gefunden wurden (Abschn. 4.2 und Abb. 4.10) [29]. Die Algorithmen des maschinellen Lernens gehen viel weiter. Alle bisherigen Beispiele basierten auf dem sogenannten „begleitetem Lernen" (engl. ***supervised learning***), das heißt, dass der Algorithmus zunächst mit Expertenwissen trainiert wurde. Viel spannender sind die Algorithmen des unüberwachten Lernens (engl. ***unsupervised learning***). Diese versuchen, selbständig Muster zu erkennen und lösen damit die Datenanalyse von einer Arbeitshypothese. Vielmehr führen die Algorithmen zu neuen Hypothesen. Ein Problem vieler Algorithmen ist, dass nicht nachvollziehbar ist, wie die Zusammenhänge erkannt wurden. Das bedeutet, dass die Kausalität der Zusammenhänge nachträglich experimentell untersucht werden muss.

Wo geht die Reise hin? Es stehen in Zukunft immer mehr Datensätze für die Analyse zur Verfügung. Wie bereits beschrieben hat das *National Health and Medicine Big Data Nanjing Center* der chinesischen Provinz Jiangsu im Oktober 2017 angekündigt, dass es das Genom von einer Millionen Chinesen sequenzieren möchte [30].

Im Rahmen des *UK Biobank Project* werden seit über zehn Jahren Daten von rund 500.000 Briten gesammelt [31]. Neben der Analyse von über 800.000 Nukleotid-Polymorphismen (SNPs) pro Patientin beziehungsweise Patient wurden auch Bewegungsprofile und klinische Diagnosen erhoben. Mittlerweile liegt ein genetischer Atlas vor. Im Mai 2018 waren 14.000 Todesfälle, 79.000 Krebserkrankte und 400.000 Krankenhauseinweisungen registriert. Die Daten werden ständig aktualisiert und sind öffentlich zugänglich.

Um die Aussagekraft solcher Analysen zukünftig zu erhöhen, wird es immens wichtig sein, Daten über alle Bevölkerungsschichten und Ethnien zu sammeln. Aktuell enthalten die öffentlichen Datensätze zu 78 % Informationen über Europäerinnen und Europäer und zu zehn Prozent über Asiatinnen und Asiaten [32]. Der Rest stammt von anderen Ethnien oder ist nicht klassifiziert. Auch die Datensicherheit wird eine zunehmende Rolle spielen. Es wird immer wahrscheinlicher, dass sich auch anonymisierte Datensätze aufgrund der Fülle und Diversität der Daten einzelnen Personen zuordnen lassen. Fatal wären neben Fehlern in der Erhebung der Daten auch deren Manipulationen. So konnten Wissenschaftlerinnen und Wissenschaftler von der *Ben-Gurion-Universität* in Israel kürzlich zeigen, wie sich Computertomografie-Patientendaten durch Schadsoftware manipulieren lässt, die in das Softwaresystem eines Krankenhauses eingespielt wurde [33]. So war es ihnen möglich, Krebsdiagnosen vorzutäuschen.

Allein aufgrund der Tatsache, dass die Daten oft nicht mehr aufgrund einer Indikation, sondern als Teil von großen Bevölkerungsanalysen erhoben werden, sind viele Daten quasi Überschuss. Sie können überhaupt nicht mehr von Wissenschaftlerinnen und Wissenschaftlern im engeren Sinne untersucht werden. Das ist ein gefundenes Fressen für Algorithmen: Sie benötigen „nur“ Silizium und Strom.

Und es kann so einiges erwartet werden. Insbesondere die Verbindung zwischen Daten ganz unterschiedlicher Art – etwa DNA-Sequenzen, epigenetischer Status, Krankenakte, Verhalten und äußere Lebensumstände – wird nicht nur in der Tier- und Pflanzenzucht, sondern auch in der Medizin immer detaillierte Prognosen zulassen.

Es ist zu erwarten, dass neue Erkenntnisse über die Heritabilität, also die Erblichkeit von Merkmalen, Eigenschaften oder Erkrankungen in Erfahrung gebracht werden – aber auch über die Rolle von Umwelteinflüssen. Dabei werden auch genetische Informationen der auf und in uns lebenden Bakterien eine Rolle spielen. Beispielsweise untersucht das flämische Darmbakterien-Projekt (engl. *Flemish Gut Flora Project*) die Genome der Bakterien in Stuhlproben von über 1000 Probanden [34]. Die Daten zeigen einen Zusammenhang zwischen der subjektiven Lebensqualität und diagnostizierten Depressionen einerseits und der Zusammensetzung der Darmflora andererseits (Abschn. 7.3). Komplexe Zusammenhänge, die nicht anhand von hypothesengetriebener Forschung, dargelegt werden können, werden mit immer größerer Wahrscheinlichkeit und Sicherheit im Ergebnis von selbstlernenden Algorithmen entdeckt. Vielleicht wird die digitale Assistentin Chantal eines Tages sagen:

> „Hallo, es steht ein Genom-Update für dich bereit. Soll der Vektor an deine Privatadresse gesendet werden?“

Das analytische Potenzial der Methoden der künstlichen Intelligenz ist also beachtlich. Doch wie setzen wir das Wissen vor dem Hintergrund der Verfügbarkeit der Genschere um? In nicht allzu langer Zeit werden wir möglicherweise eine überschaubare, manipulierbare Zahl von genetischen Varianten in unserem Genom kennen, die mit hochkomplexen Merkmalen wie kognitiven und mentalen

Eigenschaften und Verhaltensweisen in Verbindung stehen. Wir können diese diagnostizieren und zur Selektion von Embryonen nutzen. Wir könnten sie aber auch für einen Eingriff in das Erbgut nutzen. James Watson, der Mitentdecker der DNA-Struktur sagte im Jahr 2002 in einem Interview zum Thema Design-Babys: *„Wer möchte ein hässliches Baby?"* [35] Dem kann man entgegenhalten: Was ist hässlich? Und welche Gefahren birgt ein genetischer Essenzialismus, der nichts als Gene sieht? [1] Ich hoffe nicht, dass wir uns die Antworten von einer künstlichen Intelligenz liefern lassen (müssen).

8.3 Dynamisches Erbgut

Ich habe es an verschiedenen Stellen bereits angesprochen: Das Erbgut ist nicht stabil. Wir müssen uns von dem statischen Bild eines Genoms verabschieden, das wir in seinem aktuellen „Zustand" erhalten wollen. Bei jeder Zellteilung entstehen Veränderungen, die an die nachfolgenden Tochterzellen weitergegeben werden. Geschieht dies im *soma* zu einer späten Entwicklungsphase, etwa nach der Geburt, so bleibt das für nachfolgende Generationen ohne Wirkung. Entsteht die Veränderung dagegen in einer frühen Phase der Entwicklung des Embryos, dann können auch Keimzellen betroffen sein, aus denen Samen- und Eizellen entstehen (Abb. 8.5). Selbst eineiige Zwillinge unterscheiden sich daher nachweislich in ihrer Erbinformation, wenn auch nur minimal (Kap. 2) [36]. In der Keimbahn dagegen wirkt sich das unmittelbar aus.

Mit der noch recht neuen Möglichkeit, das Erbgut einer einzelnen Zelle zu analysieren, konnte gezeigt werden, dass einige Gewebe genetisch nicht identisch sind. Das war die Annahme, da alle Zellen eines Körpers ja dasselbe Erbgut tragen. Stattdessen wird es immer deutlicher, dass wir **somatische Mosaike** sind (siehe später). In den Zellen kommt es zum Umbau der Erbinformation [37–39]. Man kannte dies schon von Bakterien und in geringem Umfang auch vom Menschen: Genetische Umbauten im kleinen Stil bilden die Grundlage dafür, dass wir viel mehr unterschiedliche Proteine bilden können, als unser Erbgut erwarten lässt – nämlich die Antikörper unseres Immunsystems. Das sind Proteine, die sogenannte Epitope auf körperfremden Strukturen markieren und zur Beseitigung freigeben. Etwa acht Aminosäuren machen ihre Spezifität aus, was bei zwanzig Aminosäuren bereits über 25 Mrd. unterschiedliche Epitope ergibt. Wir erinnern uns: Unser Genom hat 3,2 Mrd. Basenpaare. Scheinbar gibt es aber viel umfangreichere Umbauten, an denen auch die Aktivität von springenden Genen (siehe später) beteiligt ist [40]. Hierbei entsteht keine neue Information, aber die vorhandene Information wird neu organisiert. Dass das große Auswirkungen haben kann, kennen wir von den Magnetwortspielen an der Kühlschrankwand. Diese Umbauten scheinen in unserem Nervensystem eine wichtige Rolle zu spielen.

Es hat sich gezeigt, dass das Genom der Zellen unseres Nervensystems äußerst inhomogen ist [38, 39]. Bislang dachte man, dass die Diversität der Zelltypen und Zell-Zell-Verbindungen vor allem auf einer unterschiedlichen Regulation der Gene im Erbgut basiert. Neuere Erkenntnisse zeigen aber, dass sich sogar die Genome selbst unterscheiden. Man spricht in diesem Zusammenhang von einer **somatischen Mosaik-Landschaft** (engl. *landscape of somatic mosaicism*). Das bedeutet, dass zwei oder mehr Zellen innerhalb eines Individuums unterschiedliche Genome, also Genotypen, aufweisen. Bekannt ist dies von den Ei- und Samenzellen (Abb. 2.6). Die Ursache hierfür sind sogenannte **mobile Elemente** im Erbgut.

Mobile genetische Elemente lassen sich in Klassen einteilen. Die wichtigsten Klassen sind die sogenannten Alu-, SVA-Elemente (engl. *short interspersed element variable number tandem repeat alu*) und L1- (engl. *long interspersed element 1*). Sie machen rund elf Prozent (ca. 1.100.000 Kopien), 0,2 % (ca. 2700 Kopien) beziehungsweise 17 % (ca. 516.000 Kopien) unseres Genoms aus. Die Unterschiede zwischen den Prozenten und der Zahl der Kopien ergeben sich aufgrund der unterschiedlichen Länge der Elemente von rund 300, 3000 und 6000 Basenpaaren. Diese auch als **springende Gene** bezeichneten DNA-Sequenzen können ihren Ort im Genom einer Zelle wechseln. Entdeckt wurden sie bereits Ende der 1940er Jahre von der US-amerikanischen Botanikerin Barbara McClintock beim Mais, wofür sie 1983 den Nobelpreis erhielt. Diese Elemente können innerhalb eines Chromosoms oder zwischen Chromosomen springen. Springen sie in essenzielle Gene, kann die Zelle absterben. Da, wie wir gesehen haben, der Großteil des menschlichen Genoms Plunder-DNA ist, passiert aber in den meisten Fällen nichts. Während des Springens, das auch als **Retrotransposition** bezeichnet wird, können benachbarte DNA-Bereiche mitgerissen werden. Dies wiederum kann zu einer Neuanordnung von Genen und zu einer Änderung ihrer Regulation führen. Mobile Elemente springen äußerst selten und, soviel man weiß, hauptsächlich in bestimmten Entwicklungsphasen. Je nachdem, wann ein Element springt, kann es mehr oder weniger viele Tochterzellen erzeugen. Springt das mobile Element in einer Zelle während der Embryonalentwicklung, so werden aus der betroffenen Zelle noch viele Nachfolgerzellen generiert und ein Großteil der Körperzellen wird die entsprechende Veränderung tragen. Sie machen also den Großteil des somatischen Mosaiks aus. Springt ein

Element erst im Alter, betrifft die Veränderung möglicherweise nur diese eine Zelle oder wenige Nachkommen. Nach aktuellen Schätzungen, werden täglich etwa 700 Nervenzellen allein im Hippocampus erneuert. Dieser Teil des Gehirns spielt eine wichtige Rolle bei Gedächtnisleistungen. Wir können also von einer wahren Dynamik des Genoms innerhalb der Lebensspanne sprechen.

Und wie sieht es in evolutiven Zeitdimensionen aus? Ein Vergleich des Anteils mobiler Elemente bei Orang-Utans, Schimpansen und Menschen zeigt, dass insbesondere beim Orang-Utan wie auch beim Menschen die Gesamtzahl an artspezifischen springenden Genen deutlich erhöht ist (Abb. 8.7) [40]. Auffällig ist aber auch, dass der Anteil an Alu-Elementen vom Menschen über den Schimpansen hin zum Orang-Utan abnimmt. In derselben Reihenfolge nehmen auch die **sozialen Fähigkeiten** ab. Verbunden

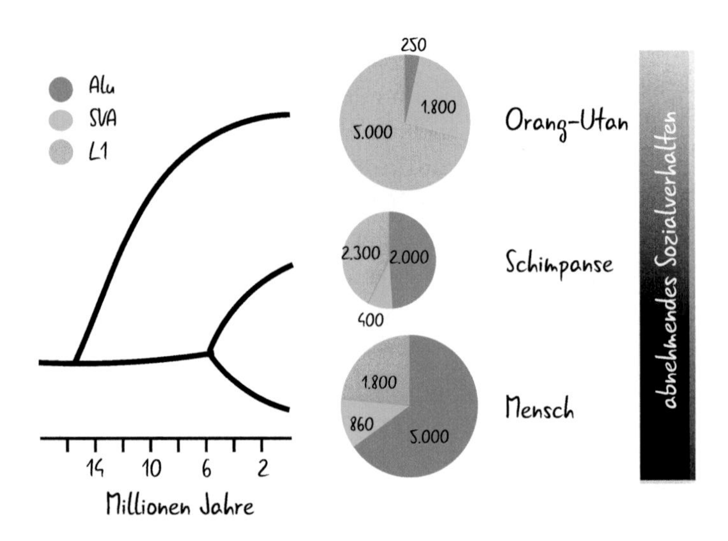

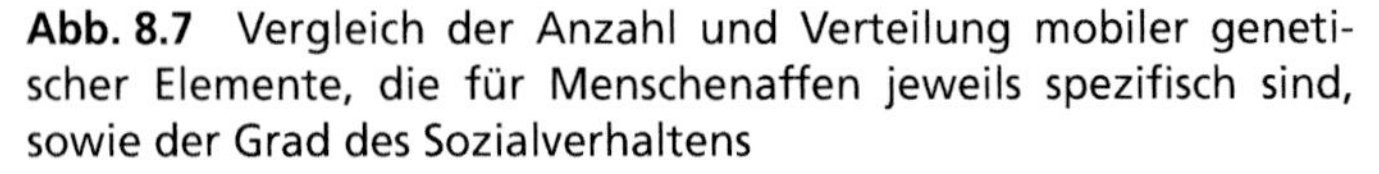

Abb. 8.7 Vergleich der Anzahl und Verteilung mobiler genetischer Elemente, die für Menschenaffen jeweils spezifisch sind, sowie der Grad des Sozialverhaltens

mit der Beobachtung, dass die springenden Gene auch im Nervensystem und damit im Gehirn aktiv sind und zum **neuro-somatischen Mosaik** beitragen, ergibt sich eine spannende These: Tragen mobile Elemente und damit letztlich die Dynamik des Erbgutes zum Sozialverhalten bei? Dieser Frage wird in der Primatenforschung zurzeit intensiv nachgegangen. So würde aus einem Haufen Plunder-DNA plötzlich eine tragende Säule unseres Menschseins.

Im Abschn. 3.7 sind wir einer natürlichen trans-Gentechnik beim Kakadu-Gras begegnet, dass über **horizontalen Gentransfer** Gene anderer Grasarten in sein Erbgut eingebaut hat [41]. Was können wir daraus lernen? Genetische Informationen, die wir in die Welt setzen, können von Organismen aufgenommen und weitergegeben werden. Dies ist ein natürlicher Prozess. Ich denke aber, dass wir die regulierenden Kräfte der Natur unterschätzen, wenn wir glauben, dass wir durch das Auskreuzen von Genen Ökosysteme zerstören. Ich bin der Überzeugung, dass die Verbreitung und Freisetzung von lebenden Organismen durch den Menschen, die **biologische Invasion,** einen viel massiveren Eingriff darstellt, der teilweise bereits Folgen hat. Invasive Arten können die biologische Vielfalt eines Lebensraums sowohl erweitern als auch verringern. In der Europäischen Union und in anderen europäischen Ländern kommen in der Umwelt (hinzukommen jene Pflanzen und Tiere in Parks, Zoos und Haushalten) rund 12.000 gebietsfremde Arten vor, von denen schätzungsweise zehn bis 15 % als invasiv angesehen werden. Die Europäische Union beschloss daher im Herbst 2014 erstmals eine Richtlinie, die sowohl die Vermeidung der Ausbreitung als auch die Bekämpfung invasiver Arten regelt. Auf der Liste stehen aktuell 49 Arten – etwa Waschbären, Bisam und Nutria, die Asiatische Hornisse oder der Persische Bärenklau, die Wechselblatt-Wasserpest oder das Karottenkraut.

Ich möchte auch noch einmal an die Ausbildung von Resistenzen erinnern, beispielsweise gegenüber Pflanzenvernichtungsmitteln oder Insektengiften. Dies ist keine Schwäche einer entsprechend gezüchteten Pflanze oder eines Wirkstoffs. Es ist eine Stärke des dynamischen Erbgutes, sich anzupassen. Wir können nur erfolgreich im Umgang mit der Natur sein, wenn wir um diese Stärke im Detail wissen und mit ihr umgehen. Wie schnell sich biologische Systeme im Sinne der Evolution anpassen können, wurde schon an vielen Beispielen gezeigt, nicht nur bei Bakterien. So ist von Stechmücken bekannt, dass sich in den U-Bahn-Schächten innerhalb weniger Jahre eigene Unterarten entwickelt haben, die sich mit den überirdischen Mücken nicht mehr kreuzen [42, 43].

Literatur

1. Nelkin D, Lindee MS (2004) The DNA mystique: The gene as a cultural icon. University of Michigan Press, Ann Arbor, Michigan/USA. https://doi.org/10.3998/mpub.6769
2. Tucci V, Isles AR, Kelsey G, et al (2019) Genomic Imprinting and Physiological Processes in Mammals. Cell 176: 952–965. https://doi.org/10.1016/j.cell.2019.01.043
3. Gustafsson Å (1979) Linnaeus' Peloria: The history of a monster. Theor Appl Genet 54: 241–248. https://doi.org/10.1007/BF00281206
4. Goethe JW (1820) Nacharbeiten und Sammlungen. In: Troll IW: Goethes Morphologische Schriften Jena
5. Cubas P, Vincent C, Coen E (1999) An epigenetic mutation responsible for natural variation in floral symmetry. Nature 401:157–161. https://doi.org/10.1038/43657
6. Bygren LO, Kaati G, Edvinsson S (2001) Longevity determined by paternal ancestors' nutrition during their slow growth period. Acta Biotheor 49: 53–59

7. Kaati G, Bygren LO, Edvinsson S (2002) Cardiovascular and diabetes mortality determined by nutrition during parents' and grandparents' slow growth period. Eur J Hum Genet 10: 682–688. https://doi.org/10.1038/sj.ejhg.5200859
8. Ehrlich M, Wang R (1981) 5-Methylcytosine in eukaryotic DNA. Science 212: 1350–1357. https://doi.org/10.1126/science.6262918
9. Graham L (2016) Lysenko's Ghost. Harvard University Press, Cambridge, Massachusetts/USA
10. Edith Heard RAM (2014) Transgenerational Epigenetic Inheritance: myths and mechanisms. Cell 157: 95–109. https://doi.org/10.1016/j.cell.2014.02.045
11. Nakamura T, Liu Y-J, Nakashima H, et al (2012) PGC7 binds histone H3K9me2 to protect against conversion of 5mC to 5hmC in early embryos. Nature 486: 415–419. https://doi.org/10.1038/nature11093
12. Eaton SA, Jayasooriah N, Buckland ME, et al (2015) Roll over Weismann: extracellular vesicles in the transgenerational transmission of environmental effects. Epigenomics 7: 1165–1171. https://doi.org/10.2217/epi.15.58
13. Chen Q, Yan W, Duan E (2016) Epigenetic inheritance of acquired traits through sperm RNAs and sperm RNA modifications. Nat Rev Genet 17: 733–743. https://doi.org/10.1038/nrg.2016.106
14. Fernandes J, Arida RM, Gomez-Pinilla F (2017) Physical exercise as an epigenetic modulator of brain plasticity and cognition. Neurosci Biobehav Rev 80: 443–456. https://doi.org/10.1016/j.neubiorev.2017.06.012
15. Ingerslev LR, Donkin I, Fabre O, et al (2018) Endurance training remodels sperm-borne small RNA expression and methylation at neurological gene hotspots. Clin Epigenet 10: 12. https://doi.org/10.1186/s13148-018-0446-7
16. McGreevy KR, Tezanos P, Ferreiro-Villar I, et al (2019) Intergenerational transmission of the positive effects of physical exercise on brain and cognition. Proc Natl Acad Sci USA 3: 201816781. https://doi.org/10.1073/pnas.1816781116

17. Weaver ICG, Cervoni N, Champagne FA, et al (2004) Epigenetic programming by maternal behavior. Nat Neurosci 7: 847–854. https://doi.org/10.1038/nn1276
18. Soffritti G, Busconi M, Sánchez R, et al (2016) Genetic and Epigenetic Approaches for the Possible Detection of Adulteration and Auto-Adulteration in Saffron (*Crocus sativus* L.) Spice. Molecules 21: 343. https://doi.org/10.3390/molecules21030343
19. Hong E, Lee SY, Jeong JY, et al (2017) Modern analytical methods for the detection of food fraud and adulteration by food category. J Sci Food Agric 97: 3877–3896. https://doi.org/10.1002/jsfa.8364
20. Manikkam M, Guerrero-Bosagna C, Tracey R, et al (2012) Transgenerational Actions of Environmental Compounds on Reproductive Disease and Identification of Epigenetic Biomarkers of Ancestral Exposures. PLoS One 7: e31901. https://doi.org/10.1371/journal.pone.0031901
21. Schmidt F, Cherepkova MY, Platt RJ (2018) Transcriptional recording by CRISPR spacer acquisition from RNA. Nature 562: 380–385. https://doi.org/10.1038/s41586-018-0569-1
22. Pulecio J, Verma N, Mejía-Ramírez E, et al (2017) CRISPR/Cas9-Based Engineering of the Epigenome. Cell Stem Cell 21: 431–447. https://doi.org/10.1016/j.stem.2017.09.006
23. Kelly AD, Issa J-PJ (2017) The promise of epigenetic therapy: reprogramming the cancer epigenome. Curr Opin Genet Dev 42: 68–77. https://doi.org/10.1016/j.gde.2017.03.015
24. Eraslan G, Avsec Ž, Gagneur J, Theis FJ (2019) Deep learning: new computational modelling techniques for genomics. Nat Rev Genet 278: 601. https://doi.org/10.1038/s41576-019-0122-6
25. Rudzio K (2018) Künstliche Intelligenz: Wenn der Roboter die Fragen stellt. Die Zeit 35:22
26. Gurovich Y, Hanani Y, Bar O, et al (2019) Identifying facial phenotypes of genetic disorders using deep learning. Nat Med 25: 60–64. https://doi.org/10.1038/s41591-018-0279-0
27. Antonini G (1900) I precursori di C. Lombroso. Fratelli Bocca Editori, Torino/IT

28. Alipanahi B, Delong A, Weirauch MT, Frey BJ (2015) Predicting the sequence specificities of DNA- and RNA-binding proteins by deep learning. Nat Biotechnol 33: 831–838. https://doi.org/10.1038/nbt.3300
29. Zhou J, Theesfeld CL, Yao K, et al (2018) Deep learning sequence-based *ab initio* prediction of variant effects on expression and disease risk. Nat Genet 50: 1171–1179. https://doi.org/10.1038/s41588-018-0160-6
30. Geib C (2019) A Chinese province is sequencing 1 million of its residents' genomes. In: NeoScope. Aufgerufen am 14.04.2019: https://futurism.com/chinese-province-sequencing-1-million-residents-genomes
31. Bycroft C, Freeman C, Petkova D, et al (2018) The UK Biobank resource with deep phenotyping and genomic data. Nature 562: 203–209. https://doi.org/10.1038/s41586-018-0579-z
32. Sirugo G, Williams SM, Tishkoff SA (2019) The Missing Diversity in Human Genetic Studies. Cell 177: 26–31. https://doi.org/10.1016/j.cell.2019.02.048
33. Mirsky Y, Mahler T, Shelef I, Elovici Y (2019) CT-GAN: Malicious Tampering of 3D Medical Imagery using Deep Learning. arxiv.org/abs/1901.03597
34. Valles-Colomer M, Falony G, Darzi Y, et al (2019) The neuroactive potential of the human gut microbiota in quality of life and depression. Nat Microbiol 13: 1–13. https://doi.org/10.1038/s41564-018-0337-x
35. Abraham C (2002) Gene pioneer urges dream of human perfection. In: The Globe and Mail. Aufgerufen am 18.04.2019: https://theglobeandmail.com/technology/gene-pioneer-urges-dream-of-human-perfection/article22734105/
36. Weber-Lehmann J, Schilling E, Gradl G, et al (2014) Finding the needle in the haystack: Differentiating „identical" twins in paternity testing and forensics by ultra-deep next generation sequencing. Forensic Sci Int: Genet 9: 42–46. https://doi.org/10.1016/j.fsigen.2013.10.015
37. Fontdevila A (2011) The Dynamic Genome. Oxford University Press, Oxford/UK

38. Carretero-Paulet L, Librado P, Chang T-H, et al (2015) High Gene Family Turnover Rates and Gene Space Adaptation in the Compact Genome of the Carnivorous Plant *Utricularia gibba*. Mol Biol Evol 32: 1284–1295. https://doi.org/10.1093/molbev/msv020
39. Bodea GO, McKelvey EGZ, Faulkner GJ (2018) Retrotransposon-induced mosaicism in the neural genome. Open Biol 8: 180074. https://doi.org/10.1098/rsob.180074
40. Locke DP, Hillier LW, Warren WC, et al (2011) Comparative and demographic analysis of orang-utan genomes. Nature 469: 529–533. https://doi.org/10.1038/nature09687
41. Dunning LT, Olofsson JK, Parisod C, et al (2019) Lateral transfers of large DNA fragments spread functional genes among grasses. Proc Natl Acad Sci USA 116: 4416–4425. https://doi.org/10.1073/pnas.1810031116
42. Byrne K, Nichols RA (1999) *Culex pipiens* in London Underground tunnels: differentiation between surface and subterranean populations. Heredity 82: 7–15. https://doi.org/10.1038/sj.hdy.6884120
43. Neafsey DE, Waterhouse RM, Abai MR, et al (2015) Highly evolvable malaria vectors: The genomes of 16 *Anopheles* mosquitoes. Science 347: 1258522. https://doi.org/10.1126/science.1258522

Weiterführende Literatur

Kegel B (2015) Epigenetik. DuMont Buchverlag, Köln

Kammerer P (1913) Sind wir Sklaven der Vergangenheit oder Werkmeister der Zukunft? Anzengruber-Verlag Brüder Suschitzky, Wien, Leipzig

Medwedjew SA (1974) Der Fall Lyssenko: Eine Wissenschaft kapituliert. Deutscher Taschenbuch Verlag, München

Mainzer K (2014) Die Berechnung der Welt. C. H. Beck, München

9

Und nun?

Wir sind nun am Ende einer Reise durch die Welt der Gene und Genome. Vielleicht war es ein bisschen wie beim Baden im Meer: Wir sind mal mehr und mal weniger tief in den Ozean des Wissens eingetaucht. Ob wir jemals den Grund gesehen haben – sicherlich nicht. Als Biologe finde ich die Biowissenschaften natürlich unendlich faszinierend. Fast alles, über das ich geschrieben habe, existiert und „funktioniert" schon seit Milliarden von Jahren. Die Genschere ist vermutlich ähnlich alt [1]. Und doch ist es eine Errungenschaft, sie entdeckt und als wissenschaftliches Werkzeug anwendbar gemacht zu haben. Ähnlich wie unsere Vorfahrinnen und Vorfahren aus Milliarden Jahren alten Steinen Werkzeuge – und Waffen – erschufen. Die Genschere wird uns helfen, die Biologie und Genetik von Lebewesen noch besser zu verstehen. Das „erschürfte" neue Wissen stellt uns aber auch vor neue Fragen. Es ist ein ewiger Kreislauf. Antworten werfen neue Fragen auf, führen zu neuen Antworten und

R. Wünschiers, *Generation Gen-Schere*,
https://doi.org/10.1007/978-3-662-59048-5_9

so weiter. Vermutlich ist der Kreislauf kein Zyklon mit einem ruhigen Zentrum, sondern gleicht eher einer auseinanderstrebenden Galaxie. Damit müssen wir umgehen. Ich kann mir vorstellen, dass Ihnen bei der Lektüre zwei Gefühle begegneten: Erstaunen und Erschrecken.

Erstaunen und Erschrecken über die Vielfalt der Prozesse des Lebendigen. *„Das kann doch alles nicht zufällig entstanden sein"*, sagte mir einmal ein Student voller Verwunderung nach einer Vorlesung über Mechanismen der Regulation des Stoffwechsels. Erstaunen und Erschrecken darüber, was wir Menschen bereits alles erforscht haben und in welchem Umfang wir das erlangte Wissen für Eingriffe in das Erbgut einsetzen. Erstaunen und Erschrecken über die Menge an Information, die gegenwärtig von selbst-lernenden Computeralgorithmen, die nicht nur Schach und Go lernen können, verarbeitet wird, und darüber, welche Zusammenhänge sie aufdecken, auf die wir vermutlich niemals selbst gekommen wären. Erstaunen und Erschrecken ob der Ahnung, was wir alles noch nicht wissen und sich damit unserer Urteilskraft entzieht – denken wir nur an die Epigenetik. Erstaunen und Erschrecken darüber, dass es nicht abwegig erscheint anzunehmen, dass wir eines Tages mit der Genschere als bürgerwissenschaftlichem Werkzeug in unseren Kleingärten hantieren. Und auch Erstaunen und Erschrecken darüber, wie nahe sich wieder einmal Gebrauchs- und Missbrauchsmöglichkeiten sind.

Erschrecken ist wie die Wirkung des scharfen Wasabi-Gewürzes: Für einen Moment ist die Empfindung intensiv, um dann zu vergehen. Was aber kommt danach? Das gute Gefühl, dass der Schreck vorbei ist? Ein Schock? Verwunderung? Angst? Nach Aristoteles wird die Verwunderung zur Quelle des Forschens und Denkens. Angst aber ist meistens ein schlechter Begleiter. Ein gesundes Maß an Angst schützt uns, zu viel aber hemmt uns. Das

Risiko, zu verlieren, kann Angst hervorrufen, während das Risiko, nicht zu gewinnen, eher neutral bis positiv bewertet wird: Man könnte ja noch gewinnen. Angst erzeugt Ablehnung. Laut Eurobarometer haben 90 % der Deutschen und der Europäerinnen und Europäer insgesamt eine ablehnende Haltung gegenüber der Gentechnik – aber auf einer dünnen Wissensbasis. Es gilt heute als politisch korrekt, gegen Gentechnik zu sein – das reicht aber nicht für die Größe der Entscheidungen, die anstehen.

Eine Frage lautet, ob die Gentechnik im Allgemeinen und die Genschere im Speziellen mehr Risiken hervorrufen, als sie minimieren können? Diese Frage ist sicher weder pauschal, noch zu jeder Zeit gleich zu beantworten. Wir müssen jeden Einzelfall bewerten und immer auch eine Kosten-Nutzen-Rechnung mit einbeziehen. Dazu bedarf es auch einer Erforschung des Risikos, also die Anwendung. Und komplexe Probleme wie der Klimawandel bedürfen einer ganzheitlichen Begegnung. Darum müssen wir offen diskutieren und gemeinsam handeln, nicht in Gremien oder am Stammtisch ohne Öffentlichkeit, und ein jeder so gut er kann. In Anlehnung und Gendenken möchte ich den 2017 gestorbenen schwedischen Mediziner und Datenjongleur Hans Rosling zitieren:

> „Let your dataset shape your mindset.“ (dt. Passen Sie Ihre Denkweise an die Datenlage an.)

Literatur

1. Koonin EV, Makarova KS (2019) Origins and evolution of CRISPR-Cas systems. Philos Trans R Soc, B 374: 20180087. https://doi.org/10.1098/rstb.2018.0087

Weiterführende Literatur

Suarez D (2017) Bios. Rowohlt Taschenbuch Verlag, Reinbek bei Hamburg

Sunstein CR (2007) Gesetze der Angst: Jenseits des Vorsorgeprinzips. Suhrkamp Verlag, Frankfurt am Main

Moder M (2019) Genpoolparty. Carl Hanser Verlag, München

Harari YN (2017) Homo Deus. C.H. Beck, München

Harrison K (2008) Du bist (eigentlich) ein Fisch. Spektrum Akademischer Verlag, Heidelberg

Mayr E (2000) Das ist Biologie. Spektrum Akademischer Verlag, Heidelberg

Gottwald F-T, Krätzer A (2014) Irrweg Bioökonomie. Suhrkamp Verlag, Berlin

Bostrom N (2018) Die Zukunft der Menschheit. Suhrkamp Verlag, Berlin

Stichwortverzeichnis

R. Wünschiers, *Generation Gen-Schere*,
https://doi.org/10.1007/978-3-662-59048-5

U

V

W

X

Z

Ihr kostenloses eBook

Vielen Dank für den Kauf dieses Buches. Sie haben die Möglichkeit, das eBook zu diesem Titel kostenlos zu nutzen. Das eBook können Sie dauerhaft in Ihrem persönlichen, digitalen Bücherregal auf **springer.com** speichern, oder es auf Ihren PC/Tablet/eReader herunterladen.

1. Gehen Sie auf **www.springer.com** und loggen Sie sich ein. Falls Sie noch kein Kundenkonto haben, registrieren Sie sich bitte auf der Webseite.
2. Geben Sie die eISBN (siehe unten) in das Suchfeld ein und klicken Sie auf den angezeigten Titel. Legen Sie im nächsten Schritt das eBook über **eBook kaufen** in Ihren Warenkorb. Klicken Sie auf **Warenkorb und zur Kasse gehen**.
3. Geben Sie in das Feld **Coupon/Token** Ihren persönlichen Coupon ein, den Sie unten auf dieser Seite finden. Der Coupon wird vom System erkannt und der Preis auf 0,00 Euro reduziert.
4. Klicken Sie auf **Weiter zur Anmeldung**. Geben Sie Ihre Adressdaten ein und klicken Sie auf **Details speichern und fortfahren**.
5. Klicken Sie nun auf **kostenfrei bestellen**.
6. Sie können das eBook nun auf der Bestätigungsseite herunterladen und auf einem Gerät Ihrer Wahl lesen. Das eBook bleibt dauerhaft in Ihrem digitalen Bücherregal gespeichert. Zudem können Sie das eBook zu jedem späteren Zeitpunkt über Ihr Bücherregal herunterladen. Das Bücherregal erreichen Sie, wenn Sie im oberen Teil der Webseite auf Ihren Namen klicken und dort **Mein Bücherregal** auswählen.

EBOOK INSIDE

eISBN
Ihr persönlicher Coupon

978-3-662-59048-5
s7sYCnHzebMy2cG

Sollte der Coupon fehlen oder nicht funktionieren, senden Sie uns bitte eine E-Mail mit dem Betreff: **eBook inside** an **customerservice@springer.com**.

Printed by Printforce, the Netherlands